山东省高等教育名校建设工程课程改革教材

水利工程制图

（修订版）

主　编　张多峰

副主编　倪化秋　唐　诚

孔令壮　董苏娜

主　审　龚景毅

黄河水利出版社

·郑州·

内 容 提 要

本书为山东省高等教育名校建设工程课程改革教材，是本着高职教育的特色，依据中央财政支持专业建设方案和山东省特色名校建设方案的要求进行编写的。主要内容包括：制图基本知识，绘制物体的三视图，绘制物体的轴测图，识读组合体视图，水工建筑物图示表达方法，专业制图等。本书为项目化教学教材，适应“任务驱动，教、学、做一体化”的教学模式，与黄河水利出版社出版、龚景毅主编的《水利工程制图习题集》配套使用。本书根据2013年国家颁布的有关水利工程制图标准编写。

本书为高等职业院校水利工程类专业的通用教材，也可作为水利从业技术人员的参考书。

图书在版编目(CIP)数据

水利工程制图/张多峰主编. —郑州：黄河水利出版社，2015.2 （2021.1 修订版重印）

山东省高等教育名校建设工程课程改革教材

ISBN 978-7-5509-1032-4

Ⅰ.①水… Ⅱ.①张… Ⅲ.①水利工程-工程制图-高等学校-教材 Ⅳ.①TV222.1

中国版本图书馆 CIP 数据核字(2015)第 042820 号

组稿编辑：王路平 电话：0371-66022212 E-mail：hhslwlp@163.com

出 版 社：黄河水利出版社 网址：www.yrcp.com

地址：河南省郑州市顺河路黄委会综合楼 14 层 邮政编码：450003

发行单位：黄河水利出版社

发行部电话：0371-66026940、66020550、66028024、66022620（传真）

E-mail：hhslcbs@126.com

承印单位：河南承创印务有限公司

开本：787 mm×1 092 mm 1/16

印张：10.5

字数：240 千字 印数：5 001—7 000

版次：2015 年 2 月第 1 版 印次：2021 年 1 月第 3 次印刷

2021 年 1 月修订版

定价：26.00 元

前 言

本书是依据中央财政支持提升社会服务能力重点建设专业和山东省高等教育名校建设工程重点建设专业——水利工程专业和水利水电工程管理专业的人才培养方案和课程建设目标要求,并按照有关水利工程制图的新规范、新标准,在教育部高等学校高职高专水利水电工程专业教学指导委员会指导下编写完成的。在吸收有关教材和技术文献资料精华的基础上,本书充实了新思想、新理论、新方法和新技术,不过分苛求学科的系统性和完整性,强调理论联系实际,突出应用性。

水利工程制图课程是水利工程类专业制图理论和识图技能兼具的一门技术基础课。编者在编写教材的过程中,积极贯彻教育部《关于全面提高高等职业教育教学质量的若干意见》的精神,依据专业人才培养方案的基本要求,设计"任务驱动,教、学、做一体化"的课程教学模式,突出学生实践能力培养。

为了不断提高教材质量,根据水利工程制图课程教学改革要求以及在教学中发现的问题,编者于2021年1月对教材内容进行了全面修订完善。

本书在6个教学项目模块中设计了18个学习型教学任务,主要内容包括:水利工程制图标准,制图仪器使用,正投影原理与三视图绘制,正等轴测图和斜二轴测图绘制,组合体视图识读,视图、剖视图、断面图表达方法,标高图表达方法,水工建筑物曲面表达方法,水利工程专业制图,钢筋图专业制图,房屋建筑施工图专业制图等。

本书编写突出以下几个特点:

(1)按照水利建设工程施工员岗位的任职要求构建课程教学内容,将制图理论学习和制图能力训练紧密结合。

(2)紧密结合水利工程实际,力求标准严谨规范、概念定义通俗易懂、图例丰富生动、制图方法针对性强。

(3)采用现行的有关水利工程制图的国家标准,主要有《水利水电工程制图标准　基础制图》(SL 73.1—2013)、《水利水电工程制图标准　水工建筑图》(SL 37.2—2013)、《房屋建筑制图统一标准》(GB/T 50001—2001)。

作为教材使用,教师可根据教学学时酌情安排实训任务,最好能应用CAD软件完成较复杂的绘图实训任务。

本书由山东水利职业学院主持编写工作,编写人员及编写分工如下:董苏娜编写项目1,张多峰编写项目2、项目4,倪化秋编写项目3,山东日照港工程设计咨询有限公司孔令壮编写项目5,山东胶东调水局唐诚编写项目6。本书由张多峰担任主编,负责全书的统稿;由倪化秋、唐诚、孔令壮、董苏娜担任副主编;由龚景毅担任主审。

由于编者水平有限,书中难免存在错误和不当之处,恳请读者提出批评指正,欢迎向编者(sdsxzdf@163.com)提出您宝贵的意见或建议。

编　者

2021 年 1 月

目　录

项目1　制图基本知识

项目任务书

教学任务	教学目标	
	知识目标	技能目标
任务1　课程了解与制图工具准备	1. 了解课程的作用和地位； 2. 了解课程的教学目标、内容及要求； 3. 了解课程的学习方法； 4. 了解绘图铅笔的型号意义	1. 掌握磨削铅笔的正确方法； 2. 掌握应用图板、丁字尺、三角板绘制直线的方法； 3. 掌握圆规铅芯的磨削和圆规使用方法
任务2　制图标准学习	1. 掌握水利工程制图图线标准； 2. 掌握水利工程制图尺寸标注标准	1. 能够正确使用绘图工具； 2. 能够绘制符合国家标准的图线； 3. 能够正确注写符合国家标准的尺寸和文字； 4. 能够正确绘制图框、标题栏； 5. 能够正确布图
任务3　绘制平面几何图形	1. 掌握正三边形、五边形、六边形的绘图方法； 2. 掌握椭圆的绘图方法； 3. 掌握圆弧连接的绘图方法； 4. 掌握平面图形线段分析方法和绘图步骤	1. 能够使用圆规绘制正多边形、椭圆； 2. 能够使用圆规绘制圆弧连接平面图形

任务1　课程了解与制图工具准备

1　本课程的作用和地位

水利工程制图课程主要是学习绘制和识读水利工程图样，是水利工程等相关专业的一门技术基础课。

所谓工程图样，就是表达工程建筑物的形状、大小、材料、构造以及各组成部分之间相互关系的图纸。在工程建设领域，工程图样是建设工程技术人员用以表达设计意图、组织生产施工、交流技术思想的主要技术资料。设计人员通过图样把工程建筑物的结构和尺寸表达出来，施工人员通过工程图样组织建筑施工，使用者通过工程图样来进行工程的运行管理以及技术改造，因此工程图样被称为工程技术人员的“共同语言”。

2　本课程的教学目标、内容及要求

本课程的教学目标是培养学生达到水利工程建设一线施工员所应具有的绘制、阅读工程图样的能力和水平，其具体的教学内容和要求如下：

(1)制图基本知识。

要求掌握水利水电工程制图标准；正确使用制图仪器；掌握平面图形的绘图方法。

(2)正投影原理和制图方法。

要求掌握正投影原理及各种图示方法，能够图示表达常见水利工程形体结构；能够根据三视图绘制正等轴测图和斜二轴测图。

(3)专业制图。

要求了解水利工程相关专业制图标准；掌握水利工程图的图示特点、表达方法，能够识读水利工程施工图、钢筋混凝土结构施工图、房屋建筑施工图等图样。

3　本课程的学习方法

本课程主要学习制图原理和图示方法，培养学生的创造性思维，其学习方法主要有以下几点：

(1)理解制图原理。

学习过程重在理解正投影原理，掌握物体与平面图形的对应关系，逐步培养空间想象能力，不宜背诵名词概念。

(2)掌握制图方法特点。

不同特点的工程建筑物制图原理是一样的，但图示方法和要求存在不同，所以要在理解制图原理的基础上掌握各种形体的制图方法特点。

(3)学习与工程实践相结合。

工程图样直接为生产建设服务，与专业技术密切相关。在绘制和阅读水利工程图样的过程中，注意与生产实践相结合，逐步积累水利工程建设专业知识，将有助于图样的绘制和识读。

(4)适应任务驱动教学方法。

课程实施“任务驱动，教、学、做一体化”教学方法，学习目标就是能独立完成每一个阶段的学习型工作任务。学习型工作任务中包含的知识点是前后相关、循序渐进的，前期学习任务完成的不完全会造成后续学习上的困难。

4　手工制图常用工具与使用

4.1　图板、丁字尺和三角板

图板是铺贴图纸用的，要求板面平滑光洁；又因其左侧边为丁字尺的导边，所以必须平直光滑。图纸用胶带固定在图板上。当图纸较小时，应将图纸铺贴在图板靠近左上方的位置，如图 1-1 所示。

丁字尺由尺头和尺身两部分组成。它主要用来画水平线，其头部必须紧靠绘图板左边，然后用丁字尺的上边画线。移动丁字尺时，用左手推动丁字尺尺头沿图板上下移动，

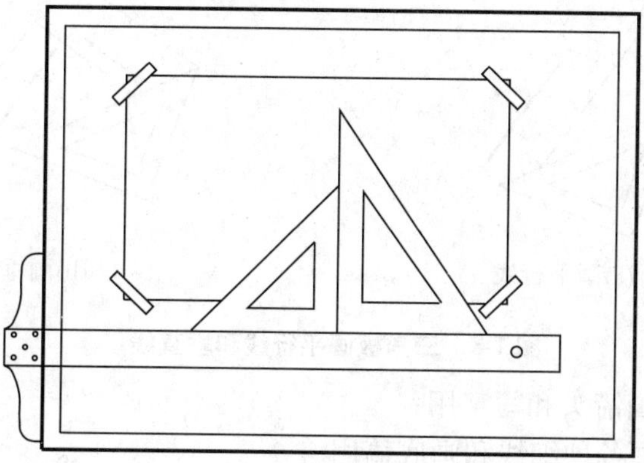

图 1-1 图板、丁字尺和三角板

把丁字尺调整到准确的位置,然后压住丁字尺进行画线。画水平线是从左向右画,铅笔在画线方向稍向前倾斜,有多条水平线时,按先上后下的顺序依次画出,如图 1-2(a)所示。画垂直线是从下向上画,铅笔在画线前进方向略有倾斜,有多条垂直线时,按先左后右的顺序依次画出,如图 1-2(b)所示。

三角板分 45°和 30°、60°两块,可配合丁字尺画铅垂线及 15°倍角的斜线,如图 1-2(c)所示。用两块三角板配合可以画任意角度已知直线的平行线或垂直线,如图 1-3 所示。

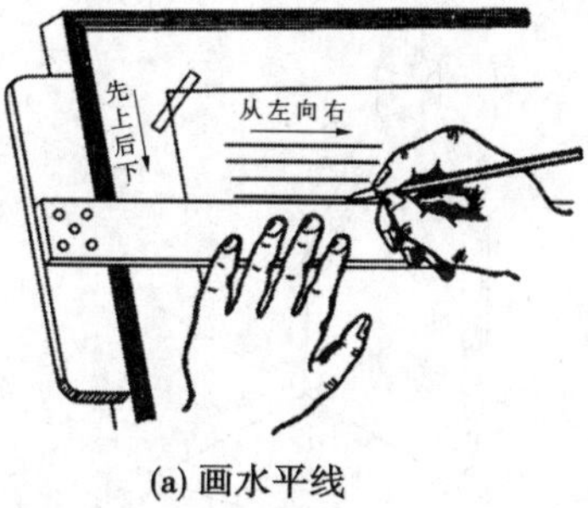

(a) 画水平线

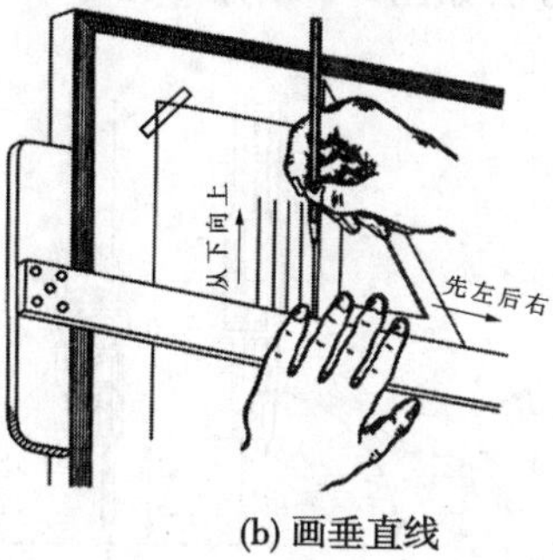

(b) 画垂直线

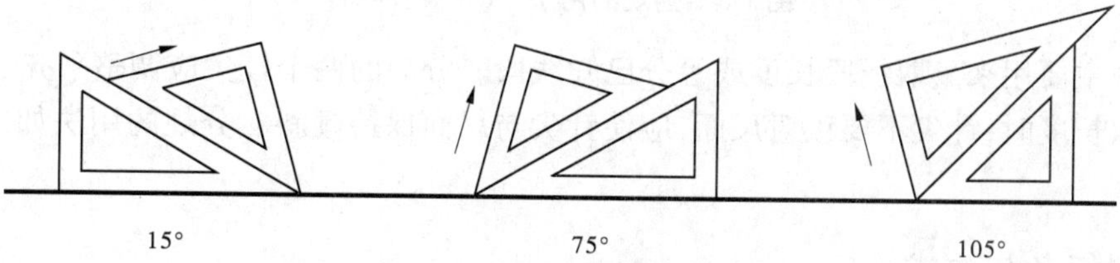

(c)画常用角度的线

图 1-2 丁字尺和三角板的配合使用

4.2 铅笔

绘图用铅笔的铅芯分别用 B 和 H 表示其软硬程度,学生绘图时根据不同的使用要求,应准备以下几种硬度不同的铅笔:

(1)B 或 HB——画粗实线用;

图1-3 三角板画平行线和垂直线

(2)HB 或 H——画箭头和写字用;

(3)H 或 2H——画各种细线和画底稿用。

其中,用于画粗实线的 B 或 HB 型铅笔的铅芯应磨成矩形,其宽度 b 为粗实线的线宽(一般 $b \approx 0.7$ mm),其余的磨成圆锥形,如图 1-4 所示。

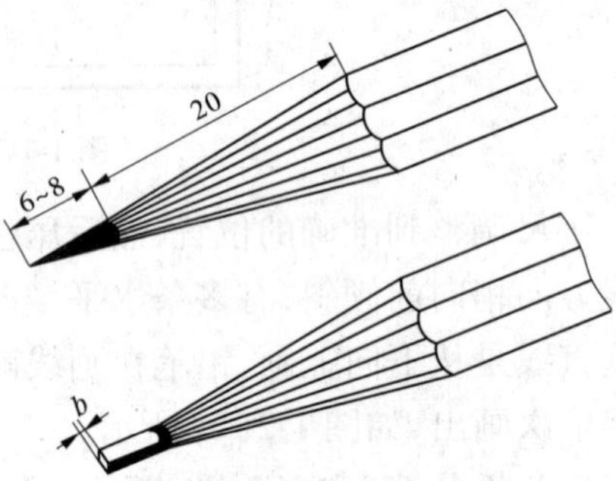

图1-4 铅芯的形状图 (单位:mm)

4.3 **圆规和分规**

圆规用来画圆和圆弧。画图时应尽量使钢针和铅芯都垂直于纸面,钢针的台阶与铅芯尖应平齐,使用方法如图 1-5 所示。

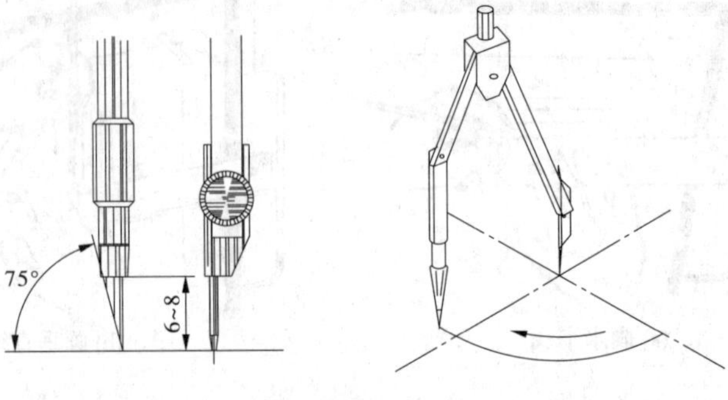

图1-5 圆规的用法 (单位:mm)

分规主要用来量取线段长度或等分已知线段。分规的两个针尖应调整平齐。从比例尺上量取长度时,针尖不要正对尺面,应使针尖与尺面保持倾斜。分规的用法如图 1-6 所示。

5 实训任务与要求

5.1 实训任务

按教师要求准备图板、丁字尺、三角板、绘图铅笔、圆规、图纸等制图工具。

5.2 实训要求

(1)画粗实线的 B 或 HB 型铅笔的铅芯按图 1-4 样式磨成矩形,其宽度 b 约为 0.7 mm;画细线的 2H 型铅笔的铅芯应磨成圆锥形。

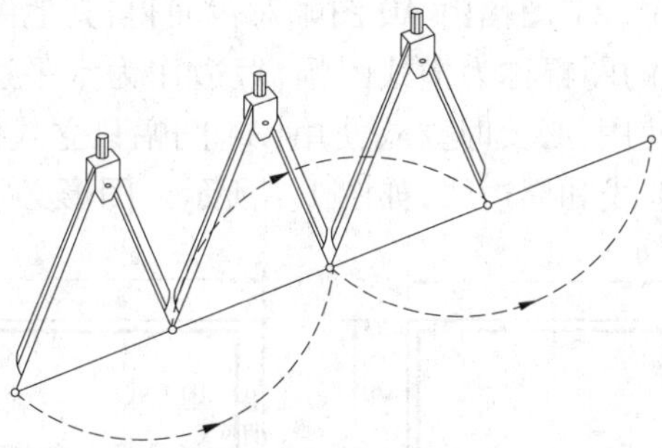

图1-6　分规的用法

(2)画粗线圆的铅芯用2B或B型,磨削成矩形;画细线圆的铅芯用H或HB型,磨削成圆尖形或斜尖形。

(3)练习并熟悉制图工具的使用方法。

任务2　制图标准学习

1　水利水电工程制图国家标准

我国水利水电工程制图标准代号为“SL”(“水利”汉语拼音打头字母),现行的有关水利水电工程制图的国家标准有:《水利水电工程制图标准　基础制图》(SL 73.1—2013)、《水利水电工程制图标准　水工建筑图》(SL 73.2—2013)、《水利水电工程制图标准　勘测图》(SL 73.3—2013)、《水利水电工程制图标准　水力机械图》(SL 73.4—2013)、《水利水电工程制图标准　电气图》(SL 73.5—2013)。

本部分学习《水利水电工程制图标准　基础制图》(SL 73.1—2013)的基本规定,主要包括图幅、图线、字体、比例、尺寸标注等。

1.1　图纸的幅面和格式

1.1.1　图纸幅面、图框

图纸的幅面规格共有五种,从大到小的幅面代号依次为A0、A1、A2、A3、A4。各种图纸幅面代号和尺寸见表1-1。

表1-1　图纸幅面代号和尺寸　(单位:mm)

尺寸代号	幅面代号				
	A0	A1	A2	A3	A4
$B \times L$	841×1189	594×841	420×594	297×420	210×297
e	20		10		
a	25				
c	10			5	

A0 图幅的面积为 1 m^2，A1 图幅由 A0 图幅对裁而得，其他图幅依此类推。

长边作为水平边使用的图幅称为横式图幅，短边作为水平边使用的图幅称为立式图幅。A0～A3 图幅宜横式使用，必要时立式使用，A4 图幅只立式使用。

在图纸上，要画出图框线和周边线，如图 1-7 所示。图形必须画在图框线之内。

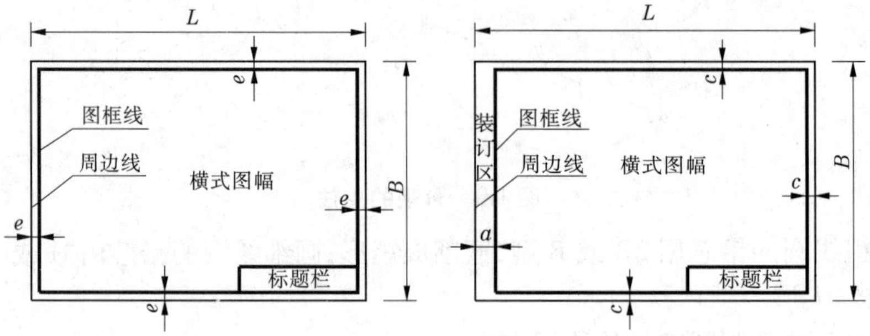

(a)无装订边　　(b)有装订边

图 1-7　图框格式

1.1.2　标题栏

标题栏是用来说明图样内容的专栏。每张图纸都应在图框的右下角设置标题栏，位置如图 1-7 所示。A0、A1 幅面图纸的标题栏格式如图 1-8 所示，A2～A4 幅面图纸的标题栏格式如图 1-9 所示。

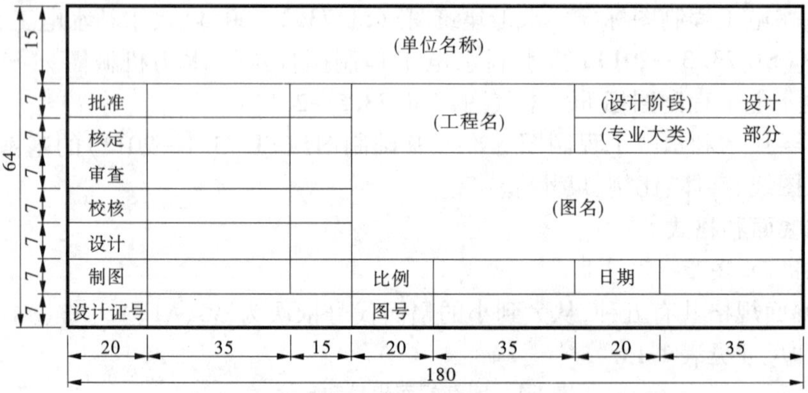

图 1-8　A0、A1 幅面标题栏　(单位：mm)

1.1.3　会签栏

需要会签栏的图纸要在图纸规定的位置绘制出会签栏。会签栏是作为图纸会审后签名使用，栏内应填写会签人员所代表的专业、姓名、日期(年、月、日)；会签栏的格式如图 1-10所示。一个会签栏不够时，可以另加一个，两个会签栏应该并列，不需要会签的图纸可以不设会签栏。

会签栏的位置如图 1-11 所示。

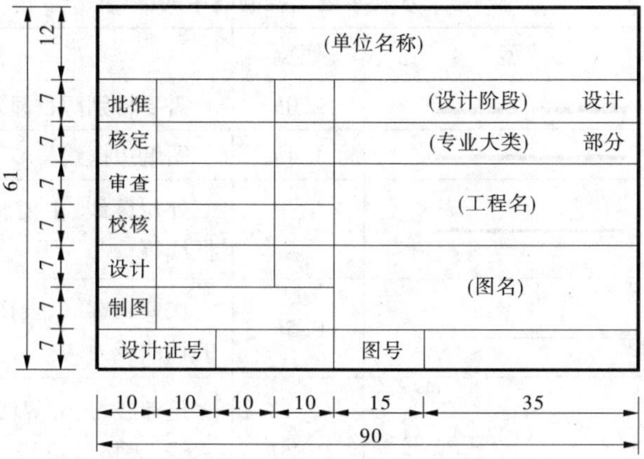

图1-9 A2~A4幅面标题栏 （单位:mm)

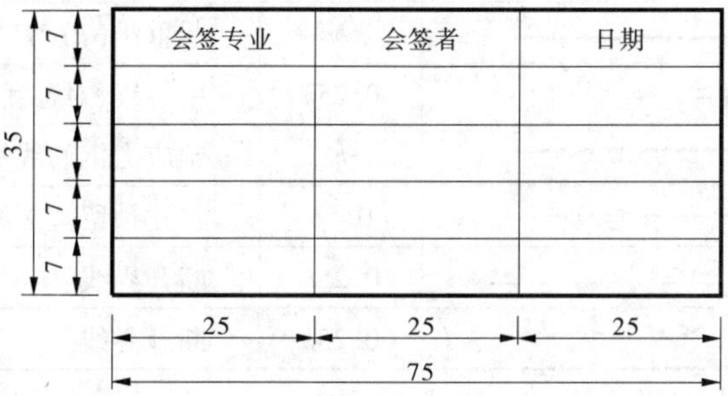

图1-10 会签栏

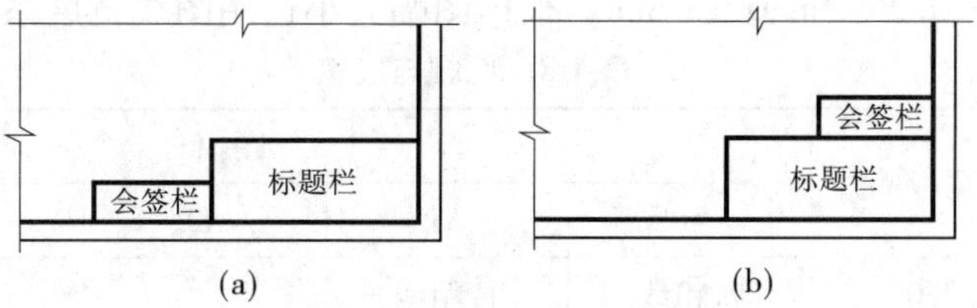

图1-11 会签栏的位置

1.2 图线

1.2.1 线型

水利水电工程制图常用的几种线型如表1-2所示。手工绘图时，一般情况下，虚线的每画长宜为3~6 mm，点画线的长画长宜为10~15 mm，点画线的短画长宜为1 mm左右，虚线和点画线间隔宜为1 mm左右。

表 1-2　水利水电工程制图中的图线

名称	线型	线宽	用途
特粗线		2.0b	需要特别醒目显示的线条
加粗线		1.4b	图纸边框线
粗实线		b	外轮廓线、主要轮廓线、钢筋、标题栏外框线等
中粗实线		0.5b	次要轮廓线、表格外框线、地形等高线中的计曲线
细实线		0.25b	尺寸线、尺寸界线、断面线、示坡线、曲面素线、表格分格线、图纸周边线、地形等高线中的首曲线等
中虚线		0.5b	不可见轮廓线、不可见管道线
粗点画线		b	起重机(吊车)轨道线
细点画线		0.25b	中心线、对称线、定位轴线等
粗双点画线		b	预应力钢筋线等
中粗双点画线		0.5b	扩建预留范围线
折断线		0.25b	断开界线
波浪线		0.25b	断开界线

1.2.2　线宽

水利水电工程制图标准规定图线宽度系列应为 2.0 mm、1.4 mm、1.0 mm、0.7 mm、0.5 mm、0.35 mm、0.25 mm、0.18 mm。根据图幅大小选用图线宽度系列，如表 1-3 所示。

表 1-3　图幅与线宽　　(单位:mm)

线宽号	线宽(mm)	图幅				
		A0	A1	A2	A3	A4
7	2.0	特粗线	特粗线			
6	1.4	加粗线	加粗线	特粗线	特粗线	
5	1.0	粗线(b)	粗线(b)	加粗线	加粗线	特粗线
4	0.7			粗线(b)	粗线(b)	加粗线
3	0.5	中粗线($b/2$)	中粗线($b/2$)			粗线(b)
2	0.35			中粗线($b/2$)	中粗线($b/2$)	
1	0.25	细线($b/4$)	细线($b/4$)			中粗线($b/2$)
0	0.18			细线($b/4$)	细线($b/4$)	细线($b/3$)

1.2.3　图线的画法规定

(1)同一图样中图线的类型和宽度应一致。

(2)圆的对称中心线线段的交点应为圆心,如图 1-12(a)所示。

(3)点画线和双点画线的首末两端应绘为线段。

(4)较小的图形,可采用细实线代替点画线和双点画线,如图 1-12(b)所示。

(5)虚线与虚线交接或虚线与其他图线交接时,应是线段交接,如图 1-12(c)所示。虚线为实线的延长线时,不得与实线连接,如图 1-12(d)所示。

(6)图样中两条平行线间的距离不应小于图中粗实线的宽度,且不宜小于 0.7 mm。

(7)图线不得与文字、数字或符号重叠、混淆,不可避免时,应首先保证文字等的清晰。

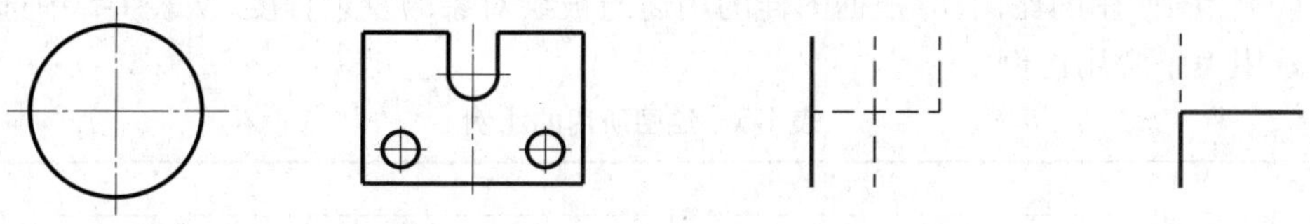

(a)　(b)　(c)　(d)

图 1-12　图线的画法

1.3　字体

水利工程图中书写字体的基本要求是:

(1)手工制图图纸上所需书写的文字、数字或符号等,均应笔画清晰、字体端正、排列整齐;标点符号应清楚正确。

(2)图样及说明中的汉字,宜采用仿宋体,汉字应使用正体字,阿拉伯数字和拉丁字母可使用正体字或斜体字。在同一图样上,宜采用同一字体。计算机绘图字库宜采用操作系统自带的 TrueType 字库。

(3)字号选用和图幅等的对应关系应符合表 1-4 的规定。大标题、图册封面、地形图等的汉字,也可书写成其他字体,但应易于辨认。

(4)分数、百分数和比例数的注写,应采用阿拉伯数字和数学符号,例如:四分之三、百分之二十五和一比二十应分别写成 3/4、25% 和 1:20。

表 1-4　图纸幅面与字号

字号	字高(mm)	字宽(mm)	图幅				
			A0	A1	A2	A3	A4
20	20	14	总标题				
14	14	10		总标题			
10	10	7	小标题		总标题		
7	7	5		小标题		总标题	
5	5	3.5	说明	说明	小标题	小标题	标题
3.5	3.5	2.5	数字、尺寸	数字、尺寸	说明	说明	
2.5	2.5	1.8			数字、尺寸	数字、尺寸	数字、尺寸、说明

注:当 A0、A1 图幅中的线条或文字、数字很密集时,其字号组合也可按 A2 图幅的规定执行。

1.4　比例

（1）图样的比例，为图形与实物相对应的线性尺寸之比。比例的大小，是指其比值的大小，如1∶50大于1∶100。

（2）比例的符号为"∶"，比例应以阿拉伯数字表示，如1∶1、1∶2、1∶100等。

（3）整张图中用不同比例的应另行标注比例值，比例注写在图名的右侧或下方，比例的字高宜比图名的字高小一号或二号。比例标注的示例如图1-13所示。

平面图 1∶100　　　平面图
1∶100

图1-13　比例标注示例

（4）整张图纸只用一个比例的，注写在标题栏中，图中不再注写。

（5）在同一个视图中的铅直和水平两个方向可采用不同的比例，两个比例的比值不宜大于5。图样比例可采用沿铅直和水平方向分别标注的形式。

（6）绘图所用的比例，应根据图样的用途与被绘对象的复杂程度，从表1-5中选用，并优先选用表中常用比例。

表1-5　绘图所用的比例

常用比例	1∶1			
	$1:10^n$	$1:2\times10^n$	$1:5\times10^n$	
	2∶1	5∶1	$(10\times n):1$	
可用比例	$1:1.5\times10^n$	$1:2.5\times10^n$	$1:3\times10^n$	$1:4\times10^n$
	2.5∶1		4∶1	

注：n为正整数。

1.5　尺寸标注

建筑物及构件的结构尺寸以图样上所注的尺寸为准。结构尺寸的单位为mm，标高、桩号标注的尺寸单位为m，如采用其他的尺寸单位标注，则应在图纸中加以说明。

1.5.1　尺寸的组成

图样上的尺寸标注，包括尺寸界线、尺寸线、尺寸起止符号和尺寸数字，如图1-14所示。

1.5.1.1　尺寸界线

尺寸界线应用细实线绘制，可自图形的轮廓线或中心线沿其延长线方向引出，或从轮廓线段的转折点引出。尺寸界线宜与被标注的线段垂直，轮廓线、轴线、中心线也可作为尺寸界线。由轮廓线延长引出的尺寸界线与轮廓线之间宜留有不小于2 mm的间隙，另一端应超出尺寸线2～3 mm，如图1-15所示。

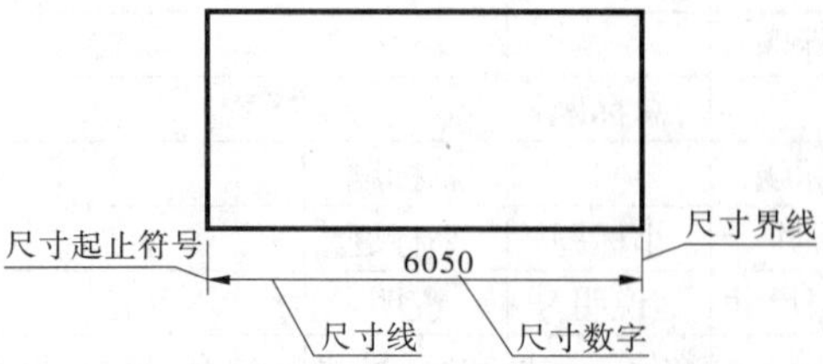

图1-14　尺寸的组成

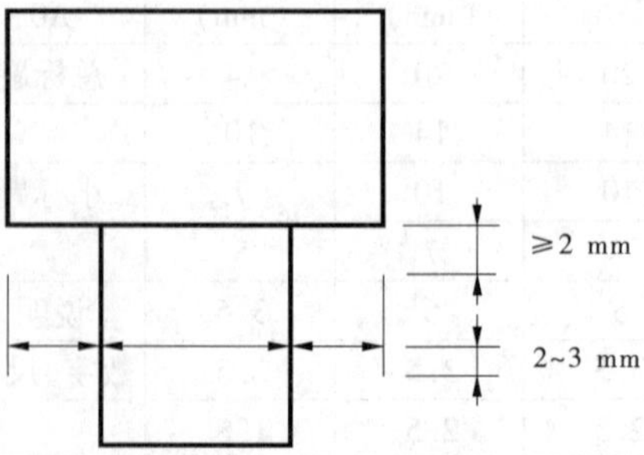

图1-15　尺寸界线

1.5.1.2　尺寸线

尺寸线应用细实线绘制,其两端应指到尺寸界线,如图1-14所示。图样本身的任何图线均不得用作尺寸线。

1.5.1.3　尺寸起止符号

水利工程制图中尺寸起止符号可采用箭头形式或细实斜短线绘制。同一张图中宜采用一种尺寸起止符号的形式。

线性尺寸标注可采用箭头为尺寸起止符号,空间不够的,可采用圆点代替箭头。标注圆弧半径、角度、弧长,尺寸起止符号应采用箭头。

箭头尺寸如图1-16(a)所示。

细实斜短线的倾斜方向应与尺寸界线成顺时针45°角,垂直高度3 mm,样式如图1-16(b)所示。

1.5.1.4　尺寸数字

尺寸数字不可被任何图线或符号所通过,否则应将图线或符号断开,如图1-17所示。

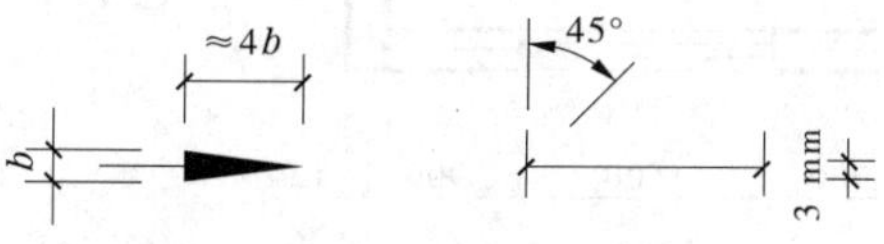

(a)　(b)

图1-16　尺寸起止符号画法

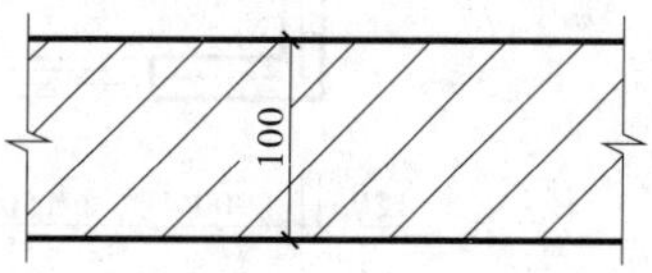

图1-17　尺寸数字处图线断开

1.5.2　尺寸标注方法

1.5.2.1　线性尺寸注法

线性尺寸数字的位置和方向有如下的规定:水平尺寸注写在尺寸线上方的中部,或注写在尺寸线的断开处,字头向上并与尺寸线平行;竖直尺寸注写在尺寸线的左方,字头向左;倾斜尺寸注写在尺寸线的上方,字头有朝上的趋势,如图1-18(a)所示;若尺寸在30°斜线区内,宜按图1-18(b)、(c)所示形式注写。

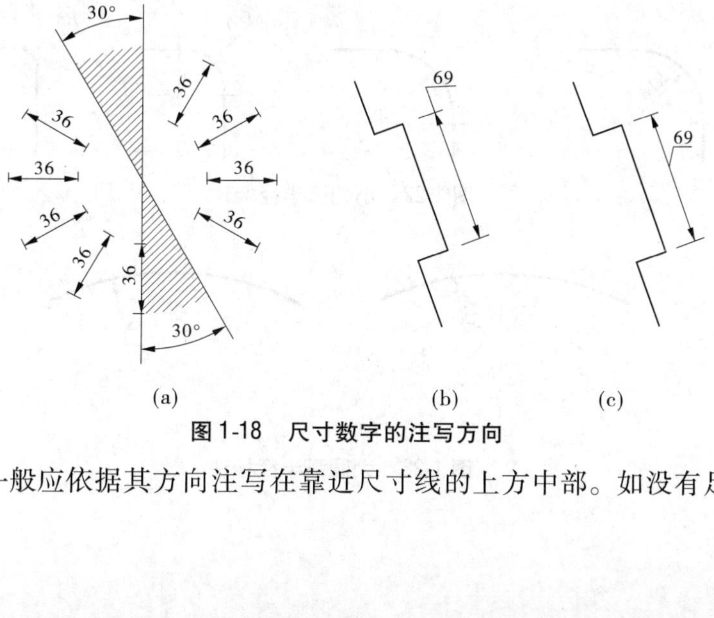

(a)　(b)　(c)

图1-18　尺寸数字的注写方向

尺寸数字一般应依据其方向注写在靠近尺寸线的上方中部。如没有足够的注写位置,最外边的尺寸数字可注写在尺寸界线的外侧,中间相邻的尺寸数字可错开注写,如图1-19所示。

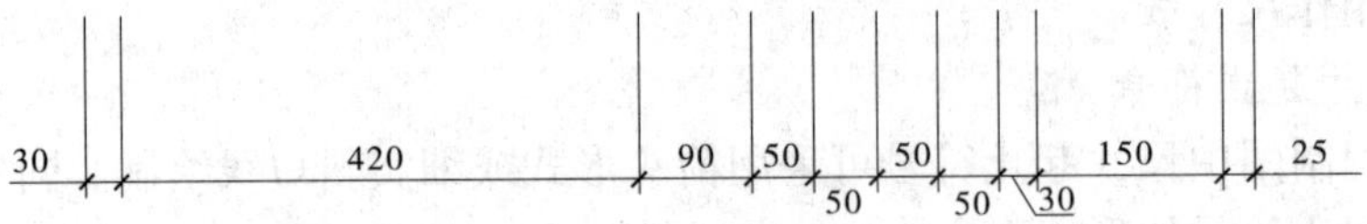

图1-19 尺寸数字的注写位置

图样轮廓线以外互相平行的尺寸线,应从被注写的图样轮廓线由近向远整齐排列,较小尺寸应离轮廓线较近,较大尺寸应离轮廓线较远。尺寸线与图样最外轮廓之间的距离,不宜小于10 mm。平行排列的尺寸线的间距应大于7 mm,且各层尺寸线间距应保持一致,如图1-20所示。

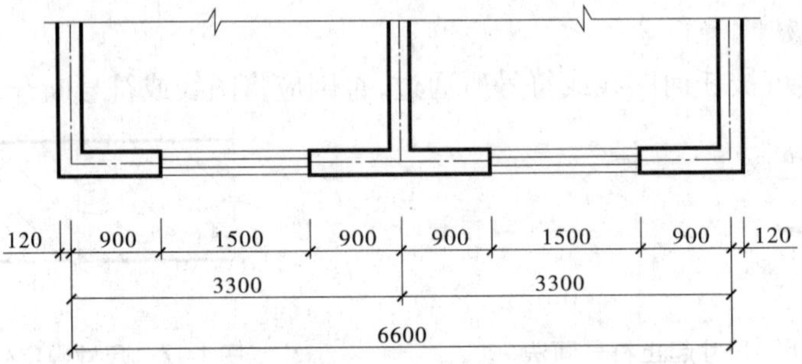

图1-20 平行尺寸的排列

1.5.2.2 圆弧半径尺寸注法

一般情况下,小于或等于半圆的圆弧标注半径。圆弧半径的尺寸线应一端从圆心开始,另一端画箭头指向圆弧,半径数字前应加注半径符号"*R*",样式如图1-21所示。

较小尺寸圆弧的半径,可按图1-22样式标注。

较大尺寸圆弧的半径,可按图1-23样式标注。

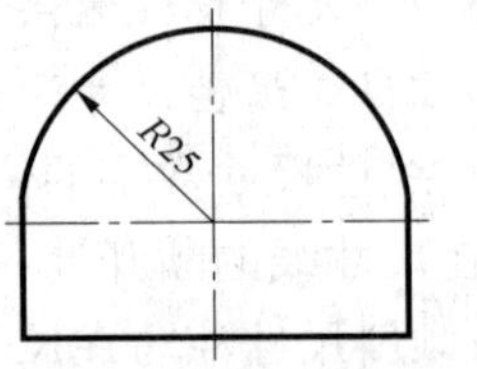

图1-21 半径标注方法

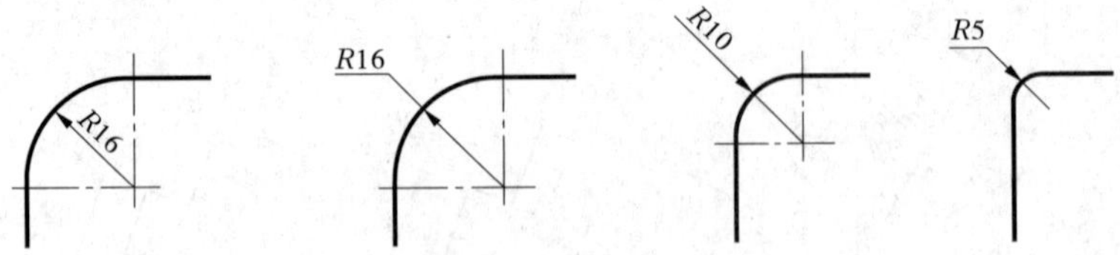

图1-22 小圆弧半径标注

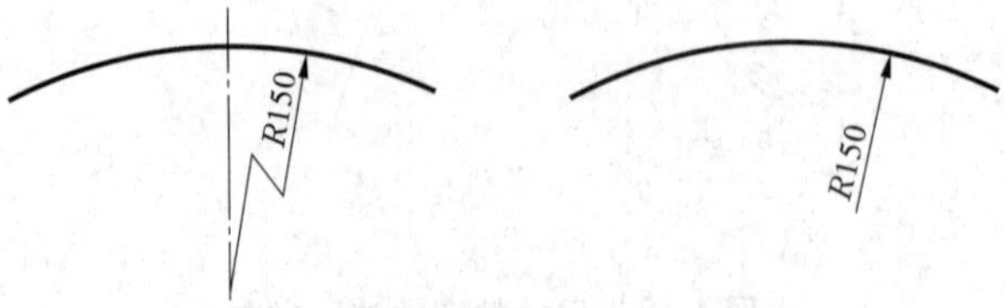

图1-23 大圆弧半径标注

1.5.2.3　圆直径尺寸注法

一般情况下,圆或大于半圆的圆弧标注直径。标注圆的直径尺寸时,圆内标注的尺寸线应通过圆心,直径数字前应加直径符号“ϕ”。在两端画箭头指至圆弧,样式如图 1-24 所示。

较小圆的直径尺寸,可标注在圆外,样式如图 1-25 所示。

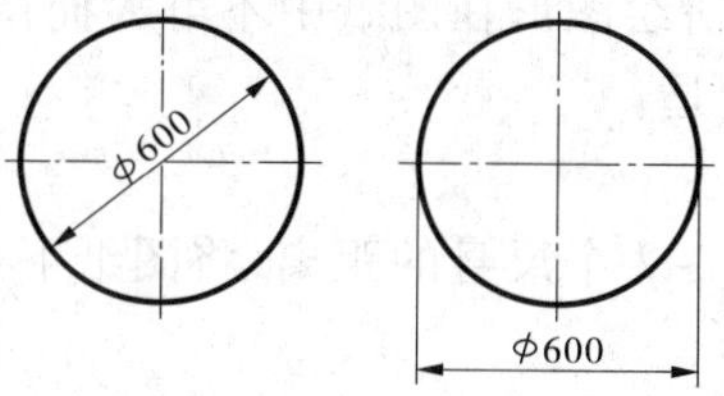

图 1-24　圆直径标注

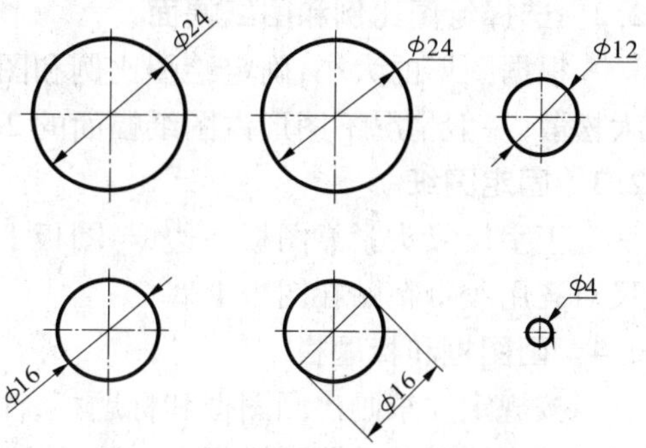

图 1-25　小圆直径标注

1.5.2.4　圆球尺寸注法

标注圆球的半径尺寸时,应在尺寸数字前加注符号“SR”;标注圆球的直径尺寸时,应在尺寸数字前加注符号“$S\phi$”。注写方法与圆弧半径和圆直径的尺寸标注方法相同。

1.5.2.5　角度尺寸注法

角度的尺寸线用细实线圆弧表示,该圆弧的圆心为角的顶点,角的两条边为尺寸界线,起止符号应以箭头表示,如没有足够位置画箭头,可以圆点代替,角度数字宜水平标注在尺寸线的外侧上方,如图 1-26 所示。

1.5.2.6　弦长与弧长尺寸注法

标注圆弧的弦长时,尺寸线应以平行于该弦的直线表示,尺寸界线垂直于该弦,起止符号用中粗斜短线表示,如图 1-27(a)所示。标注圆弧的弧长时,尺寸线应以与圆弧同心的细圆弧线表示,尺寸界线应垂直于该圆弧的弦,起止符号用箭头表示,弧长数字上应加圆弧符号“⌒”,如图 1-27(b)所示。

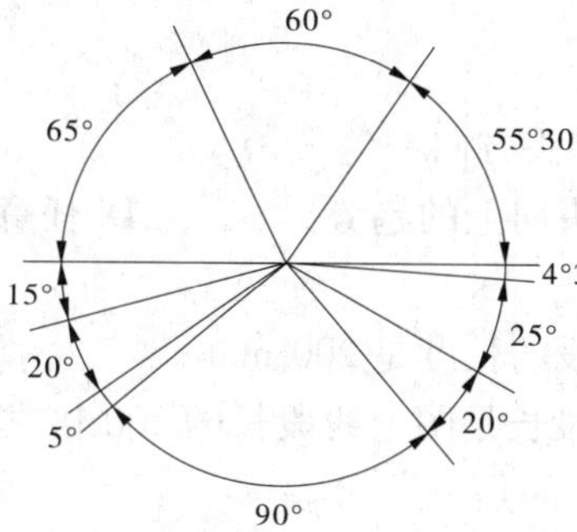

图 1-26　角度的标注

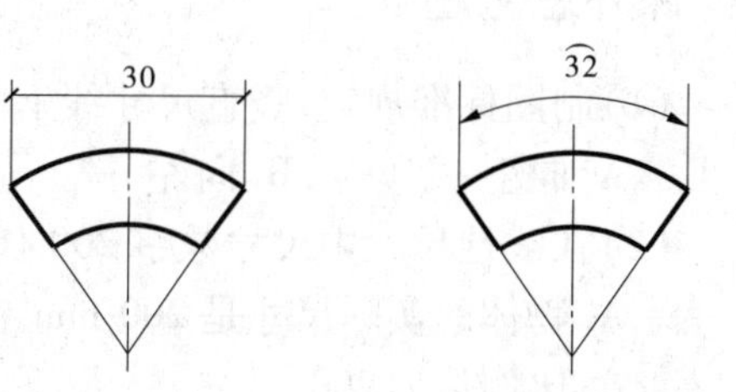

(a)弦长的标注　(b)弧长的标注

图 1-27　弦长、弧长的标注

2 平面图形的绘图步骤

2.1 做好准备工作

将粗、细铅笔按要求削磨好；圆规的铅芯同样准备粗、细两种并削磨好；图板、丁字尺、三角板擦干净。

2.2 选择绘图比例和图纸幅面

根据图形的大小，确定绘图比例和图纸幅面，所绘图形在图纸中不可太拥挤，也不可太松散，一般情况下图形占图纸幅面的2/3较为合适。

2.3 固定图纸

丁字尺尺头紧靠图板左边，与图板下边保留1～2个尺身的距离，将图纸下边与丁字尺对齐用胶带粘贴在图板上。

2.4 画图框和标题栏

按规定要求画出画图框和标题栏，注意最好先用细线画最后再描深，这样可减轻绘图时反复摩擦图面造成的污损。

2.5 布图

设想、计算布图方案，画出图形的基准线，如中心线、对称线、底边线等。

2.6 绘制底稿

绘制底稿时用细而轻的图线，便于擦涂和修改，但图形尺寸要准确无误。

2.7 检查、修改和清理

检查图形，修改错误，清理作图线。

2.8 描深

描深指的是将粗、细线描到规定的线宽，将点画线和虚线按标准画好。描深时顺序应为：先点画线、虚线，再细实线，最后粗实线；在描同一线型时应先圆后直线。

3 实训任务

《水利工程制图习题集》：1－1 照图示样式绘制标准图线；1－2 按标准注写尺寸数字；1－3 按标准标注图形尺寸。

4 课外思考题

（1）制图标准规定，竖直尺寸线上的尺寸数字字头方向是（　　）。

A. 向上　　B. 向左　　C. 保持字头向上的趋势　　D. 任意

（2）在线性尺寸中尺寸数字200代表（　　）。

A. 物体的实际尺寸是200 mm　　B. 图上线段的长度是200 mm

C. 比例是1∶200　　D. 实际线段长是图上线段长的200倍

（3）制图标准规定，尺寸起止符号必须采用箭头的是（　　）。

A. 弧长　　B. 半径　　C. 角度　　D. 以上都是

（4）制图标准规定，尺寸线（　　）。

A. 可以用轮廓线代替　　B. 可以用轴线代替

C. 不能用任何图线代替　　D. 可以用中心线代替

(5)水利工程图样中的汉字宜选择(　　)。

A. 楷体　　B. 宋体　　C. 仿宋体　　D. 长仿宋体

任务3　绘制平面几何图形

1　绘制常见正多边形

绘制正多边形一般是先画出正多边形的外接圆,然后用圆规等分外接圆圆周,再连接等分点。

1.1　正三边形

正三边形画法如图1-28所示,画图步骤如下:

(1)画出正三边形的外接圆 O,如图1-28(a)所示,以 O_1 为圆心,以 R_1($R_1=R$)为半径画弧,与圆 O 相交于2、3两点,则图中1、2、3点为圆 O 上三等分点。

(2)如图1-28(b)所示,连接圆 O 上三等分点,则画出圆内接正三边形。

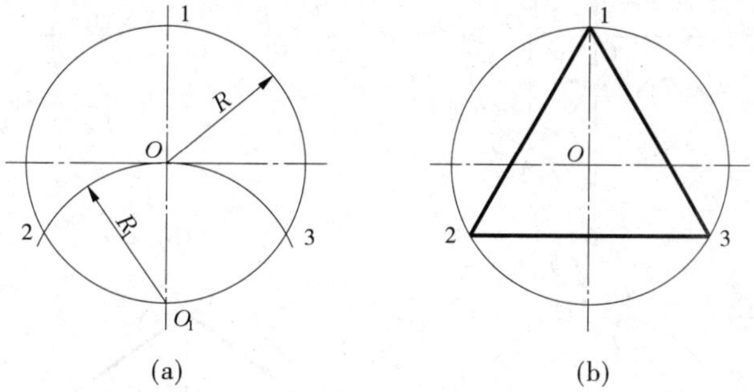

图1-28　正三边形画法

1.2　正六边形

正六边形画法如图1-29所示,画图步骤如下:

(1)如图1-29(a)所示,画出正六边形的外接圆 O,分别以 O_1、O_2 为圆心,以 R_1、R_2($R_1=R_2=R$)为半径画弧,与圆 O 相交于3、4、5、6四点,则图中 O_1、O_2、3、4、5、6点为圆 O 上六等分点。

(2)如图1-29(b)所示,连接圆 O 上六等分点,则画出圆内接正六边形。

1.3　正五边形

正五边形画法如图1-30所示,画图步骤如下:

(1)如图1-30(a)所示,画出正五边形的外接圆 O,以 O_1 为圆心,以 R_1($R_1=R$)为半径画弧,与圆 O 相交于 A_1、A_2 两点,连接 A_1、A_2,与圆 O 的水平中心线交于 O_2 点。

(2)如图1-30(b)所示,以 O_2 点为圆心,以 R_2($R_2=O_2O_3$)为半径画弧,与圆 O 的水平中心线交于 B 点,与圆 O 交于 O_3 点。

(3)如图1-30(c)所示,以 O_3 点为圆心,以 R_3($R_3=O_3B$)为半径画弧,与圆 O 交于1、

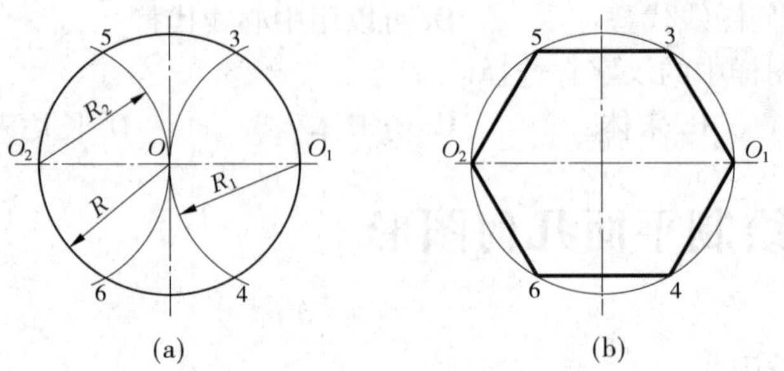

图 1-29　正六边形画法

2 两点。再分别以 1、2 两点为圆心，以 R_3 为半径画弧，与圆 O 交于 3、4 两点，则 O_3、1、2、3、4 五点为圆 O 的五等分点。

（4）如图 1-30（d）所示，连接圆 O 上五等分点，则画出圆内接正五边形。

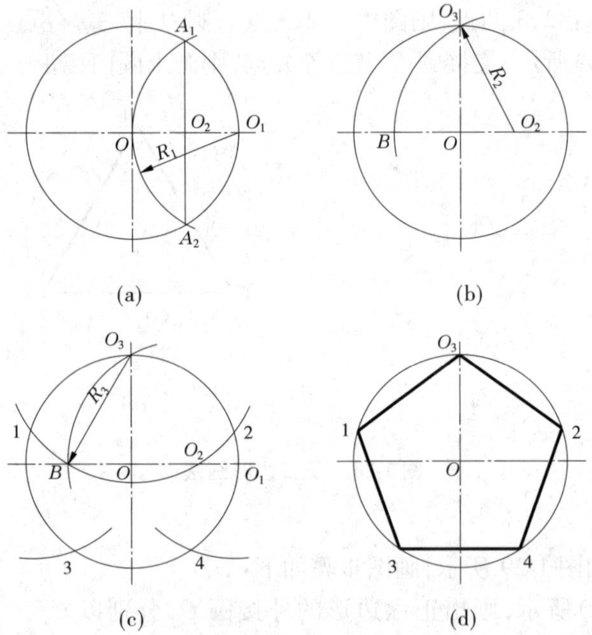

图 1-30　正五边形画法

2　绘制椭圆

椭圆有两条相互垂直且对称的轴，即长轴和短轴。常见的椭圆画法主要有同心圆法和四心圆法两种。同心圆法是先求出椭圆曲线上一定数量的点，再徒手将各点连接成椭圆；四心圆法是用四段圆弧连接成近似椭圆。下面分别介绍其画法。

2.1　同心圆法

已知椭圆长轴和短轴，用同心圆法绘制椭圆的步骤如下：

（1）以长轴和短轴为直径画两同心圆，如图 1-31（a）所示。

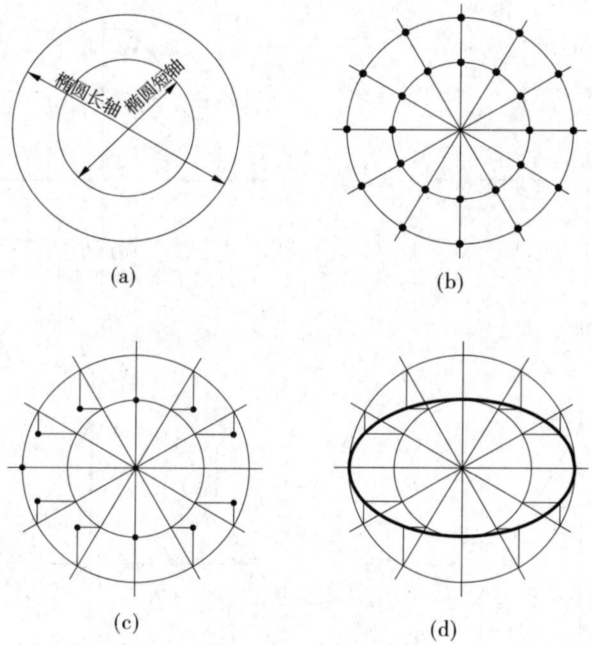

图1-31　同心圆法画椭圆

(2)过圆心作一系列直线与两圆相交,本例将圆周12等分,过等分点和圆心均匀画出直线,直线与内、外圆均有交点,如图1-31(b)所示。

(3)如图1-31(c)所示,从每一个直线与外圆的交点画竖直线,再从每一个直线与内圆的交点画水平线,水平线和竖直线的交点就是椭圆上的点。

(4)徒手连接各点,即得所求椭圆,如图1-31(d)所示。

2.2　四心圆法

已知椭圆长轴 AB 和短轴 CD,用四心圆法作椭圆的步骤如下:

(1)如图1-32(a)所示,画出椭圆的长、短轴中心线,量取长轴 AB 和短轴 CD。

(2)如图1-32(b)所示,连接 AC,以 O 点为圆心,以 OA 为半径画圆弧交 OC 延长线于点 E,再以点 C 为圆心,CE 为半径画弧交 AC 于 E_1 点。

(3)如图1-32(c)所示,作 AE_1 的垂直平分线,与长、短轴及延长线分别交于 O_1、O_2 两点。

(4)作对称点 O_3、O_4,连接 O_1O_4、O_2O_3、O_3O_4 并延长,如图1-32(d)所示。

(5)以 O_1、O_2、O_3、O_4 各点为圆心,AO_1、CO_2、BO_3、DO_4 为半径,O_1O_2、O_1O_4、O_2O_3、O_3O_4 为分界线,分别画弧,即得近似椭圆,如图1-32(e)、(f)所示。

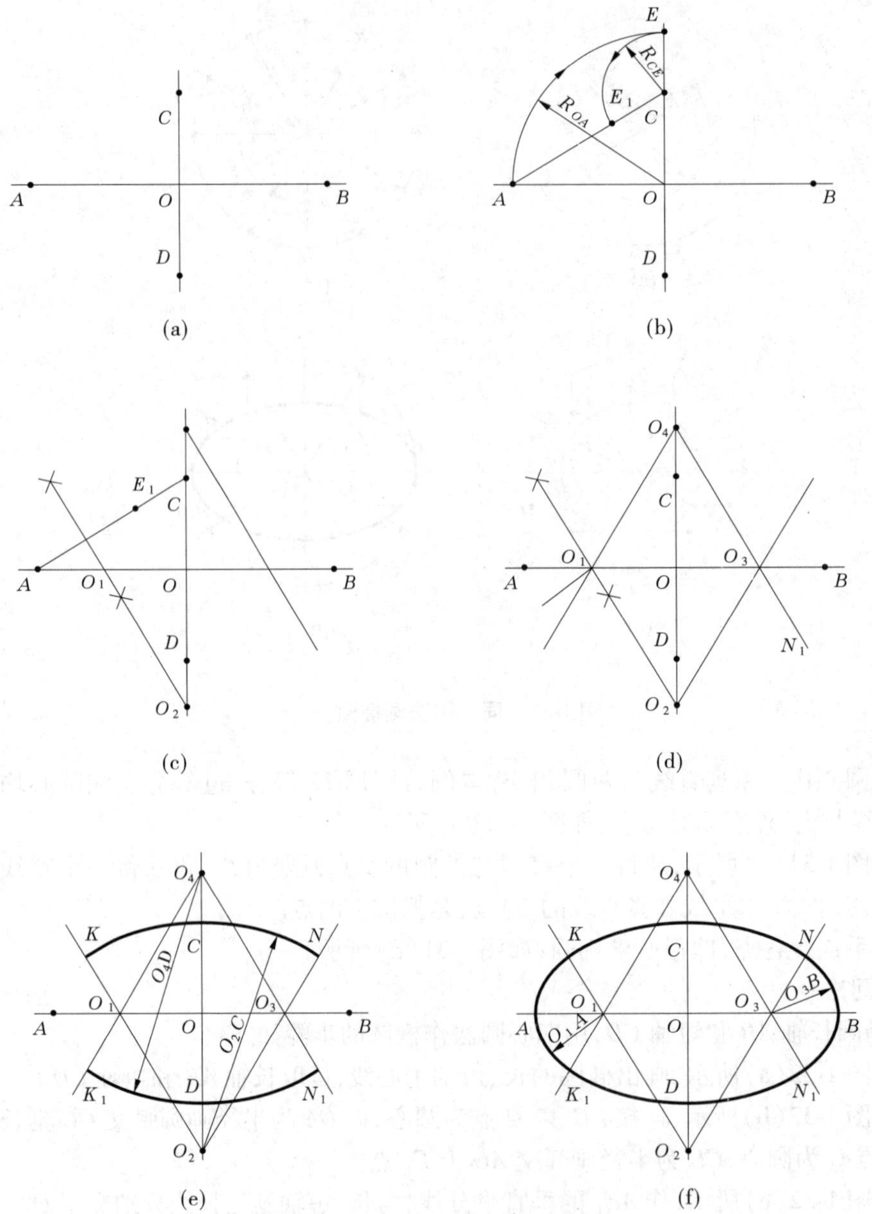

图 1-32　四心圆法画椭圆

3　圆弧连接

3.1　圆弧连接的概念

在绘图时，经常需要用圆弧光滑地连接相邻的两条已知线段。这种用一段圆弧光滑地连接两相邻已知线段的作图方法，称为圆弧连接。圆弧连接的实质就是要使连接圆弧与相邻线段或曲线相切，以达到光滑连接的效果。圆弧连接作图的关键就是如何准确找到连接圆弧的圆心和切点。表 1-6 说明了各种连接方式下找圆心和找切点的作图原理。

表1-6　圆弧连接的作图原理

类别	图形	求连接弧圆心	求切点
圆弧与直线相切	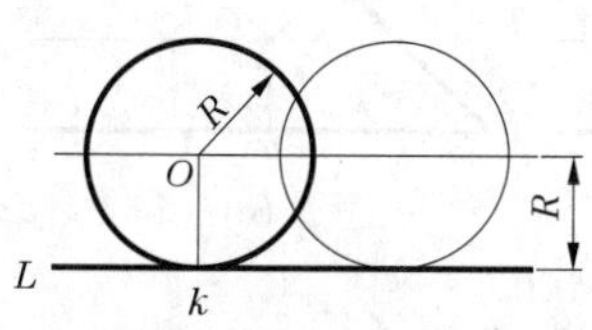	连接弧（R）的圆心位于与直线（L）相距为R的平行线上	切点k为由圆心向直线作垂线的垂足
圆弧与圆弧相外切	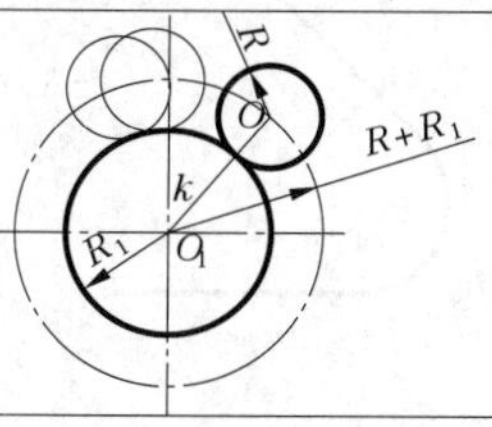	连接弧（R）的圆心位于与已知圆弧（R_1）同心，并以$R+R_1$为半径的圆周上	切点k为两圆心连线与已知圆的交点
圆弧与圆弧相内切	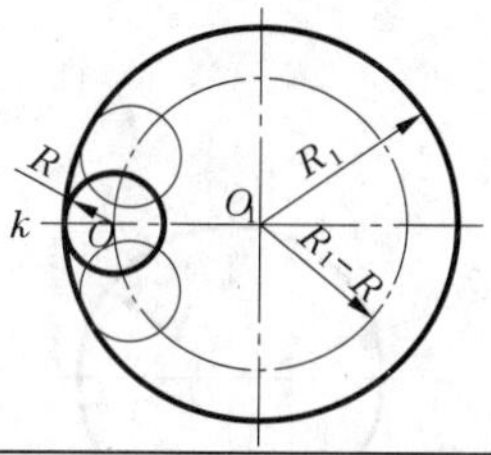	连接弧（R）的圆心位于与已知圆弧（R_1）同心，并以R_1-R为半径的圆周上	切点k为两圆心连线的延长线与已知圆的交点

3.2　圆弧连接的作图方法

圆弧连接有圆弧连接直线、圆弧外切连接圆弧、圆弧内切连接圆弧等连接形式。下面介绍不同连接形式下圆弧连接的作图方法。

3.2.1　用圆弧连接两直线

如图1-33(a)所示，用半径为R的圆弧连接两已知直线。作图步骤如下：

(1)找圆心。分别作与两已知直线距离为R的平行线，两平行线的交点即连接圆弧的圆心O，如图1-33(b)所示。

(2)找切点。过连接圆弧的圆心分别向两已知直线作垂直线，垂足即为连接圆弧与已知直线的切点m_1、m_2，如图1-33(c)所示。

(3)画连接弧。以O为圆心，用圆规连接m_1、m_2，画出连接圆弧，如图1-33(d)所示。

(4)擦除作图线和多余图线，得到的连接圆弧如图1-33(e)所示。

3.2.2　用圆弧外切连接两圆弧

如图1-34(a)所示，用半径为R的圆弧外切连接两已知圆弧。作图步骤如下：

(1)找圆心。分别以O_1、O_2为圆心，以$R+R_1$、$R+R_2$为半径画圆弧交于O点，O点即连接圆弧的圆心，如图1-34(b)所示。

(2)找切点。分别连接O_1O和O_2O，两连心线与圆O_1、O_2的交点即为连接圆弧与已知圆弧的切点m_1、m_2，如图1-34(c)所示。

(3)画连接弧。以O为圆心，用圆规连接m_1、m_2，画出连接圆弧，如图1-34(d)所示。

3.2.3　用圆弧内切连接两圆弧

如图1-35(a)所示，用半径为R的圆弧内切连接两已知圆弧。作图步骤如下：

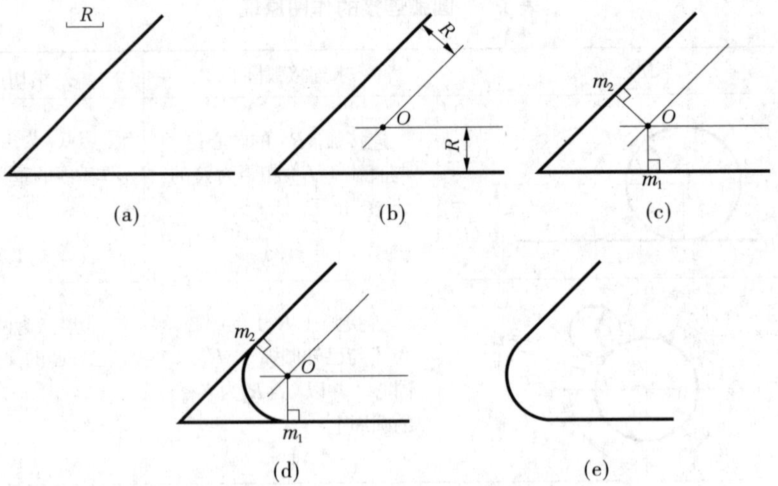

图 1-33 用圆弧连接两直线

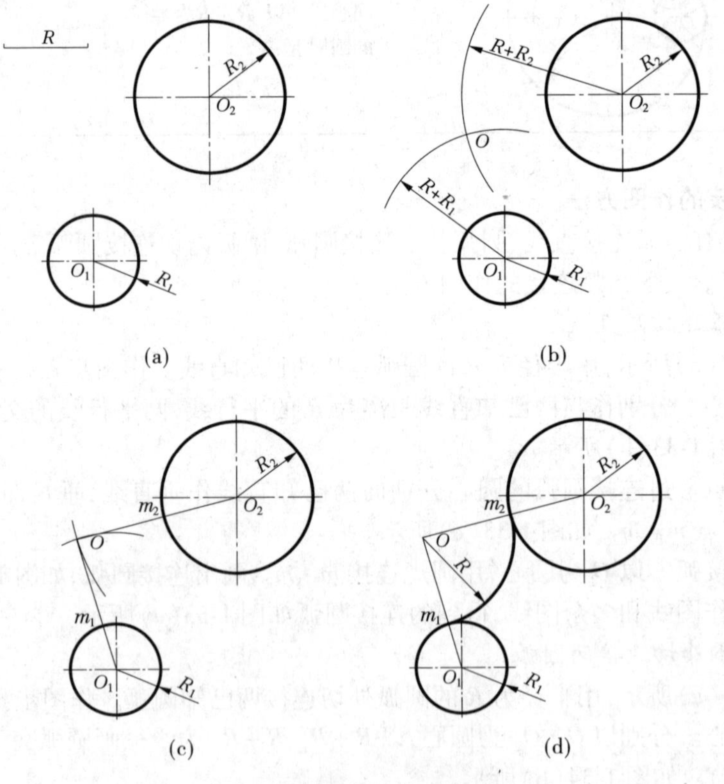

图 1-34 用圆弧外切连接两圆弧

(1)找圆心。分别以 O_1、O_2 为圆心，以 $R-R_1$、$R-R_2$ 为半径画圆弧，两圆弧交于 O 点，O 点即连接圆弧的圆心，如图 1-35(b)所示。

(2)找切点。如图 1-35(c)所示，分别连接 O_1O 和 O_2O 两连心线并延长与圆 O_1、O_2

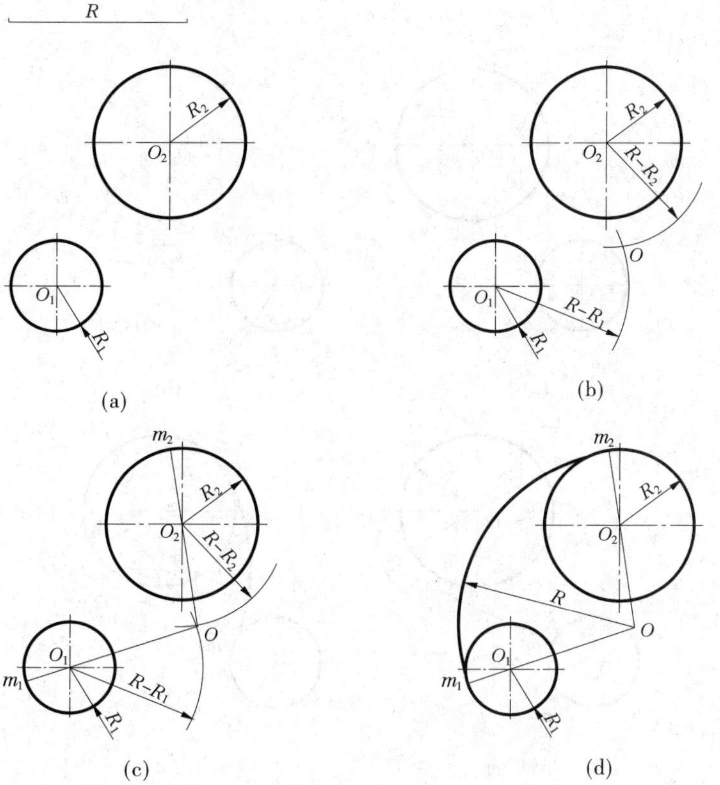

图1-35　用圆弧内切连接两圆弧

相交,交点即为连接圆弧与已知圆弧的切点 m_1、m_2。

(3)画连接弧。以 O 为圆心,用圆规连接 m_1、m_2,画出连接圆弧,如图1-35(d)所示。

3.2.4　用圆弧内外切连接两圆弧

如图1-36(a)所示,用半径为 R 的圆弧外切连接 O_1 圆弧,内切连接 O_2 圆弧,作图步骤如下:

(1)找圆心。以 O_1 为圆心,以 $R+R_1$ 为半径画圆弧;再以 O_2 为圆心,以 $R-R_2$ 为半径画圆弧。以上两圆弧交于 O 点,O 点即连接圆弧的圆心,如图1-36(b)所示。

(2)找切点。连接 O_1O 连心线与圆 O_1 相交,交点即为连接圆弧与 O_1 圆弧的切点 m_1,连接 O_2O 连心线并延长与圆 O_2 相交,交点即为连接圆弧与 O_2 圆弧的切点 m_2,如图1-36(c)所示。

(3)画连接弧。以 O 为圆心,用圆规连接 m_1、m_2,画出连接圆弧,如图1-36(d)所示。

4　圆弧连接平面图形分析与绘图步骤

4.1　尺寸分析

圆弧连接平面图形的尺寸按其作用分为定形尺寸和定位尺寸。为了确定画图时所需要的尺寸数量及画图的先后顺序,必须首先确定尺寸基准。

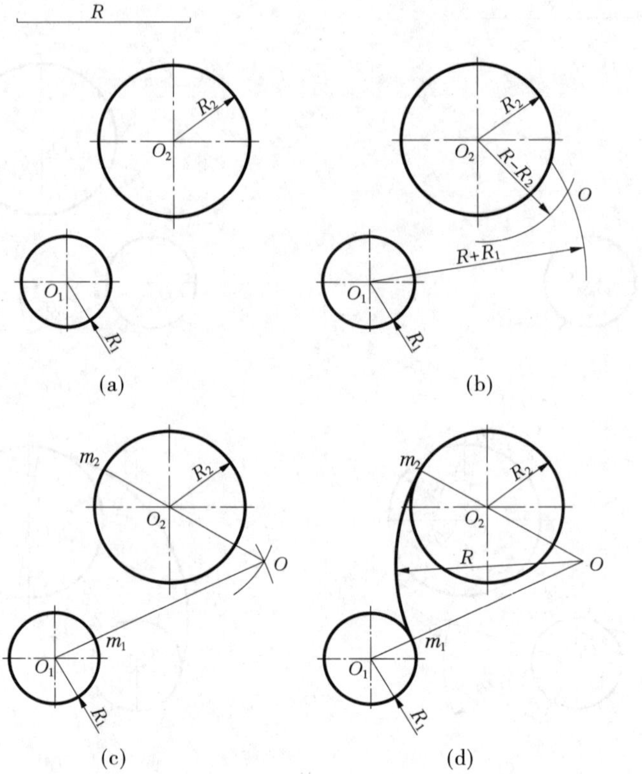

图 1-36 用圆弧内外切连接两圆弧

4.1.1 尺寸基准

尺寸基准是标注尺寸的起点,一个平面图形应有两个方向的尺寸基准。平面图形的尺寸基准一般以图形的对称线、较大圆的中心线或主要轮廓线作为基准线。在图 1-37 中大圆的中心线是长和高两个方向的尺寸基准。

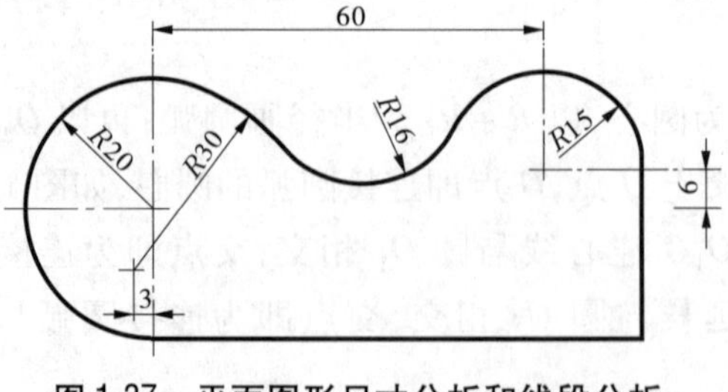

图 1-37 平面图形尺寸分析和线段分析

4.1.2 定形尺寸

确定平面图形中各线段形状大小的尺寸称为定形尺寸,如直线段的长度、圆和圆弧的直径或半径、角度的大小等。如图 1-37 中的 *R*20、*R*15、*R*16、*R*30 等尺寸均为定形尺寸。

4.1.3 定位尺寸

确定平面图形中各线段之间相对位置的尺寸称为定位尺寸。如图 1-37 中的 60、6、3 是定位尺寸,60、6 确定 *R*20 和 *R*15 圆心在水平方向和垂直方向的距离,3 确定 *R*30 圆弧

圆心与 *R*20 圆弧圆心水平方向上的距离。

4.2 线段分析

圆弧连接平面图形的线段按所给尺寸的多少和类型可分为已知线段、中间线段和连接线段。

4.2.1 已知线段

定形尺寸和定位尺寸均给出的线段称为已知线段。已知线段可根据基准线位置和图中所注尺寸直接画出。如图 1-37 中的 *R*20、*R*15 等线段。

4.2.2 中间线段

除图形所标注的尺寸外,还需要根据一个连接关系才能画出的线段称为中间线段,如图 1-37 中圆弧 *R*30 属中间线段。由于该圆心只有一个定位尺寸 3,还必须依靠该圆弧与 *R*20 圆弧相切的关系,通过几何作图的方法确定圆心的位置。

4.2.3 连接线段

没有定位尺寸,需要根据两个连接关系才能画出的线段,称为连接线段。如图 1-37 中的 *R*16 等线段。*R*16 是利用与 *R*30 和 *R*15 相切,再通过几何作图的方法确定圆心的位置。

4.3 圆弧连接平面图形绘图步骤

通过对圆弧连接平面图形的尺寸与线段分析可知,在绘制平面图形时,首先应画已知线段,其次画中间线段,最后画连接线段。

图 1-37 圆弧连接平面图形的绘图步骤如图 1-38 所示。

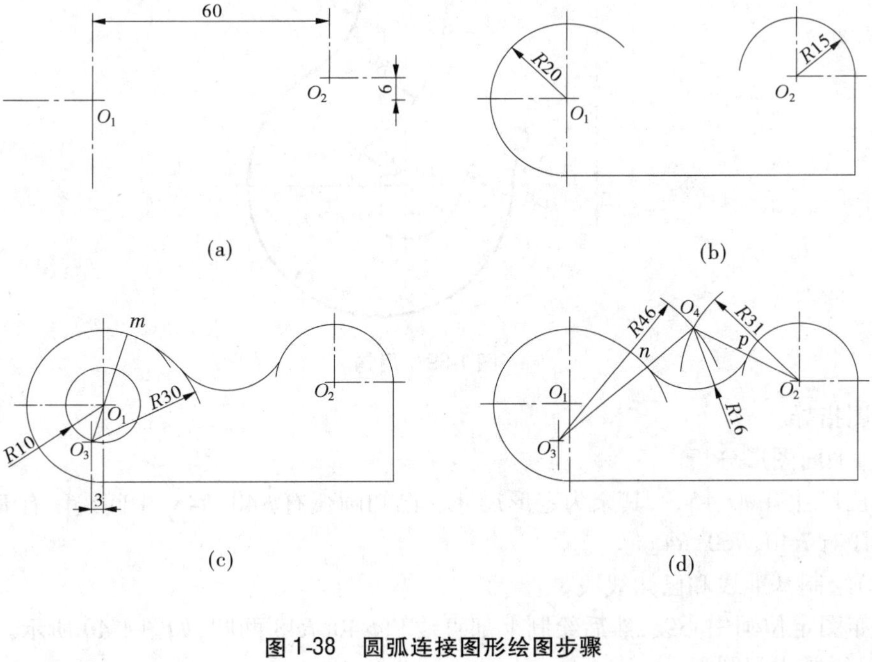

图 1-38 圆弧连接图形绘图步骤

4.3.1 绘制基准线

绘制两圆的中心线作为图形的定位基准线,如图 1-38(a)所示。

4.3.2 绘制已知线段

绘制 $R20$ 和 $R15$ 两已知圆弧和底边、右边两已知直线，如图 1-38(b)所示。

4.3.3 绘制中间线段

相距圆心 O_1 的竖直中心线为 3 画一条竖直线，再以 O_1 为圆心，以 $R30-R20$ 为半径画图弧，则该圆弧与竖直线的交点为圆弧 $R30$ 的圆心 O_3，连接 O_1O_3 并反向延长，交于圆 $R20$ 圆弧于点 m，m 点即为 $R30$ 与 $R20$ 两圆弧的切点，画出中间圆弧如图 1-38(c)所示。

4.3.4 绘制连接线段

以 O_3 为圆心，以 $R30+R16$ 为半径画弧；再以 O_2 为圆心，以 $R15+R16$ 为半径画弧；两弧的交点为 $R16$ 连接圆弧的圆心 O_4，连接 O_3、O_4 交 $R30$ 圆弧于 n 点，连接 O_2、O_4 交 $R15$ 圆弧于 p 点，画出连接圆弧如图 1-38(d)所示。

5 实训任务与指导

实训任务 1：《水利工程制图习题集》：1-4 绘制正多边形和椭圆；1-5 圆弧连接。

实训任务 2：绘制图 1-39 所示的“吊钩”的圆弧连接平面图形。

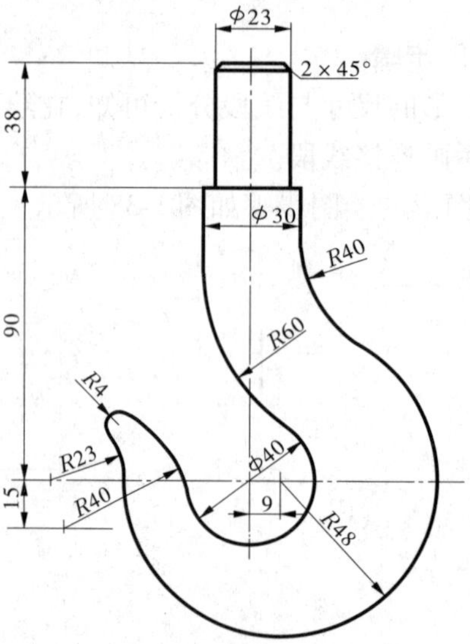

图 1-39 吊钩

绘图指导：

(1)平面图形分析。

定位尺寸有 90、15、9，其余为定形尺寸。已知圆弧有 φ40、$R48$，中间线段有 $R23$、$R40$，连接线段有 $R40$、$R60$、$R4$。

(2)绘制基准线和已知线段。

先布图定位圆中心线，然后绘制上部直线和 φ40、$R48$ 两圆，如图 1-40 所示。

(3)绘制中间圆弧。

①绘制 $R23$ 的圆弧。从 $R48$ 的圆心向左量取距离 71(23+48)即为 $R23$ 的圆心，与 $R48$ 圆弧的切点在水平中心线上，可绘制 $R23$ 的圆，如图 1-41 所示。

②绘制 $R40$ 的圆弧。用细实线画出 $\phi 40$ 圆的水平中心线和与之相距为 15 的平行线。然后以 $\phi 40$ 的圆心为圆心，$R60(R20+R40=R60)$ 为半径画圆，该圆与水平线的交点为 $R40$ 的圆心，画连心线找到切点，绘出 $R40$ 圆弧，如图 1-41 所示。

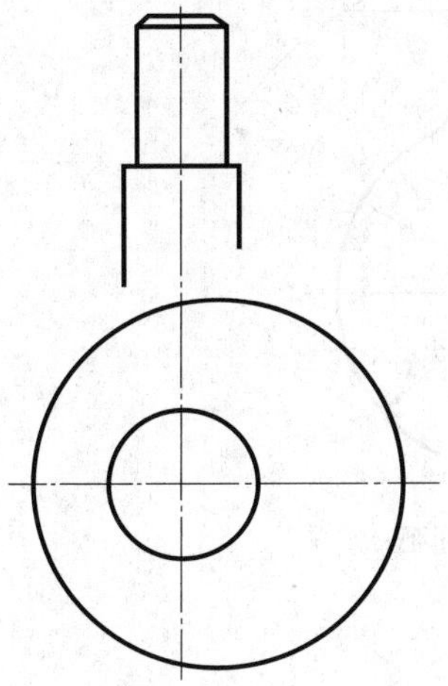

图 1-40 绘制已知线段

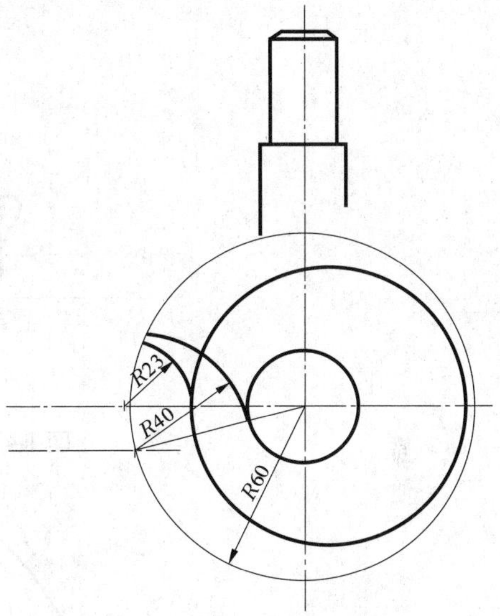

图 1-41 绘 $R23$ 和 $R40$ 圆弧

(4)绘制连接圆弧。

绘 $R4$ 圆弧：$R4$ 圆弧与 $R23$ 圆弧外切，与 $R40$ 圆弧内切。以 $R23$ 圆弧圆心为圆心，以 $R27(R23+R4=R27)$ 为半径画弧；再以 $R40$ 圆弧圆心为圆心，以 $R36(R40-R4=R36)$ 为半径画弧。两圆弧的交点即是 $R4$ 的圆心。分别连接圆心找到切点，可画出 $R4$ 的圆，如图 1-42 所示。

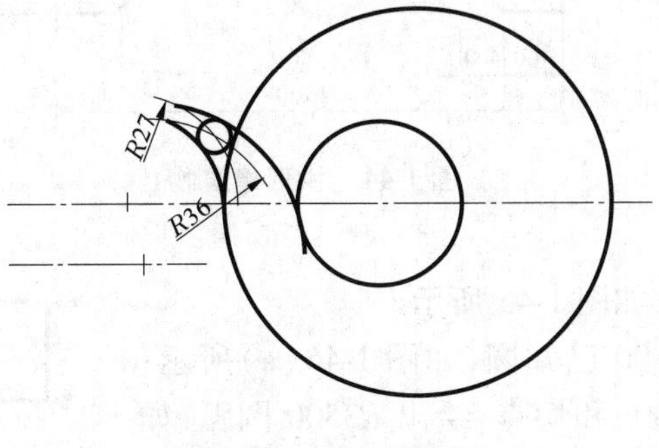

图 1-42 绘 $R4$ 圆弧

绘 $R40$ 圆弧：$R40$ 圆弧与 $R48$ 圆弧外切，也与竖直线相切。以 $R48$ 圆弧圆心为圆心，以 $R88(R48+R40=R88)$ 为半径画弧；再画与竖直线相距为 40 的竖直线，该竖直线与圆弧的交点即是 $R40$ 的圆心。找到切点，可画出 $R40$ 的圆弧，如图 1-43 所示。

绘 $R60$ 圆弧：用画 $R40$ 圆弧同样的方法可画出 $R60$ 的连接弧，如图 1-43 所示。

实训任务 3：绘制图 1-44 所示圆弧连接平面图形。

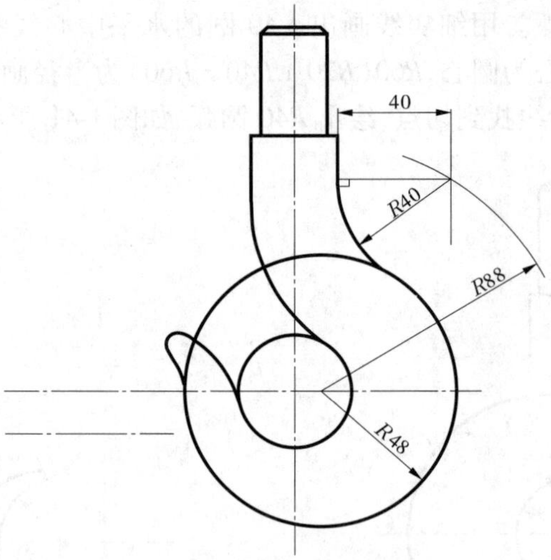

图 1-43　绘 $R40$、$R60$ 圆弧

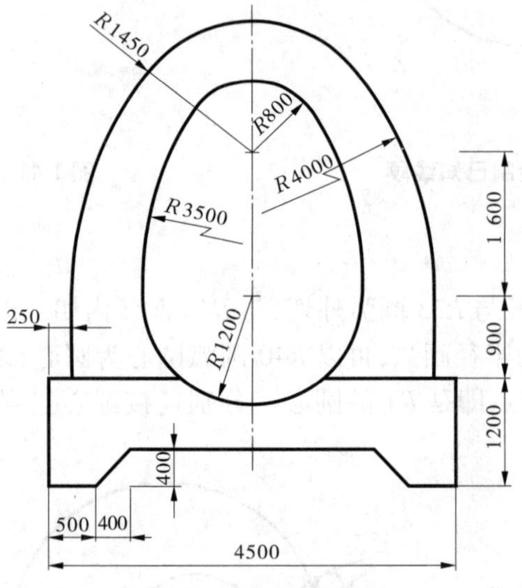

图 1-44　拱形建筑物

绘图指导：

(1)绘制已知直线，如图 1-45 所示。

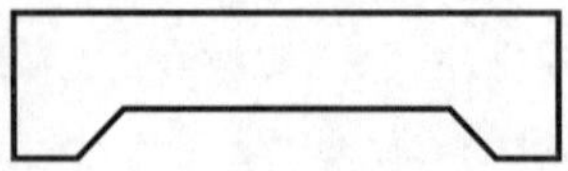

图 1-45　绘制已知直线

(2)绘制 $R1200$、$R800$ 已知圆，如图 1-46(a)所示；找 $R3500$ 连接圆弧的圆心和切点，绘出 $R3500$ 圆弧，如图 1-46(b)所示；擦除作图线和多余的图线，如图 1-46(c)所示。

(3)绘制 $R1450$ 已知圆和距左右各 250 的竖直线，如图 1-47(a)所示；找 $R4000$ 连接圆弧的圆心和切点，绘出 $R4000$ 圆弧，如图 1-47(b)所示；擦除作图线和多余的图线，如图 1-47(c)所示。

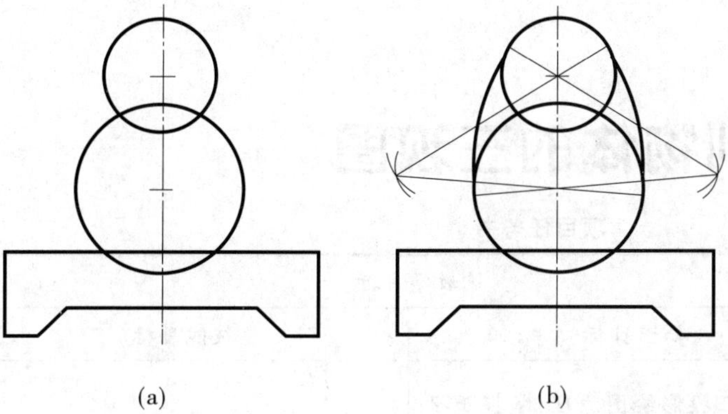

图 1-46　绘制 *R*3500 连接圆弧

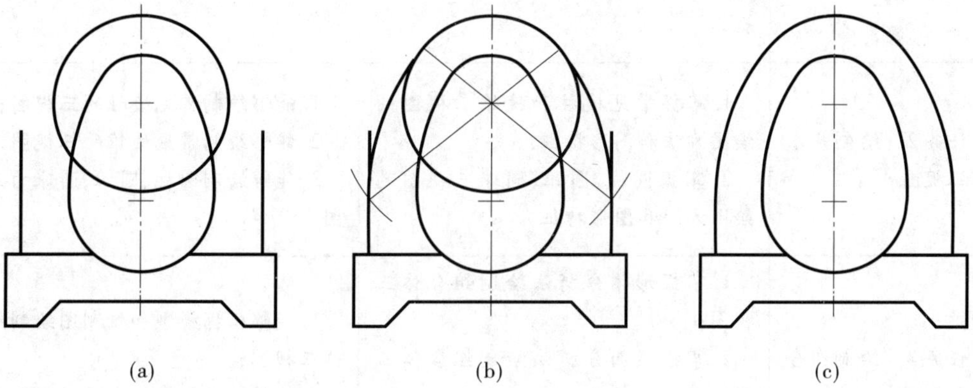

图 1-47　绘制 *R*4000 连接圆弧

项目2　绘制物体的三视图

项目任务书

教学任务	教学目标	
	知识目标	技能目标
任务1　绘制正投影图与三视图	1. 理解正投影绘图原理，掌握正投影图绘图方法； 2. 掌握三视图的形成方法和投影规律	能够根据物体模型或轴测图，正确绘制正投影图和三视图
任务2　绘制基本体三视图	1. 掌握常见棱柱和棱锥三视图的绘图方法和图形特征； 2. 掌握圆柱、圆锥、圆球三视图的绘图方法和图形特征	1. 能够绘制常见棱柱的三视图； 2. 能够绘制常见棱锥的三视图； 3. 能够绘制圆柱、圆锥、圆球的三视图
任务3　绘制组合体三视图	1. 掌握形体分析法绘制组合体三视图； 2. 掌握线面分析法绘制组合体三视图； 3. 掌握组合体三视图的尺寸标注要求	1. 能够根据模型和轴测图绘制组合体三视图； 2. 能够正确标注组合体三视图的尺寸

任务1　绘制正投影图与三视图

1　投影法与正投影概念

1.1　投影法概念

古人在探索用图形来表达物体的过程中，发现物体的影子有时和物体的形状非常相似，于是根据这个现象探索影子与物体之间的关系，总结了将物体的影子形状用图线画出来的方法。这种绘图的方法沿袭到今天，被称为投影法制图，简称投影法。

投影法因为光源、光线等条件的不同，分为中心投影法、斜投影法、正投影法等多种，分别应用于美术绘画、摄影、透视绘图、轴测绘图、工程制图等工作领域。

1.2　正投影概念

为了生产和建造的需要，工程图必然要准确表达物体的形状和大小。一般自然投影条件下，投影会有变形，不符合生产建造对图形的要求。通过人们不断的探索，发现物体的影子在正投影的条件下能够准确地表达物体的形状和大小。所以,经过人们的科学抽象,形成了正投影条件下的绘图方法,称为正投影法。

互相平行光线垂直照射投影面得到的物体投影,称为物体的正投影,如图2-1所示。按正投影法画出的图称正投影图。

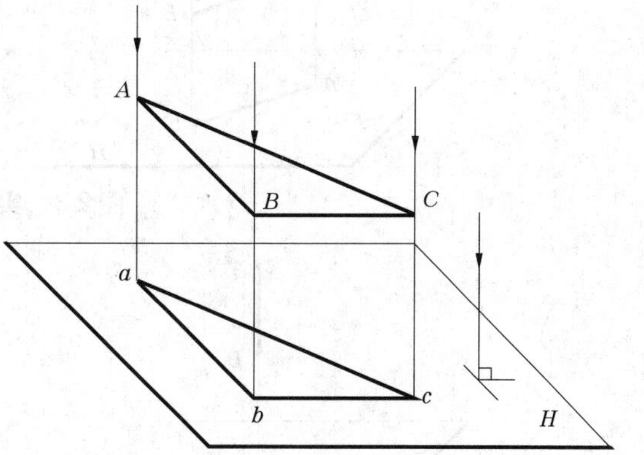

图2-1 正投影概念

物体的正投影图能够准确反映物体一个方面的实际形状和大小,而且作图简单,所以正投影法被广泛应用于工程制图。

物体的正投影图不同于影子,影子只反映物体的外形轮廓,如图2-2(a)所示,正投影图是假定投影线能穿透物体或者物体透明,因而能反映物体的所有内外轮廓线,如图2-2(b)所示。

在水利工程制图中,物体的可见轮廓线用粗实线或中粗实线画,不可见轮廓线用中粗虚线画。

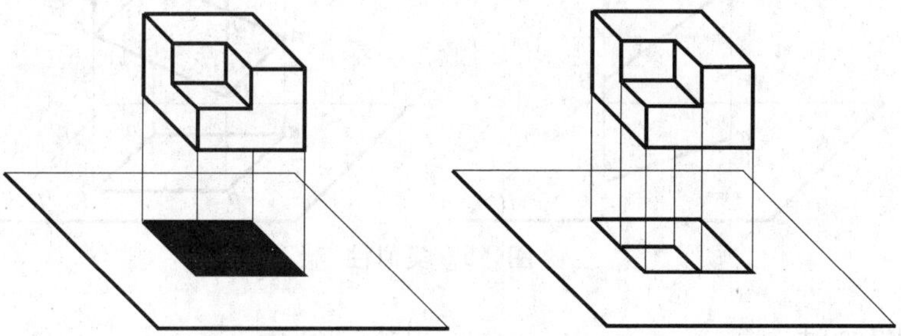

(a)影子 (b)正投影图

图2-2 物体的影子正投影图

2 正投影基本特性

2.1 实形性

当直线或平面平行于投影面时,在投影面上的投影反映直线的实长或平面图形的实际形状,如图2-3所示,这种投影特性称为实形性。

2.2 积聚性

当直线或平面垂直于投影面时,在投影面上的投影积聚成一个点或一条直线,如图2-4所示,这种投影特性称为积聚性。

2.3 类似性

当直线或平面倾斜于投影面时,直线的投影长度缩短,平面的投影尺寸发生变化,形状类似于平面的实形,如图2-5所示,这种投影特性称为类似性。

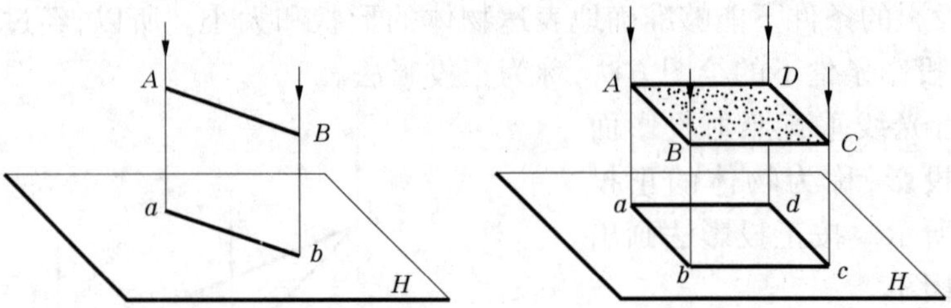

图 2-3　实形性

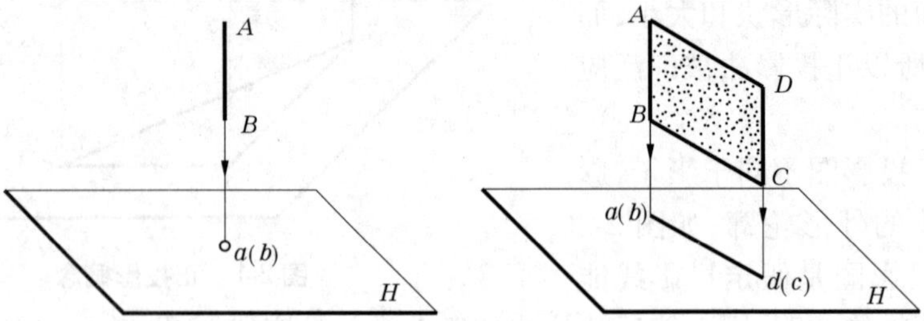

图 2-4　积聚性

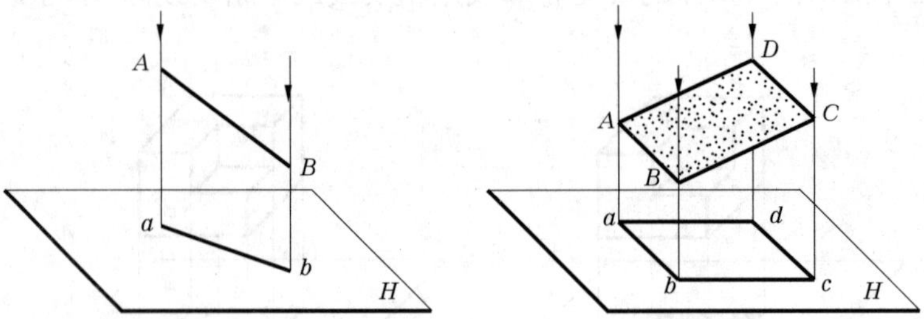

图 2-5　类似性

3　正投影图画法

设置一个投影面，用正投影法从物体的一个方向垂直于投影面进行投射，画出物体的图形称为正投影图。如图 2-6 所示为几种形体的正投影图。一个物体可以画出多个不同方向的正投影图。

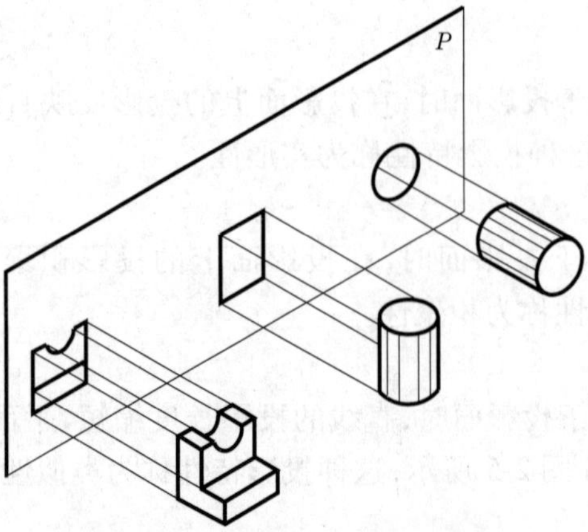

图 2-6　几种形体的单面正投影图

画物体的正投影图时,我们先观察物体的组成形状,分析物体表面与投影面的相对位置,然后根据正投影的投影特性,想象出物体的投影,将其画在图纸上。因为正投影图是通过观察和分析画出的,所以正投影图又称为视图。

【例2-1】　画出如图2-7所示形体1在图示方向上的单面正投影图。

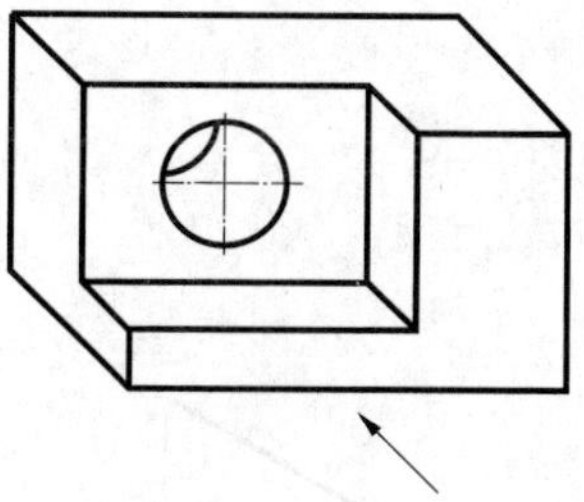

图2-7　形体1

分析:如图2-8所示,在图示方向上设置投影面P,形体上共有三个表面与投影面平行,其余都与投影面垂直。根据正投影特性,平行于投影面的表面画出实形,垂直于投影面的表面积聚成直线。本例只需画出1、2两面的实形,3面自然构成,表面的积聚投影与1、2、3面的边线重合,已经隐含,不用再画。

正投影图的画图步骤如图2-9所示。

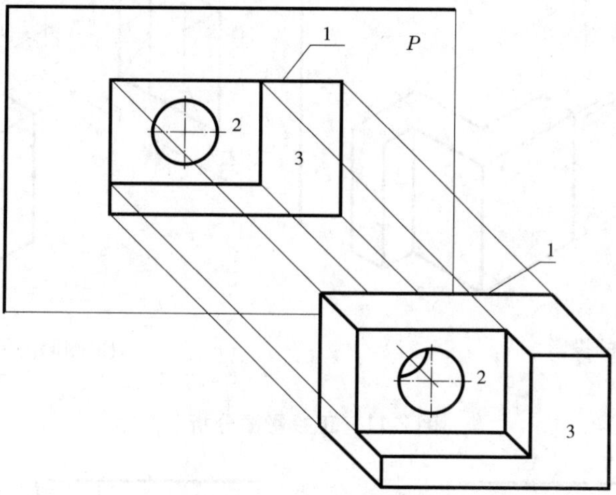

图2-8　正投影图分析

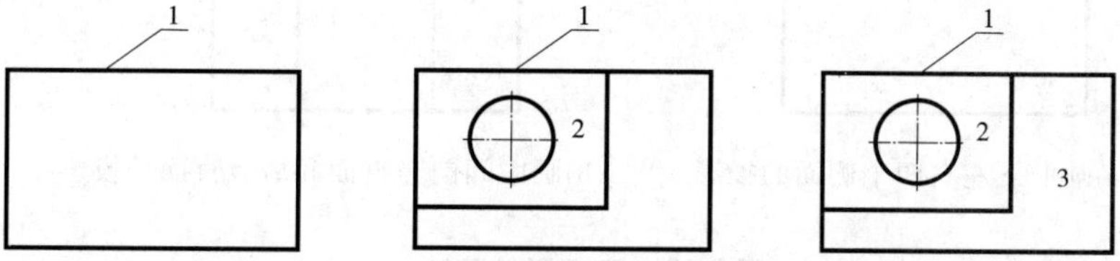

图2-9　单面正投影图的画法

【例2-2】　画出图2-10所示形体2在图示方向的正投影。

分析:如图2-11所示,在图示方向上设置投影面P,形体上的上底面1和下底面2与投影面垂直,而侧面3、4、5、6也与投影面垂直,根据正投影特性,垂直于投影面的表面积聚成直线,所以1、2两底面的投影如图2-11(a)所示,3、4、5、6侧面的投影如图2-11(b)所示。这样形体上平行于投影面的平面的投影已形成,不用再画。单面正投影图的画图步骤如图2-12所示。

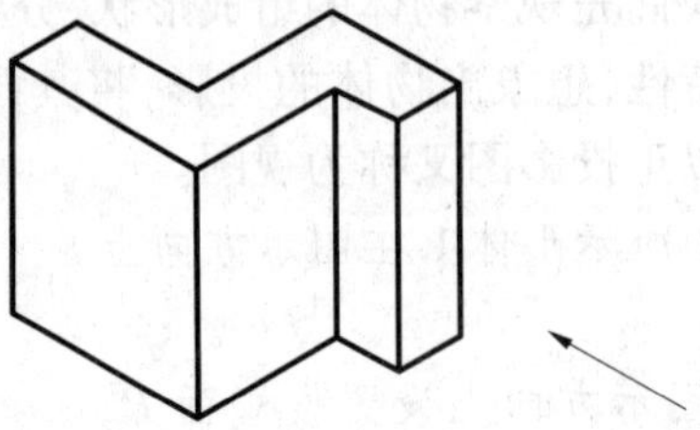

图 2-10　形体 2

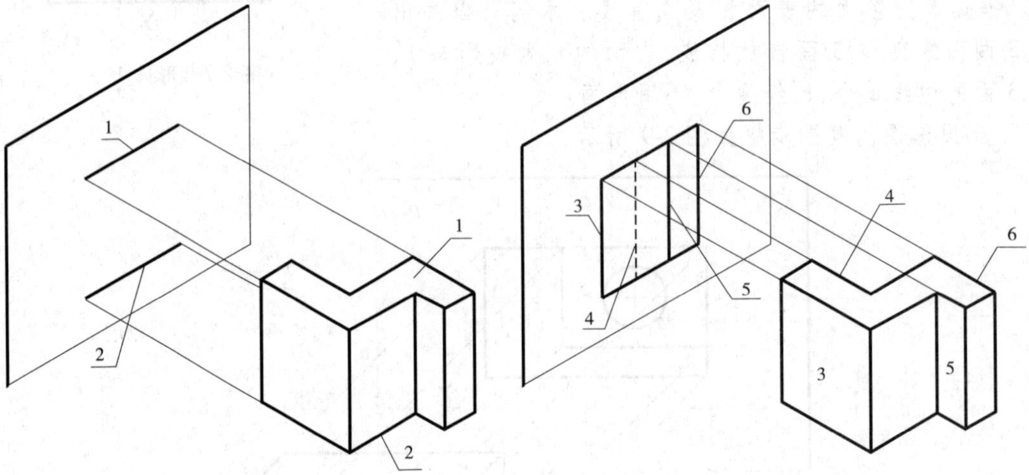

(a)底面的投影　　(b)侧面的投影

图 2-11　正投影图分析

(a)画上下左右四个侧面的投影　　(b)画中间前竖直面和后竖直面的投影

图 2-12　正投影的画法

4　三视图画法

如图 2-13 所示为几个不同形状的物体，它们在同一个投影面上的投影却是相同的，因此在正投影法中物体的一个投影一般是不能准确确定空间物体结构形状的，必须有两个或者多个投影图才能准确清楚地表示物体的结构形状。由于物体一般有左右、前后和上下三个方向的形状，我们一般用三面投影图来表示物体，称为物体的三视图。

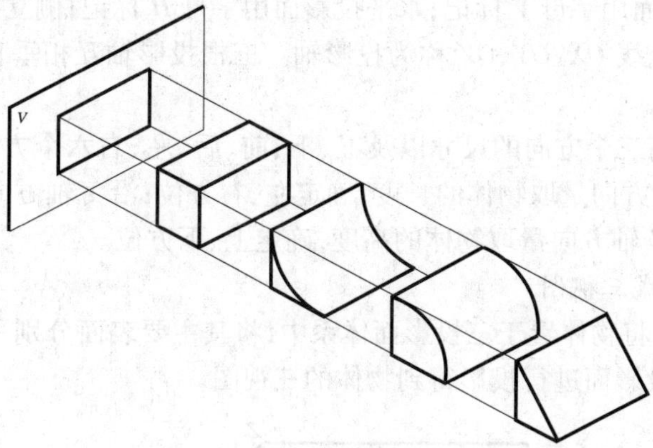

图2-13 不同形体的单面正投影图

4.1 三视图的形成

4.1.1 三投影面体系的建立

设置三个互相垂直相交的平面作为投影面,称为三投影面体系。把空间分成8个分角,如图2-14所示,我国选取第一分角作为投影空间,如图2-15所示。

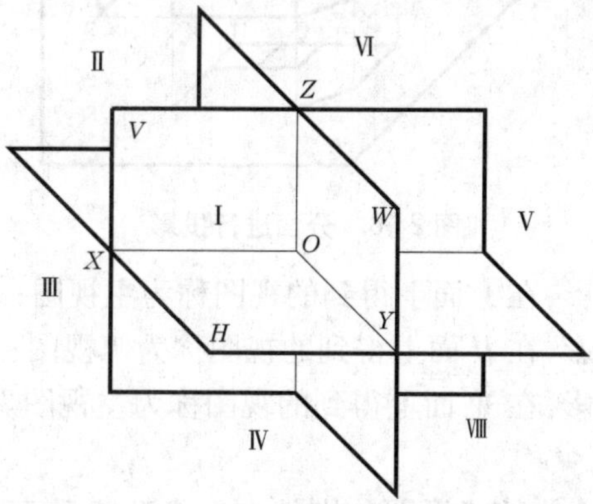

图2-14 三投影面体系(8个分角)

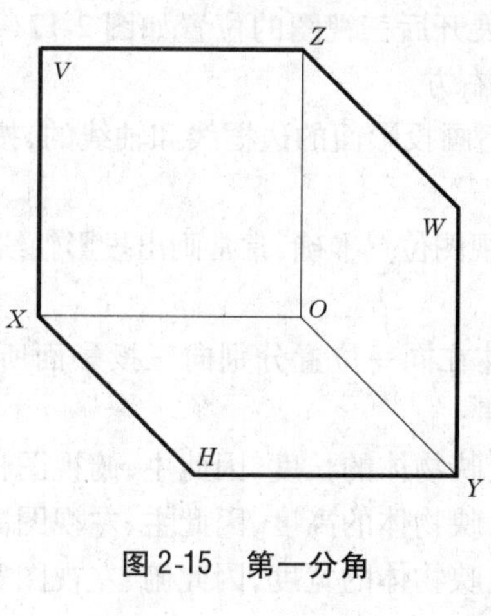

图2-15 第一分角

其中：正立投影面用字母 V 标记；水平投影面用字母 H 标记；侧立投影面用字母 W 标记。三个投影面的交线 OX、OY、OZ 称为投影轴。三根投影轴互相垂直相交于一点 O，该点称为原点。

物体有长、宽、高三个方向的尺寸以及上、下、前、后、左、右六个方位，通常规定：以原点 O 为基准，沿 X 轴方向量取物体的长度，确定左、右方位；沿 Y 轴方向量取物体的宽度，确定前、后方位；沿 Z 轴方向量取物体的高度，确定上、下方位。

4.1.2 分面投影形成三视图

如图 2-16 所示，将物体置于三投影面体系中，将其主要表面分别平行于投影面，然后分别将物体向三个投影面进行投影得到物体的三视图。

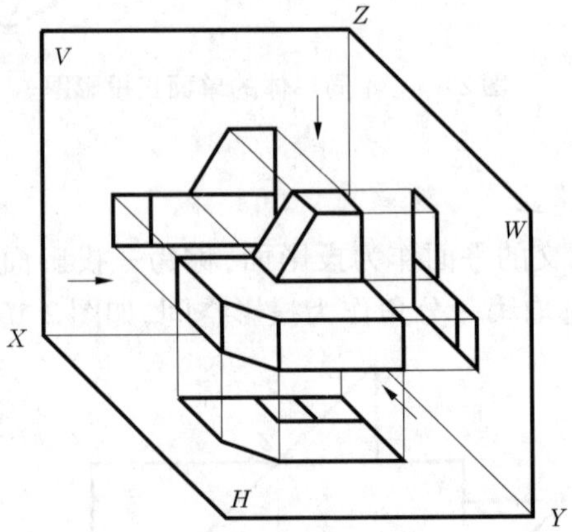

图 2-16 分面进行投影

从物体的前面向后投影，在 V 面上得到的视图称为主视图；

从物体的上面向下投影，在 H 面上得到的视图称为俯视图；

从物体的左面向右投影，在 W 面上得到的视图称为左视图。

4.1.3 三投影面的展开

从图 2-16 可以看出，物体的三视图分别处在三个互相垂直的投影面上，将 V 面保持不动，使 H 面绕 OX 轴向下旋转 90°，将 W 面绕 OZ 轴向右旋转 90°，使之与 V 面摊平成一个平面，如图 2-17(a) 所示。展开后三视图的位置如图 2-17(b) 所示，俯视图在主视图的正下方，左视图在主视图的正右方。

工程图纸上的三视图是不画投影面的边框线和轴线的，按上述位置排列时，也不需标注图名。

在绘制三视图时，为使三视图位置准确，常常画出投影轴线和投影线，如图 2-18 所示。

4.2 三视图的投影规律

三视图表达的是同一物体在同一位置分别向三投影面所作的投影。所以，三视图间必然具有以下所述的投影规律：

(1) 主视图和俯视图都反映物体的长度，因此主、俯视图长对正；

(2) 主视图和左视图都反映物体的高度，因此主、左视图高平齐；

(3) 左视图和俯视图都反映物体的宽度，因此俯、左视图宽相等。

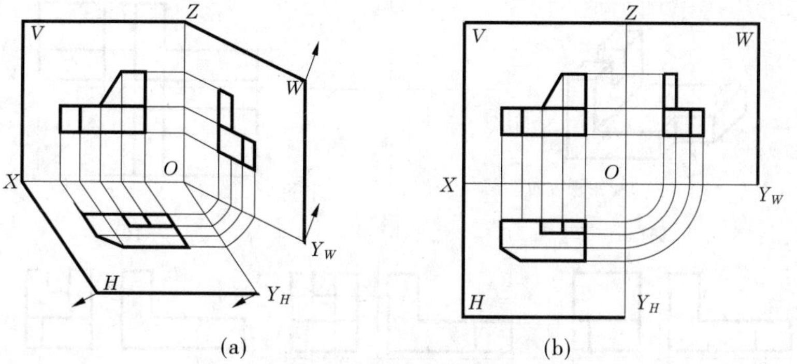

图 2-17 投影面的展开

简单概括为“长对正,高平齐,宽相等”,如图 2-19 所示。这个规律是画图和读图的基本规律,无论是整个物体还是物体的局部,三视图间都必须符合这个规律。

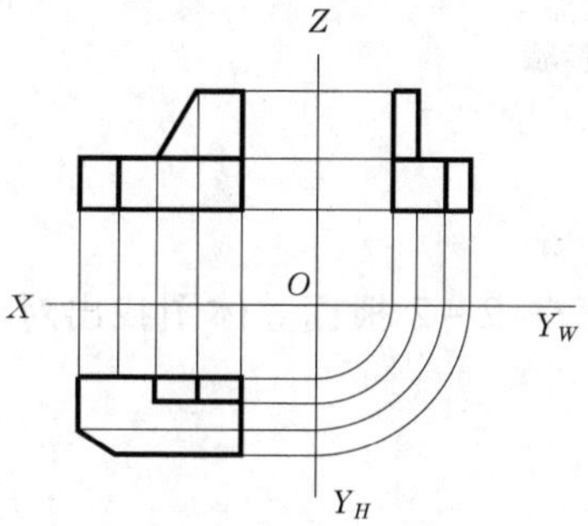

图 2-18 物体的三视图

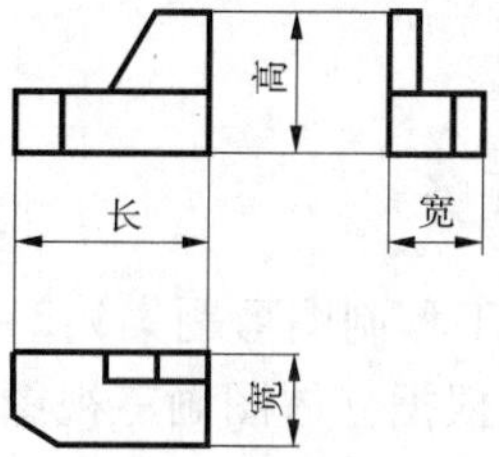

图 2-19 三视图的投影规律

4.3 三视图与物体方位的对应关系

从三视图的形成过程可以看出,主视图反映了物体的上下、左右方位;左视图反映了物体前后、上下方位;俯视图反映了物体前后、左右方位,如图 2-20 所示。

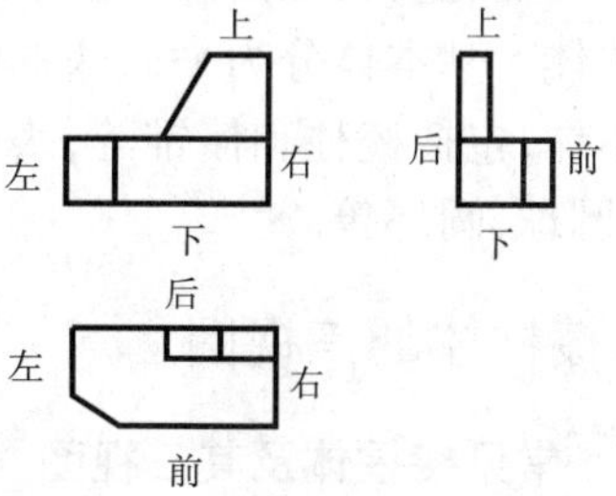

图 2-20 三视图与物体方位的对应关系

4.4 三视图的画法步骤

以图 2-21 所示物体为例,三视图的画法步骤如下:

(1)确定物体摆放位置和主视方向,思考物体三个方向投影图的画法,或者画出草图三视图,如图 2-21(a)所示。

(2)用细实线绘制投影轴和 45°倾斜线,如图 2-21(b)所示。

(3)绘制物体完整形状的三视图,如图 2-21(c)所示。

(4)绘制左前下切角处的三视图,如图 2-21(d)所示。

(5)绘制右上切槽处的三视图,如图 2-21(e)所示。

(6)擦除投影轴线和投影线,擦除切角和切槽处多余的线,用粗实线描深三视图,如图 2-21(f)所示。

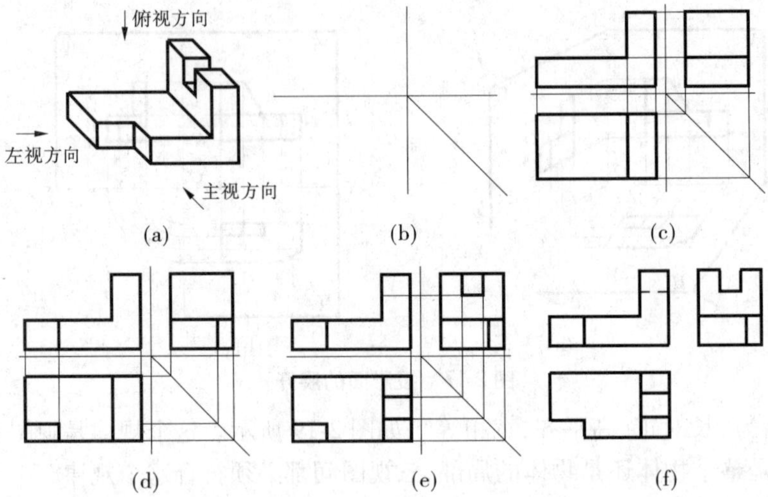

图 2-21　三视图的画法步骤

5　实训任务

《水利工程制图习题集》:2－1 画单面投影图并填空;2－2 根据立体图找出对应的三视图;2－3 根据立体图画三视图。

任务 2　绘制基本体三视图

工程建筑物是由许多基本形体经过一定形式的组合而构成的,这些基本形体简称为基本体。基本体分为平面基本体和曲面基本体。表面全部由平面围成的基本体称为平面基本体,包括棱柱和棱锥等;表面组成包含曲面的基本体称为曲面基本体,包括圆柱、圆锥、圆球、圆环等。

1　棱柱体的三视图

1.1　常见棱柱体及其三视图

棱柱中互相平行的两个面称为端面或底面,其余的面称为侧面或棱面,相邻两棱面的交线称为棱线,棱柱的各棱线相互平行。其中,底面为正多边形的直棱柱称为正棱柱。

工程中常见的棱柱体有四棱柱、三棱柱、五棱柱、六棱柱等。表 2-1 列出了常见棱柱体的轴测图和三视图。

1.2　棱柱体三视图的画法

以正三棱柱为例,棱柱体三视图的画法步骤如下:

(1)确定物体摆放位置和主视方向。

将正三棱柱放置为底面水平,其中一棱线在最前,后侧面是正平面,三视图投影方向如图 2-22 所示。

表 2-1 常见棱柱体的轴测图和三视图

名称	轴测图	三视图
四棱柱	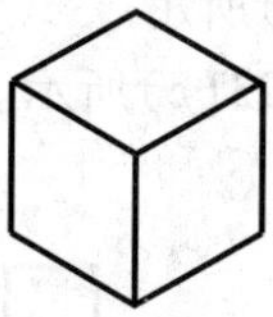	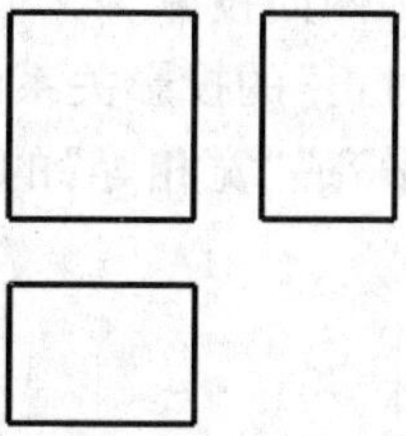
三棱柱		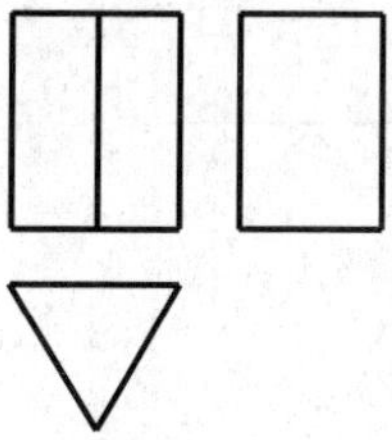
六棱柱	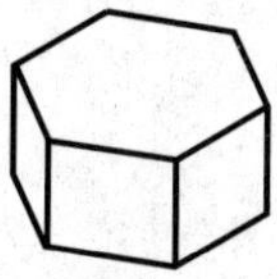	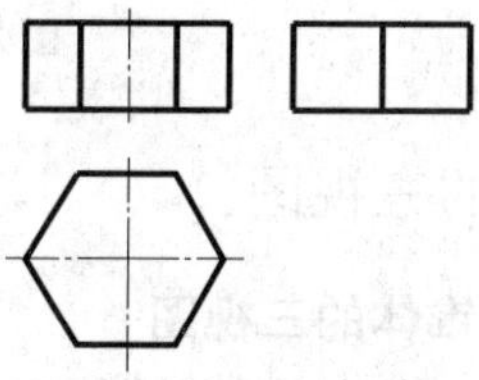
五棱柱	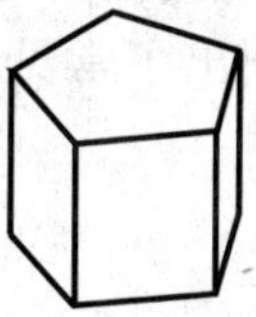	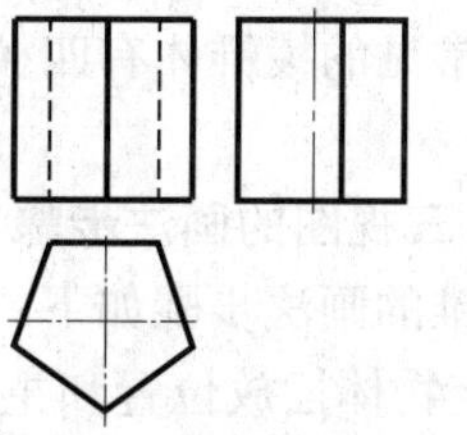

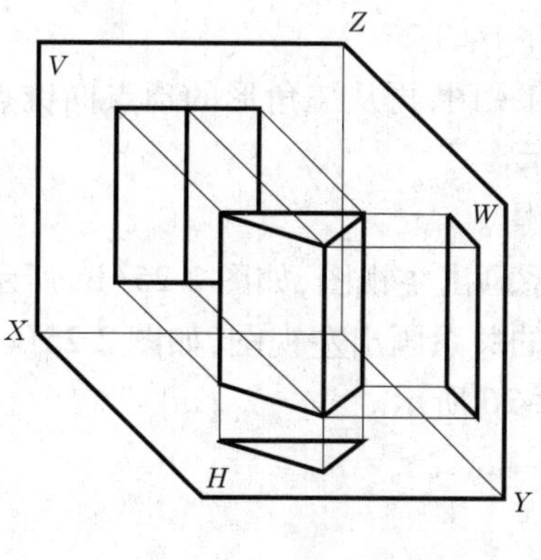

图 2-22 正三棱柱三视图的分析

(2)画底面的投影图。

画出反映上下底面实形的俯视图,如图 2-23(a)所示。

(3)画其他两面投影。

根据“长对正”的投影关系画出主视图,如图 2-23(b)所示。

根据“高平齐”“宽相等”的关系画出左视图,如图 2-23(c)所示。

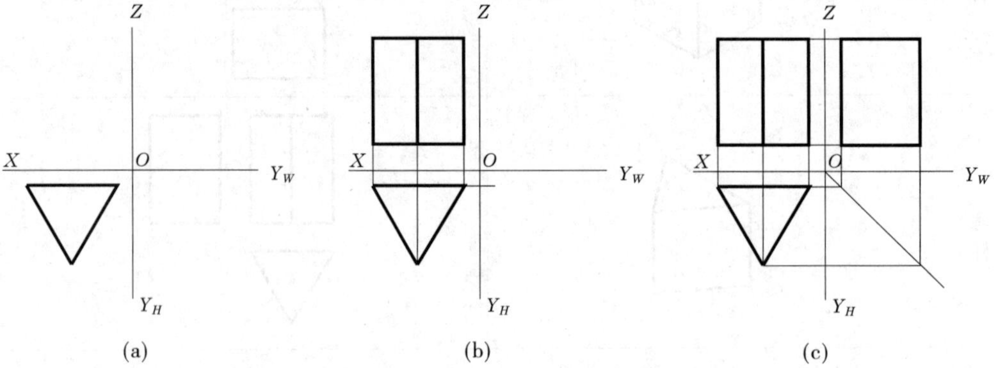

图 2-23　正三棱柱三视图的画法

2　棱锥体的三视图

2.1　常见棱锥体的三视图

棱锥体由底面、棱面、棱线和锥顶组成,底面是多边形,侧棱面均为三角形。

工程中常见的棱锥体有四棱锥、三棱锥等。表 2-2 列出了常见棱锥体的轴测图和三视图。

2.2　棱锥体三视图的画法步骤

正三棱锥的画法步骤如下:

(1)确定物体摆放位置和主视方向。

正三棱锥的底面放置为水平面,其中一根棱线放置为最前,后侧面是侧垂面。三视图投影方向如图 2-24 所示,棱线 *SA* 为侧平线,棱线 *SB* 和 *SC* 为一般位置直线。

(2)画棱锥底面的投影图。

先画出反映底面实形的俯视图,再从三角形的顶点向锥点的投影连线,从而作出各棱线的俯视图,如图 2-25(a)所示。

(3)画棱锥的另外两面投影。

根据“长对正”的投影关系画出主视图,如图 2-25(b)所示。

根据“高平齐”“宽相等”的关系画出左视图,如图 2-25(c)所示。

四棱台的画法步骤如图 2-26 所示。

表 2-2　常见棱锥体的轴测图和三视图

名称	轴测图	三视图
三棱锥	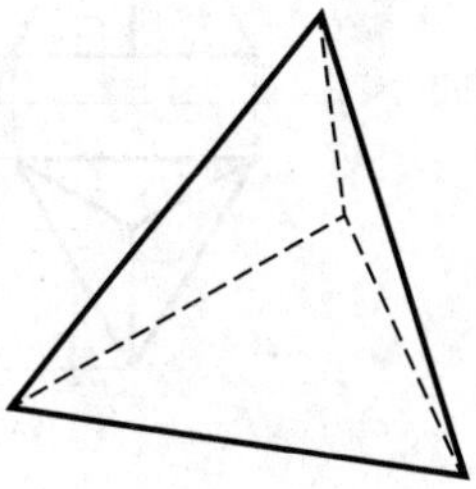	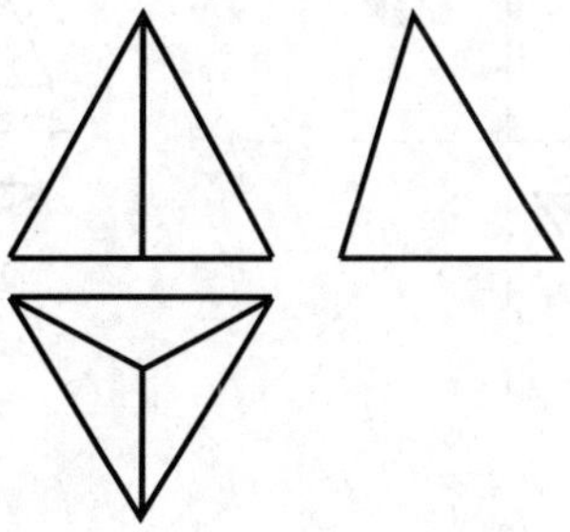
四棱锥	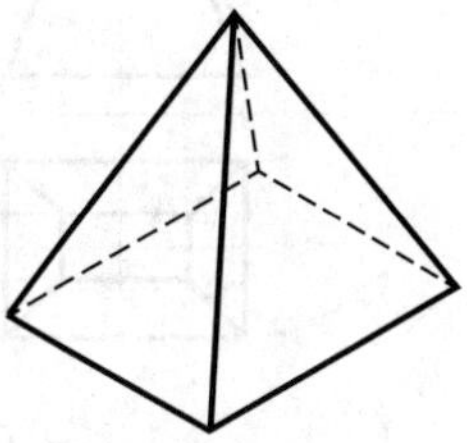	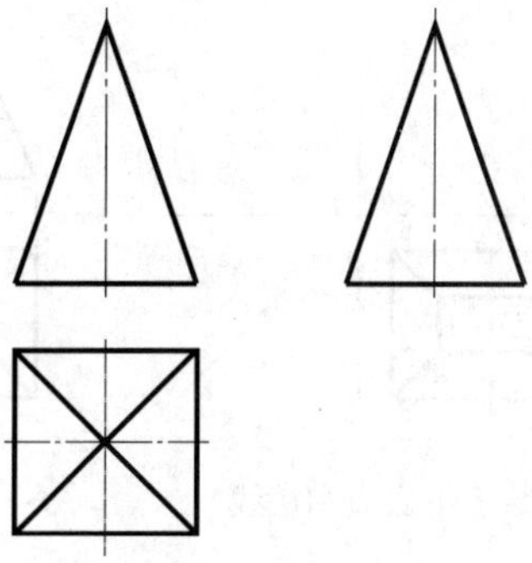
四棱台	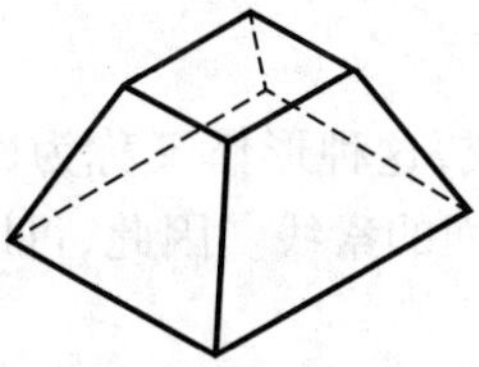	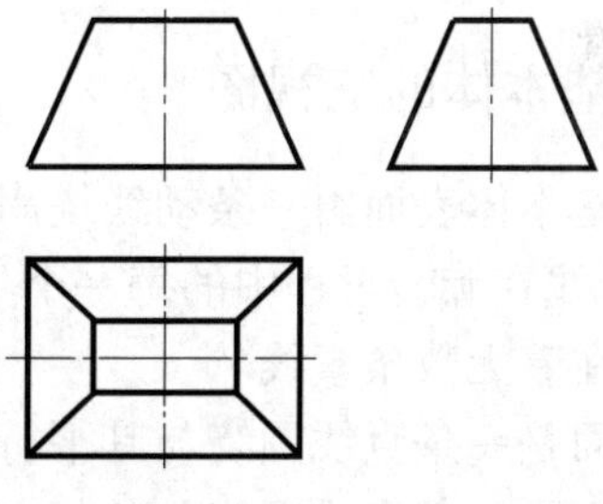

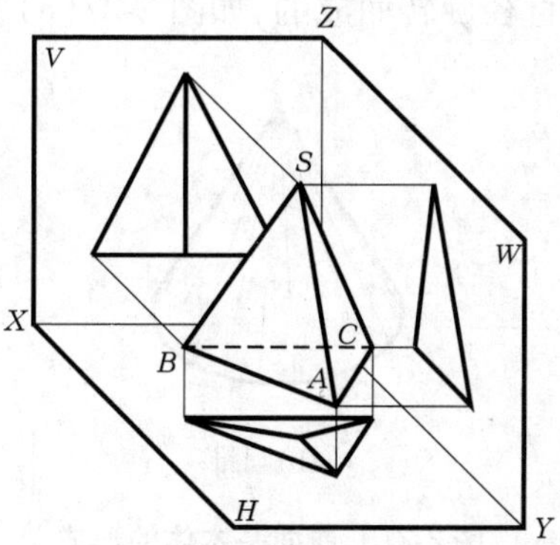

图 2-24　正三棱锥摆放位置及三面投影

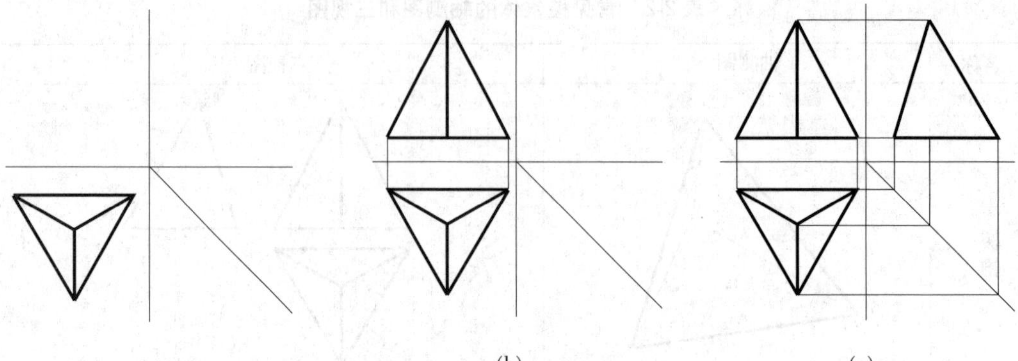

(a) (b) (c)

图 2-25 正三棱锥三视图的画法步骤

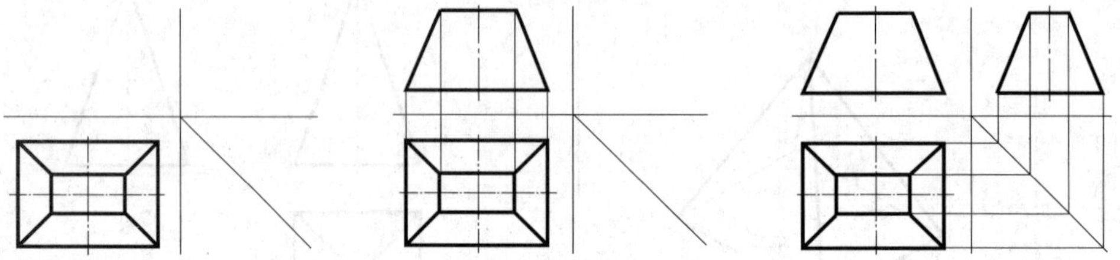

(a)绘上下底面和棱线 (b)绘主视图 (c)绘左视图

图 2-26 四棱台三视图的画法步骤

3 曲面基本体的三视图

曲面基本体表面由一条动线绕固定轴线旋转而成,这种形体又称为回转体。动线称为母线,母线在旋转过程中的每一个具体位置称为曲面的素线。因此,可以认为回转体的曲面上存在着无数条素线。

圆柱面是一条直线围绕与其平行的固定轴线旋转而成的,如图 2-27(a)所示。

圆锥面是一条直线围绕与其相交的固定轴线旋转而成的,如图 2-27(b)所示。

圆球面是一个圆围绕其直径旋转而成的,如图 2-27(c)所示。

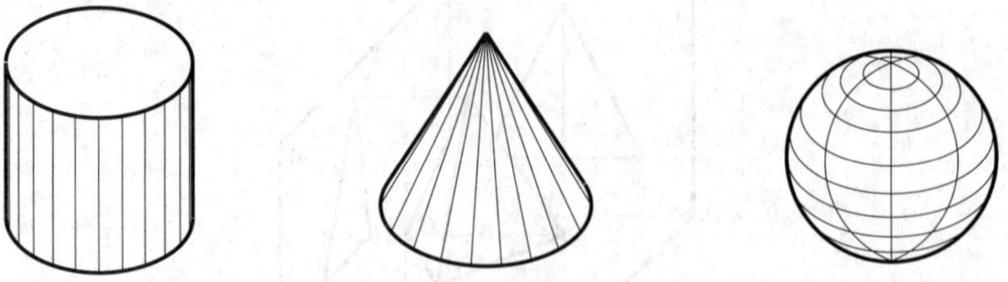

(a)圆柱 (b)圆锥 (c)圆球

图 2-27 曲面基本体的形成

3.1 圆柱体三视图的画法

圆柱体的画法步骤如下：

(1)确定圆柱体的摆放位置和投影方向。

一般情况下，圆柱的底面圆与投影面平行。将圆柱的底面放置为水平面，三视图中的俯视图为底面圆的实形，主视图轮廓线为圆柱表面上最左素线和最右素线的投影，左视图轮廓线为圆柱面上最前素线和最后素线的投影，如图 2-28 所示。

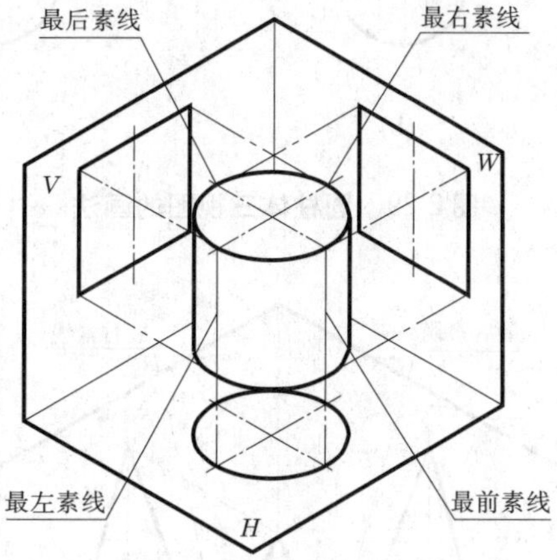

图 2-28 圆柱体三视图的分析

(2)绘制圆中心线和圆柱轴线。

用细点画线绘制圆的十字中心线和圆柱轴线，确定三视图的位置，如图 2-29(a)所示。

(3)绘制底面圆的投影。

画出俯视图中圆的投影，该圆反映圆柱体特征，应首先画出，如图 2-29(b)所示。

(4)绘制其他两面投影。

根据投影规律依次绘制主视图和俯视图，如图 2-29(c)所示。

3.2 圆锥体三视图的画法

圆锥体的画法步骤如下：

(1)确定圆锥体的摆放位置和投影方向。

将圆锥的底面放置为水平面，如图 2-30 所示，三视图中的俯视图为底面圆的实形，主视图轮廓线为圆锥表面上最左素线和最右素线的投影，左视图轮廓线为圆锥表面上最前素线和最后素线的投影。

(2)绘制圆中心线和圆柱轴线。

用细点画线绘制圆的十字中心线和圆锥轴线，确定三视图的位置，如图 2-31(a)所示。

(3)绘制底面圆的投影。

画出俯视图中圆的投影，如图 2-31(b)所示。

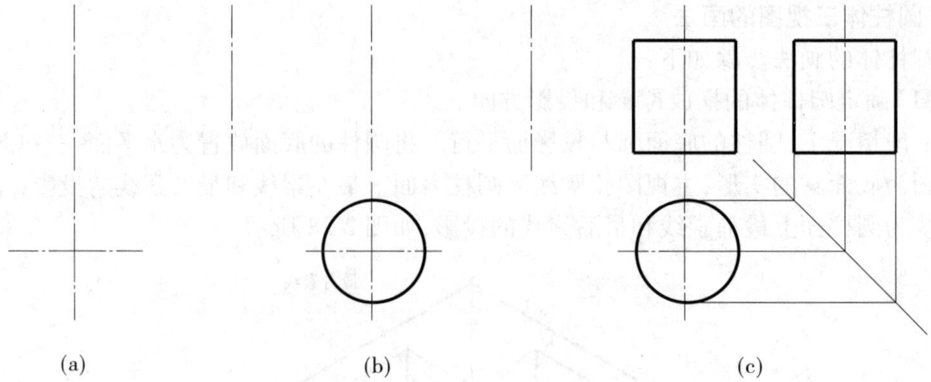

图 2-29　圆柱体三视图的画法

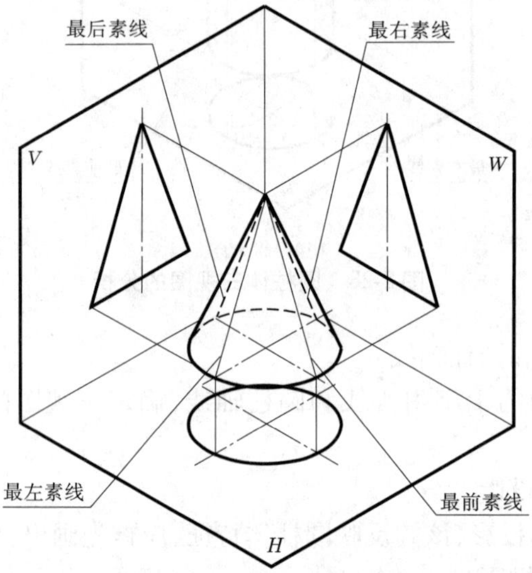

图 2-30　圆锥体三视图的分析

(4)绘制其他两面投影。

根据投影规律依次绘制主视图和俯视图,如图 2-31(c)所示。

3.3　圆球体的投影分析

圆球面可以看作是一个圆围绕其直径旋转而成的,其三面投影均为三个直径等于球径的圆,如图 2-32 所示。

俯视图上的圆,是上、下分界圆的投影。

主视图上的圆,是前、后分界圆的投影。

左视图上的圆,是左、右分界圆的投影。

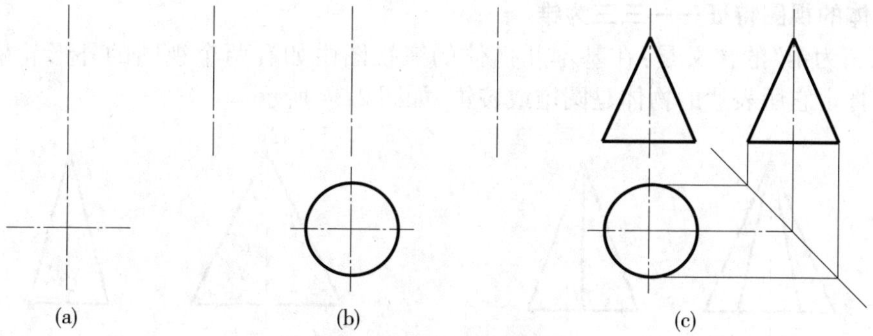

图 2-31 圆锥体三视图的画法

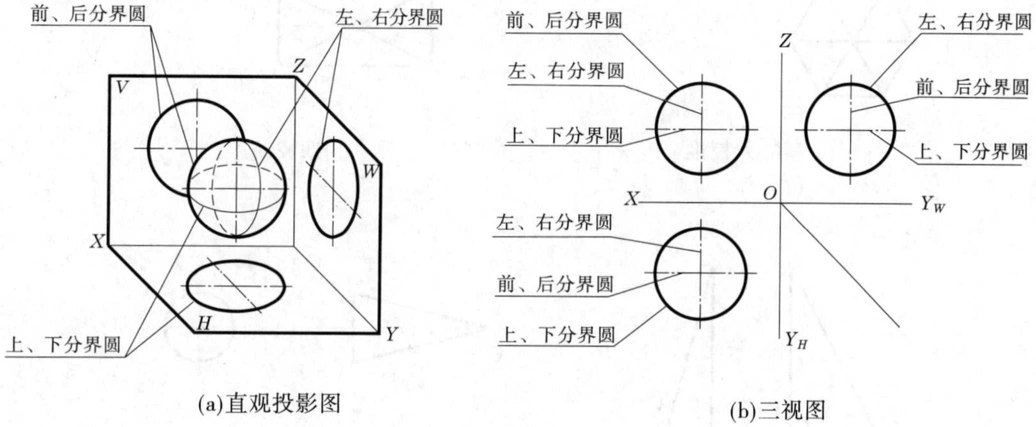

图 2-32 圆球体三视图的分析

4 基本体的视图特征

4.1 柱体的视图特征——矩矩为柱

“矩矩为柱”的含义是:在基本几何体的三视图中如有两个视图的外形轮廓为矩形,则可肯定它所表达的物体是圆柱或棱柱,如图 2-33 所示。

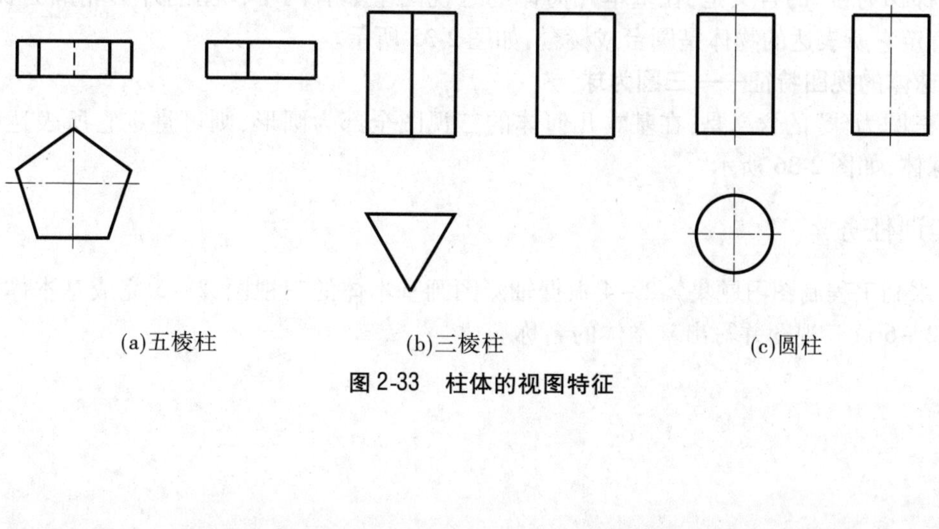

图 2-33 柱体的视图特征

4.2 锥体的视图特征——三三为锥

“三三为锥”的含义是:在基本几何体的三视图中如有两个视图的外形轮廓为三角形,则可肯定它所表达的物体是圆锥或棱锥,如图 2-34 所示。

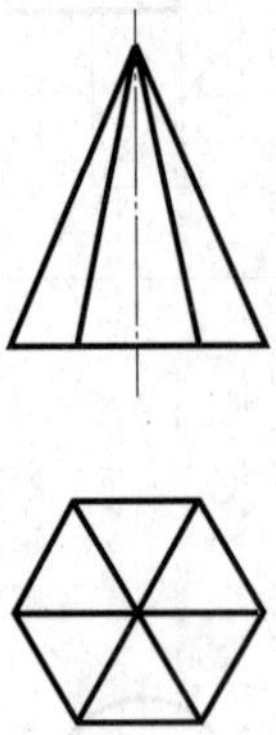

(a)六棱锥

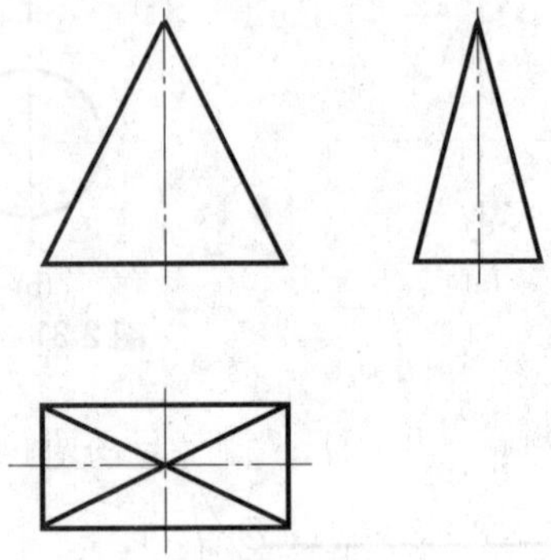

(b)四棱锥

(c)四棱锥

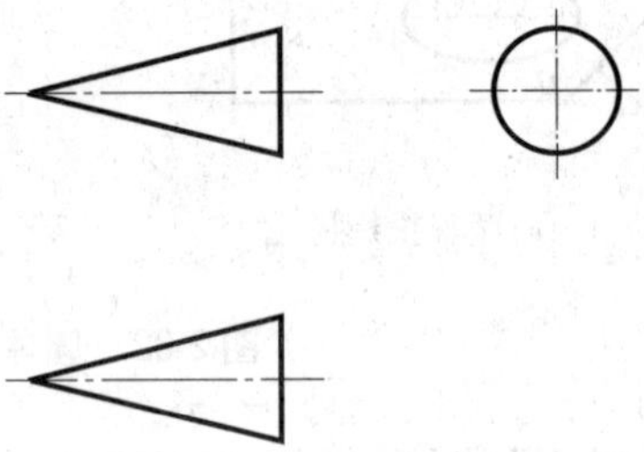

(d)圆锥

图 2-34 锥体的视图特征

4.3 台体的视图特征——梯梯为台

“梯梯为台”的含义是:在基本几何体的三视图中如有两个视图的外形轮廓为梯形,则可肯定它所表达的物体是圆台或棱台,如图 2-35 所示。

4.4 球体的视图特征——三圆为球

“三圆为球”的含义是:在基本几何体的三视图全部为圆形,则可肯定它所表达的物体是球体,如图 2-36 所示。

5 实训任务

《水利工程制图习题集》:2－4 根据轴测图画基本体的三视图;2－5 完成基本体的三视图;2－6 读三视图并写出基本体的名称。

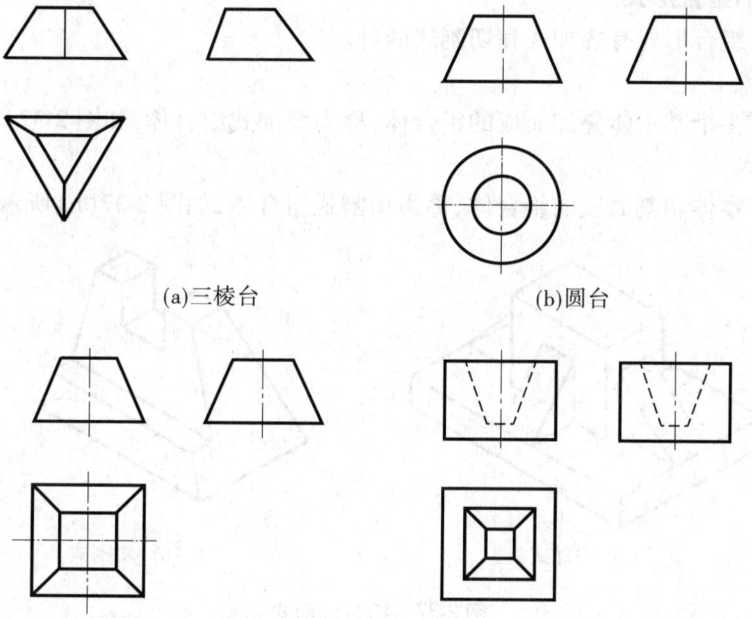

(a)三棱台　(b)圆台

(c)四棱台　(d)四棱台坑(虚线部分)

图 2-35　台体的视图特征

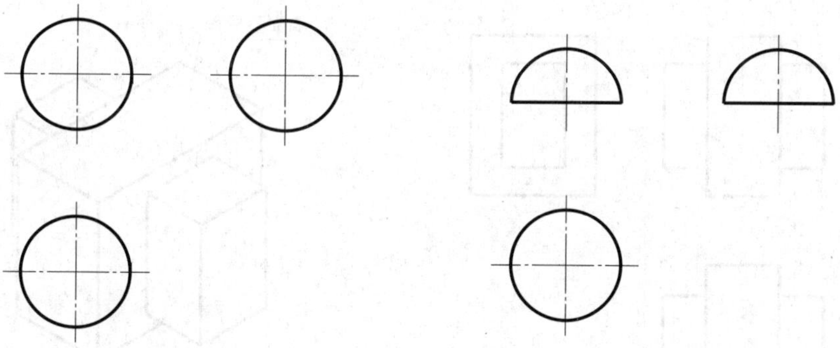

(a)圆球　(b)半圆球

图 2-36　圆球的视图特征

任务3　绘制组合体三视图

1　组合体的组合形式及其表面连接关系

由一些基本体组合而成的立体,称为组合体。

1.1 组合体的组合形式

组合体的组合形式有叠加式和切割式两种。

1.1.1 叠加式

由两个或多个基本体叠加而成的组合体，称为叠加式组合体，如图 2-37(a)所示。

1.1.2 切割式

由一个基本体切割而成的组合体，称为切割式组合体，如图 2-37(b)所示。

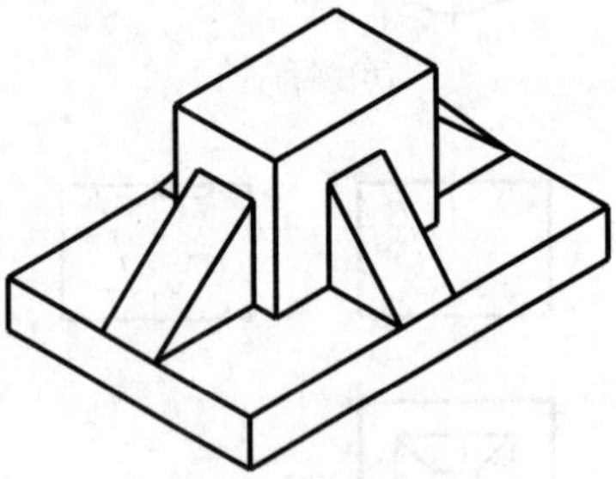

(a) 叠加式

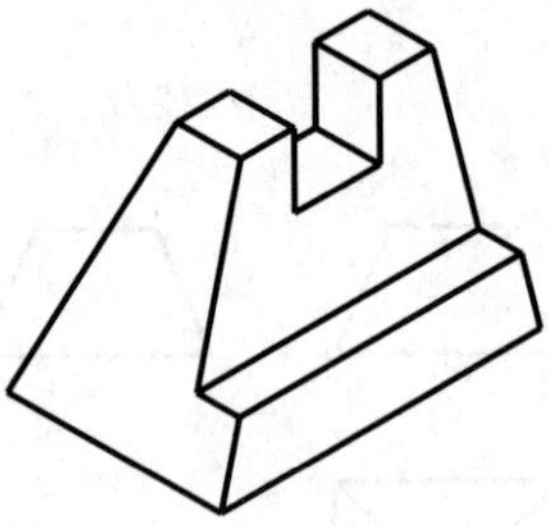

(b) 切割式

图 2-37 组合体形式

1.2 组合体的表面连接关系

组合体中各表面之间的连接关系有不平齐、平齐、相切、相交等情况。

1.2.1 表面不平齐

如图 2-38 所示，组合体的上下表面不平齐，应在视图中画出结合处的分界线。

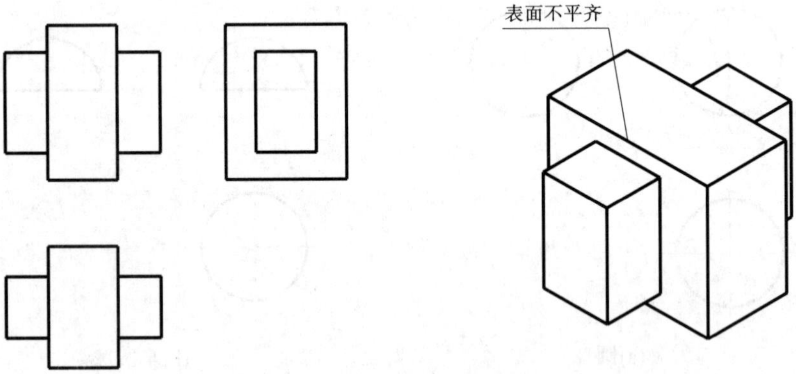

图 2-38 表面不平齐组合体

1.2.2 表面平齐

表面平齐称为共面，如图 2-39 所示，组合体的上下表面平齐，没有错开，结合处无分界线。

1.2.3 表面相切

如图 2-40 所示，组合体两表面光滑连接，即相切，结合处是光滑过渡的，不画线。

1.2.4 表面相交

如图 2-41 所示，平面与曲面相交，相交处有交线，应画出。

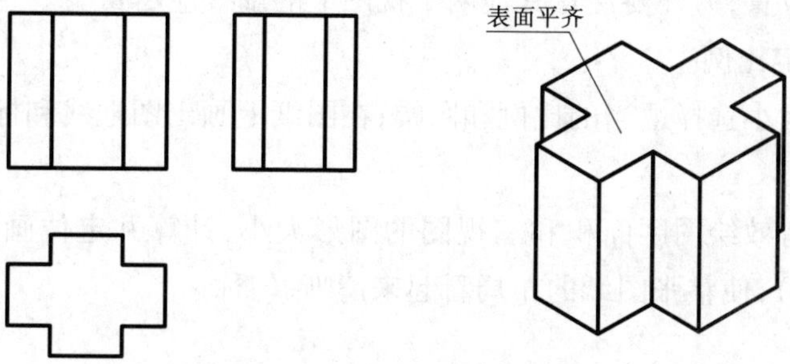

图 2-39　表面平齐组合体

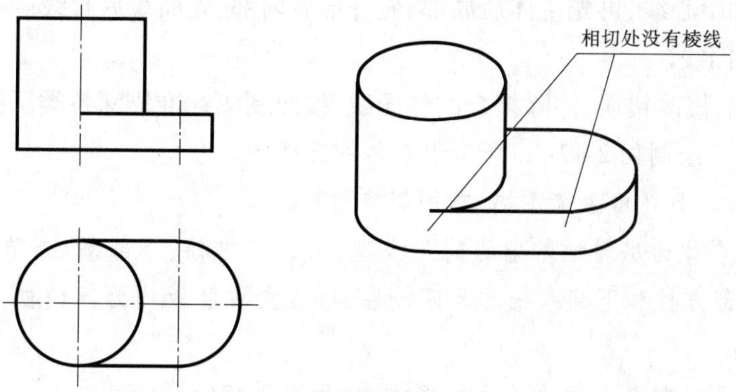

图 2-40　表面相切组合体

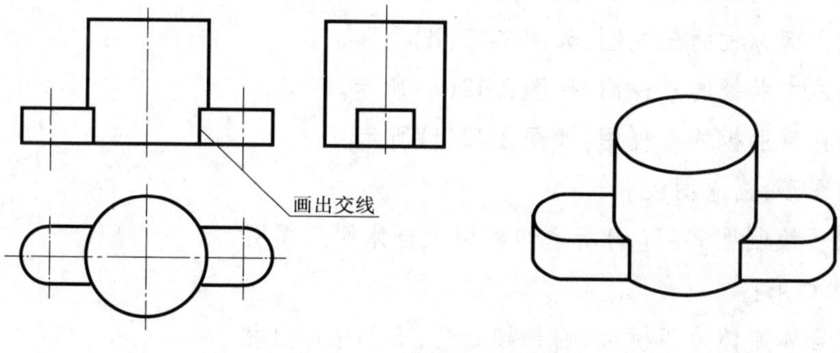

图 2-41　表面相交组合体

2　组合体三视图的画法

画组合体视图的具体步骤如下：

(1)组合体形体分析。

分析组合体由哪些部分组成，每部分的投影特征，它们之间的相对位置以及组合体的形状特征。

(2)选择主视图。

一般选择最能反映组合体形状特征和相互位置关系的投影作为主视图，同时要考虑到组合体的安装位置，另外要注意其他两个视图上的虚线应尽量少。

(3)选图幅、定比例。

根据形体的大小选择适当的比例和图幅；在图纸上画出图框线和标题栏。

(4)布图。

根据图纸的有效绘图区面积和三视图的图形大小，计算并定位画出作图基准线（如中心线、对称线等），使整张图纸的布局看起来清晰、匀称。

(5)画底稿。

画底稿的顺序以形体分析的结果进行。一般为：先画各视图中的基线、中心线、主要形体的轴线和中心线，再先主体后局部、先外形后内部、先曲线后直线。

(6)描深图线。

检查底稿，修改错误，擦除多余的作图线，按照制图标准描深各类图线。

【例 2-3】 绘制图 2-42(a)所示组合体的三视图。

绘图步骤如下：（略去选图幅、布图等步骤）

(1)该组合体为房屋柱基础的简化模型，由上部方柱、下部基础、前后左右肋板共六部分组成，上部方柱和下部基础均为四棱柱，前后左右肋板均为三棱柱，它们之间为叠加关系。

(2)选择形体较长的方向为主视图方向，如图 2-42(a)所示。

(3)在图纸的适当位置绘制图形的对称线作为绘图的定位线，如图 2-42(b)所示。

(4)绘制下部基础底板的三视图，如图 2-42(c)所示。

(5)绘制上部方柱的三视图，如图 2-42(d)所示。

(6)绘制左右肋板的三视图，如图 2-42(e)所示。

(7)绘制前后肋板的三视图，如图 2-42(f)所示。

(8)整理图形，描深图线。

【例 2-4】 绘制图 2-43(a)所示切割型组合体的三视图。

绘图步骤如下：

(1)该组合体原体为四棱台，前部切直角，上部中间开槽。

(2)绘制原体四棱台的三视图，如图 2-43(b)所示。

(3)绘制前部切直角部分的三视图，如图 2-43(c)所示。

(4)绘制上部切槽部分的三视图，如图 2-43(d)所示。

3　组合体三视图的尺寸标注

3.1　尺寸标注的要求

组合体三视图对尺寸的要求概括为“标注正确、尺寸齐全、布局清晰、工艺合理”。

3.1.1　标注正确

要求尺寸标注样式符合国家制图标准规定。

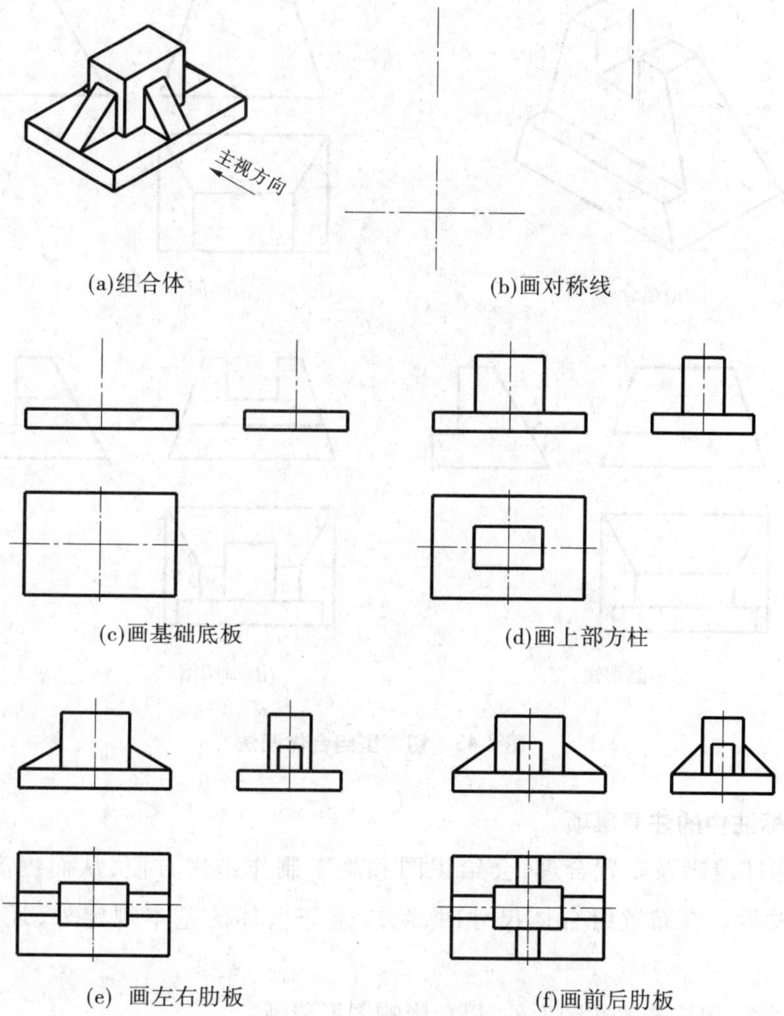

图 2-42　三视图的画图步骤

3.1.2　尺寸齐全

所注尺寸能完全确定出物体各部分大小及它们之间的相互位置关系。

3.1.3　布局清晰

布局清晰有如下的要求：

(1)尺寸数字应清楚无误,所有的图线都不得与尺寸数字相交。

(2)尺寸标注应层次清晰,图线之间尽量避免互相交叉,虚线上尽量不标尺寸。

(3)尺寸标注应布局清晰,同一部位的特征尺寸集中标注,以便于查看。

3.1.4　工艺合理

工程图中的尺寸标注应符合施工生产的工艺要求,做到尺寸基准合理,在满足使用要求的情况下尽量降低生产成本。

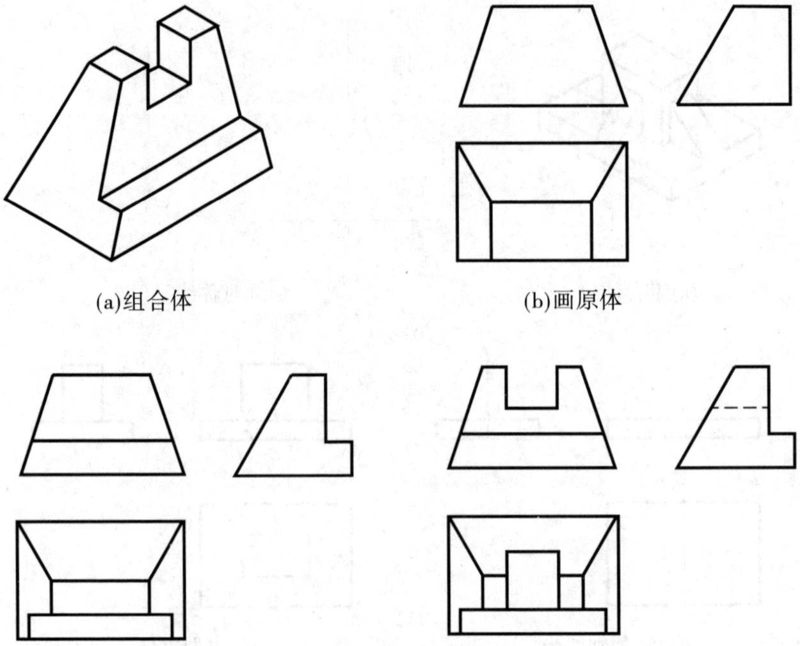

(a)组合体 (b)画原体

(c)画切角 (d)画切槽

图 2-43 切割型组合体画法

3.2 尺寸标注中的注意事项

尺寸标注清晰及布置合理，会给识图和施工制作带来方便，从而提高工作效率，避免错误发生。在布置组合体尺寸时，除应遵守上述的基本规定外，还应做到以下几点：

（1）尺寸一般应布置在图形外，以免影响图形清晰。

（2）尺寸排列要注意大尺寸在外、小尺寸在内，并在不出现尺寸重复的前提下，使尺寸构成封闭的尺寸链。

（3）反映某一形体的尺寸，最好集中标在反映这一基本形体特征轮廓的投影图上。

（4）两投影图相关的尺寸，应尽量注在两图之间，以便对照识读。

【例 2-5】 给图 2-42（f）所示组合体三视图标注尺寸。

标注尺寸步骤如下：

（1）标注前、后、左、右四部分肋板的尺寸。

由于肋板左右对称，只标左边部分的尺寸，肋板长度受上下基础控制，在施工中不用量取，不再标注。前后肋板也对称，只标前面部分的尺寸，前后肋板与左右肋板一样也不需标注宽度尺寸，如图 2-44（a）所示。

（2）标注上基础部分尺寸。

主视图的左侧已经有肋板高度为 8 的尺寸，上基础高度尺寸 15 标注在主视图的右侧，长宽尺寸 18、11 集中标注在俯视图的后侧和右侧，如图 2-44(b) 所示。

(3) 标注下基础部分尺寸。

下基础高度尺寸 5 与高度尺寸 15 标注在主视图的右侧并对齐，长宽尺寸 40、27 分别标注在俯视图的尺寸 18、11 的外侧，如图 2-44(c) 所示。

(4) 标注整体尺寸。

总长、总宽尺寸已经标出，总高尺寸 20 标注在左视图的后侧，如图 2-44(d) 所示。

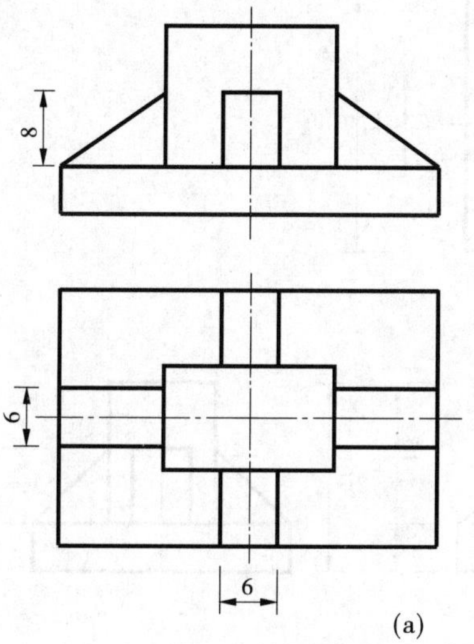

(a)

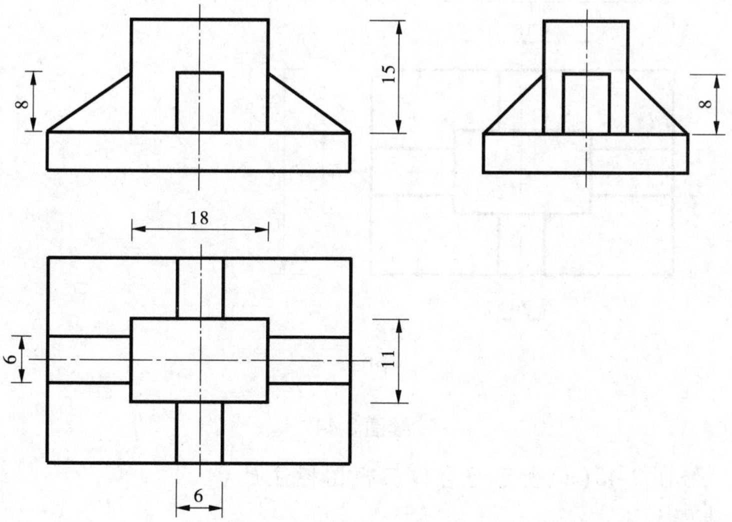

(b)

图 2-44　组合体三视图的尺寸标注

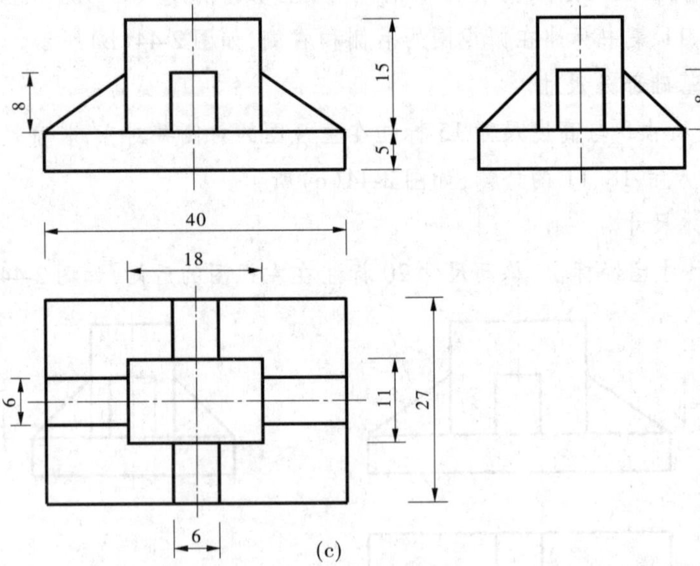

(c)

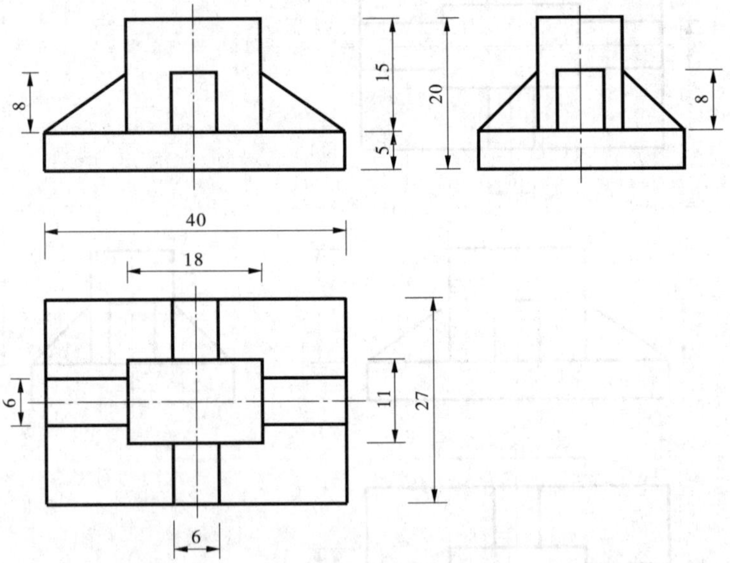

(d)

续图 2-44

【例 2-6】 给图 2-45(a)所示组合体三视图标注尺寸。

标注尺寸步骤如下:

(1)标注上部切槽部分的尺寸,见图 2-45(a)。

(2)标注前部切方角部分的尺寸,见图 2-45(b)。

(3)标注四棱台的尺寸,见图 2-45(c)。

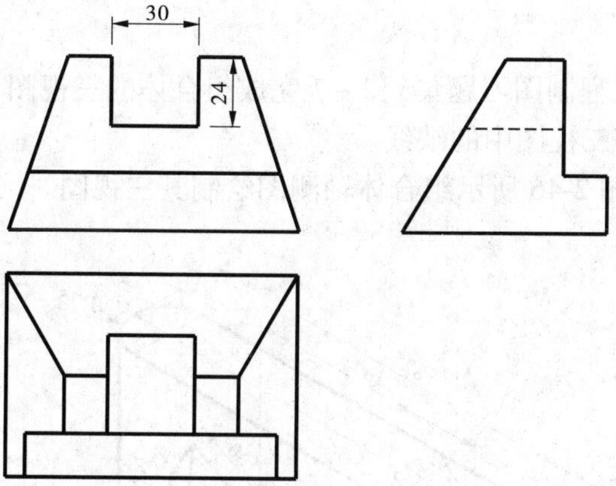

(a)

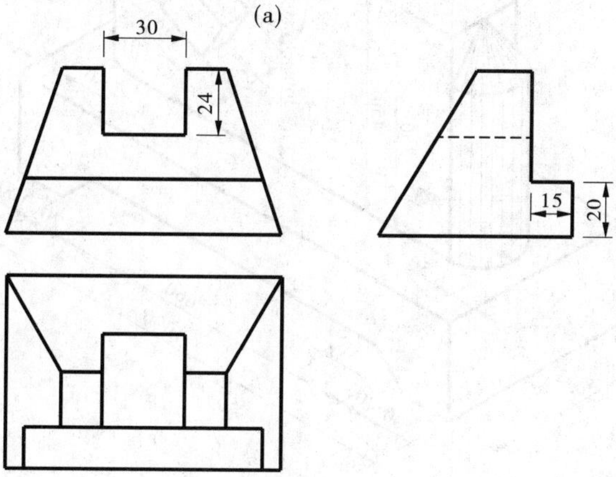

(b)

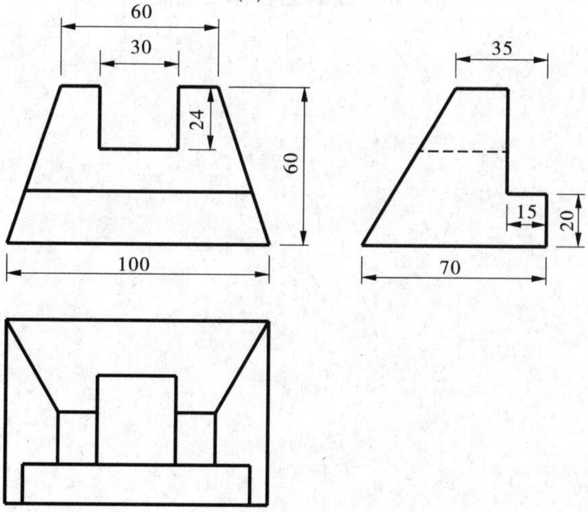

(c)

图2-45　切割型组合体尺寸标注

4　实训任务

实训任务 1:《水利工程制图习题集》:2 －7 完成组合体的三视图;2 －8 根据组合体轴测图画三视图;2 －9 补画三视图中的缺线。

实训任务 2:试根据图 2-46 所示组合体轴测图绘制其三视图。

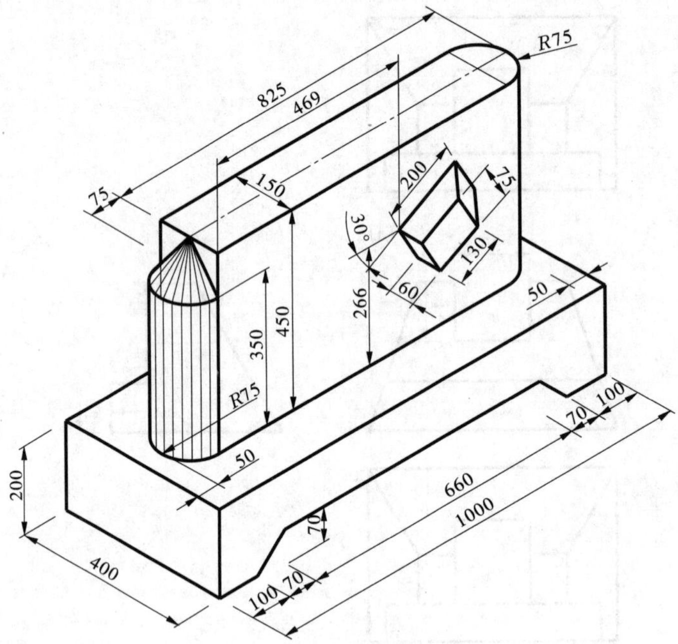

图 2-46　绘制组合体三视图

项目 3 绘制物体的轴测图

项目任务书

教学任务	教学目标	
	知识目标	技能目标
任务1 绘制正等轴测图	1. 掌握正等轴测图的投影原理； 2. 掌握轴测图绘制的基本方法	能够根据组合体三视图绘制正等轴测图
任务2 绘制斜二轴测图	1. 掌握绘制斜二轴测图的投影原理； 2. 掌握斜二轴测图的绘图方法	能够根据组合体三视图绘制斜二轴测图

任务 1 绘制正等轴测图

1 正等轴测图概述

1.1 正等轴测图的概念

绘制物体的三视图时，要尽量将物体的表面与投影面平行，以利用正投影的实形性画图，如图 3-1(a)所示。

如果将物体的表面倾斜于投影面放置，使物体上的三个坐标轴 OX、OY、OZ 与投影面 P 的倾角都相等，这样所得到的正投影图就是正等测轴测投影图，简称正等轴测图。正等轴测图的形成如图 3-1(b)所示。

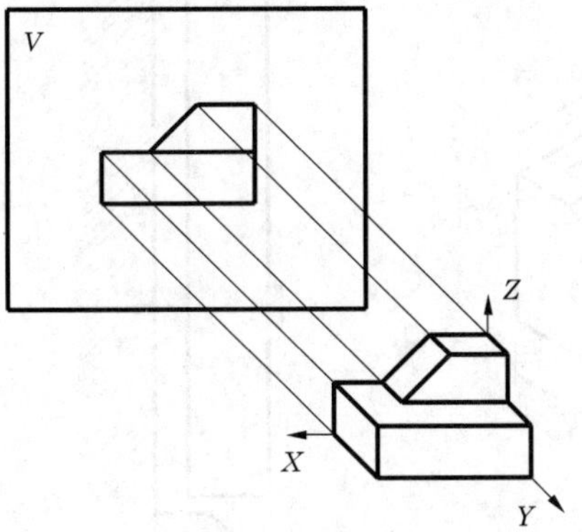

(a)正投影图

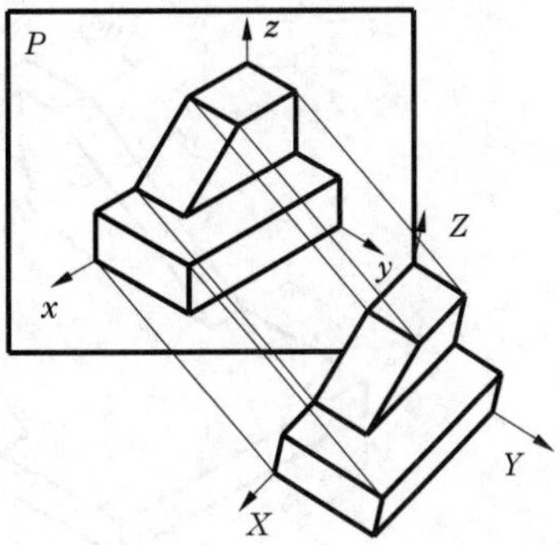

(b)正等轴测图

图 3-1 正投影图和正等轴测图

1.2　正等轴测图的轴间角

画轴测图时 OX、OY、OZ 三个轴之间的夹角称为轴间角。正等轴测图的三个轴间角均为120°，如图 3-2 所示。

绘图时物体的长、宽、高方向分别与 OX、OY、OZ 三个轴方向平行，如图 3-3 所示为正投影图与正等轴测图的坐标轴对照。

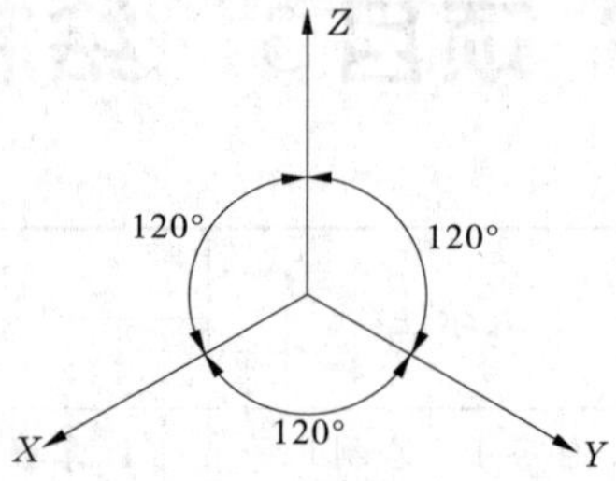

图 3-2　正等轴测图的轴间角

1.3　正等轴测图的轴向伸缩系数

一般情况下，轴测投影比物体的实际尺寸要小，这个变化率称为轴向伸缩系数。正等轴测图的轴向伸缩系数为0.82，为简化绘图计算，一般将正等轴测图的三个轴向伸缩系数都取为1。

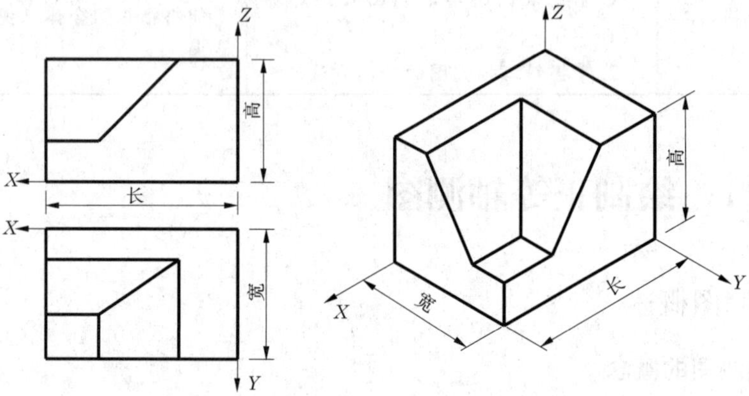

图 3-3　正投影图与正等轴测图坐标轴对照

1.4　轴测图的作用

轴测图能同时反映物体长、宽、高三个方向的形状，具有立体感强、形象直观的优点，但不能准确地表达物体的形状与尺寸，因而轴测图在工程上一般仅用作辅助图样，如图 3-4所示。

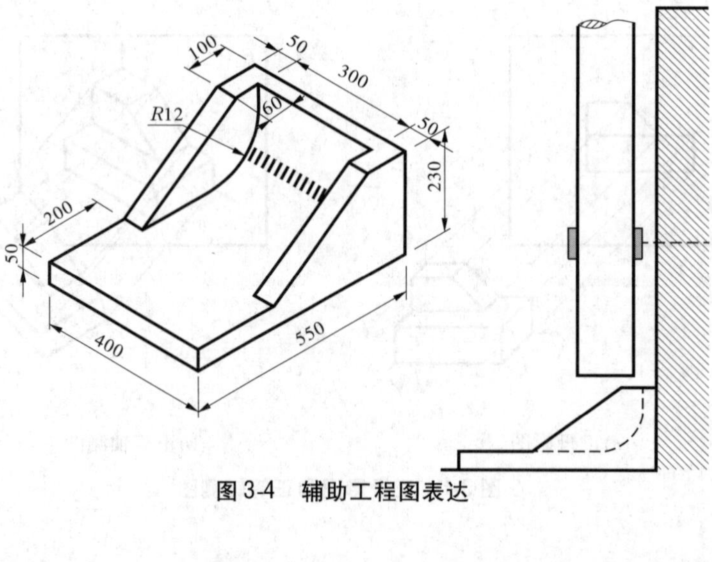

图 3-4　辅助工程图表达

借助正等轴测图分析三视图的形状结构，进行图物对照，有助于制图学习中的空间思维能力培养。

2 正等测轴测图的画法

2.1 特征面法

特征面法适用于绘制棱柱类物体的轴测图。首先绘制棱柱的一个底面，然后绘制各棱线，最后连接另一个底面。

图 3-5 为应用特征面法绘制长方体（四棱柱）正等轴测图的步骤。

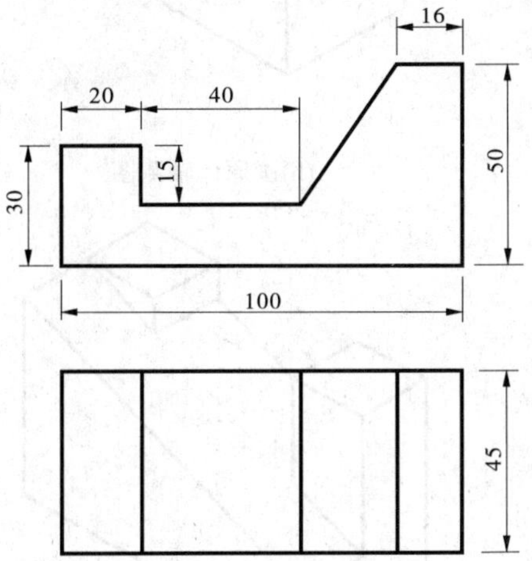

(a)棱柱体两视图及尺寸

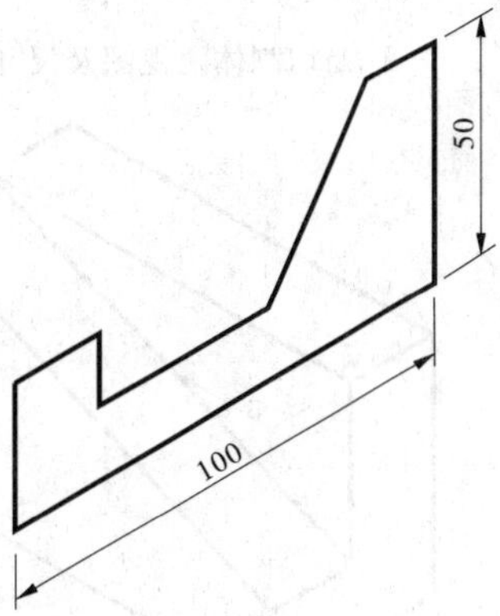

(b)绘制前底面

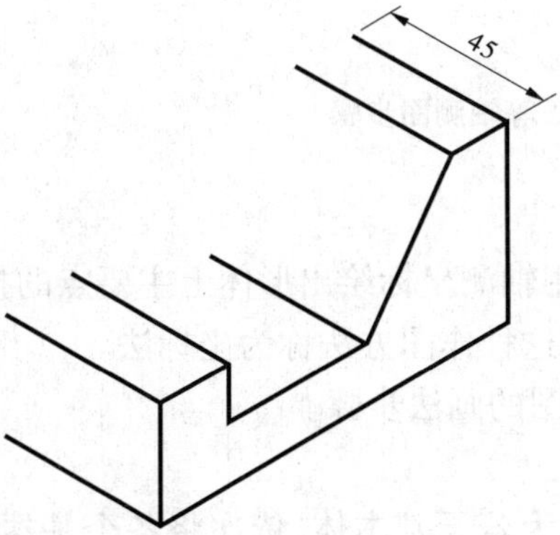

(c)绘制棱线

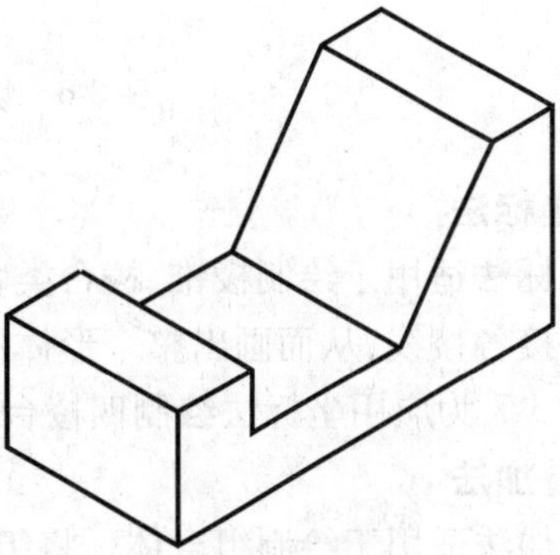

(d)连接后底面

图 3-5 特征面法绘制正等测图步骤

2.2 切割法

切割法适用于绘制棱柱被切角、开槽等切割体，先用特征面法画出完整的形体，再按照切割位置进行切割绘图。

图 3-6 为应用切割法绘制四棱柱切割体正等轴测图的步骤。

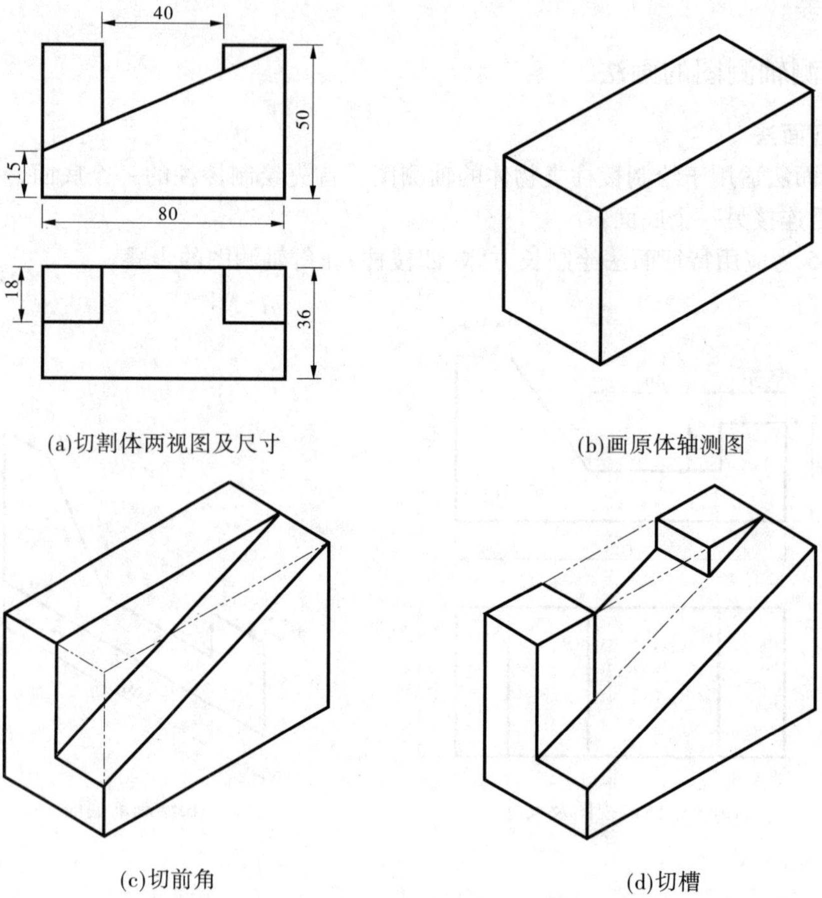

图 3-6　切割法绘制正等轴测图步骤

2.3　坐标法

坐标法适用于绘制棱锥、棱台类物体。先用轴测坐标绘出形体上主要点的投影位置,然后连接各棱线,从而画出整个形体的轴测图,这种作图方法称为坐标法。

图 3-7 为应用坐标法绘制四棱台正等轴测图的画法步骤。

2.4　叠加法

叠加法适用于绘制组合体。将组合体分解为若干基本体,依次将各个基本体进行准确定位后叠加在一起,形成整个形体的轴测图。

图 3-8 为应用叠加法绘制台阶正等轴测图的步骤。

3　圆形面正等轴测图的画法

3.1　圆的正等轴测投影

圆的正等轴测投影是椭圆,三个方向的圆的正等轴测图如图 3-9 所示。

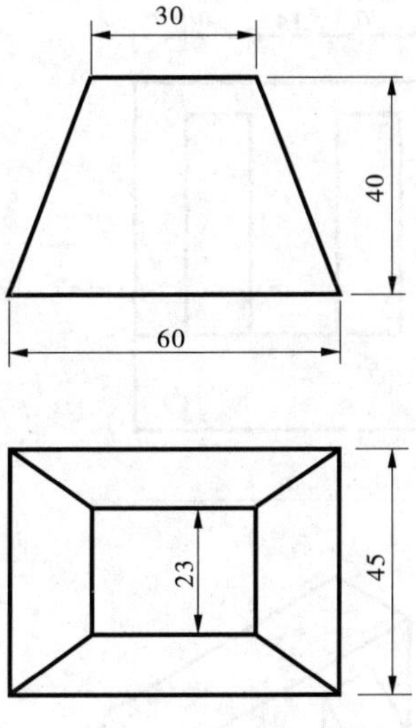

(a)四棱台视图

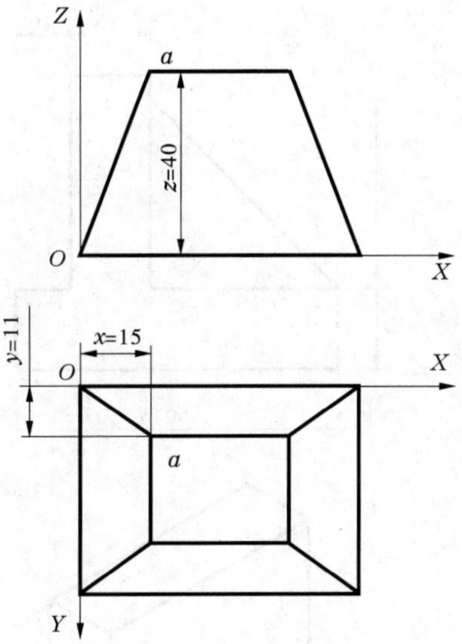

(b)量A点平面坐标

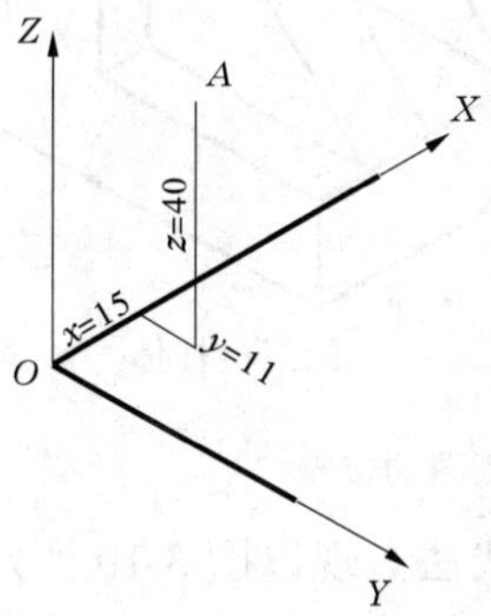

(c)量A点轴测坐标

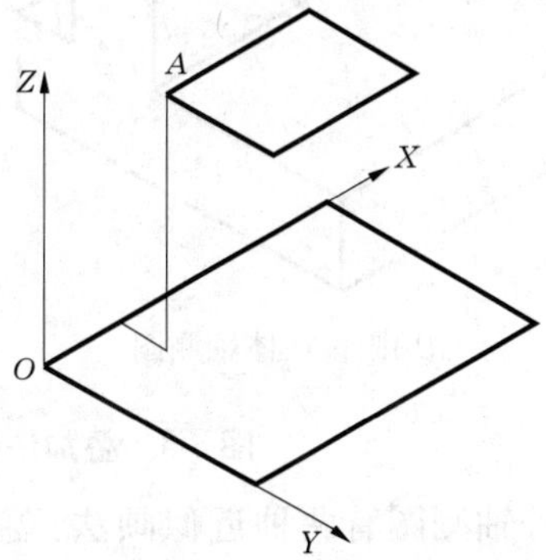

(d)绘制上、下底面轴测投影

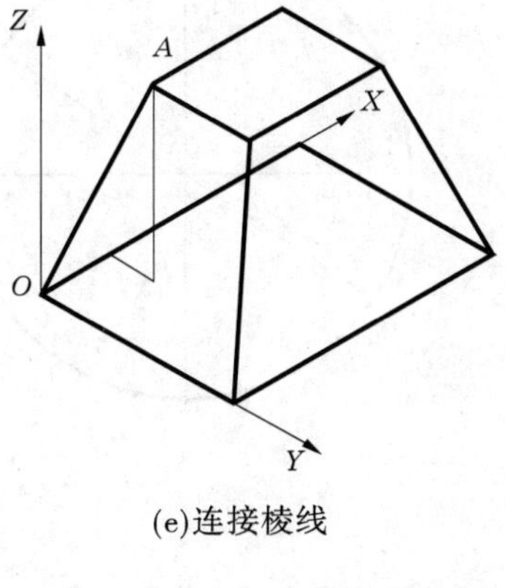

(e)连接棱线

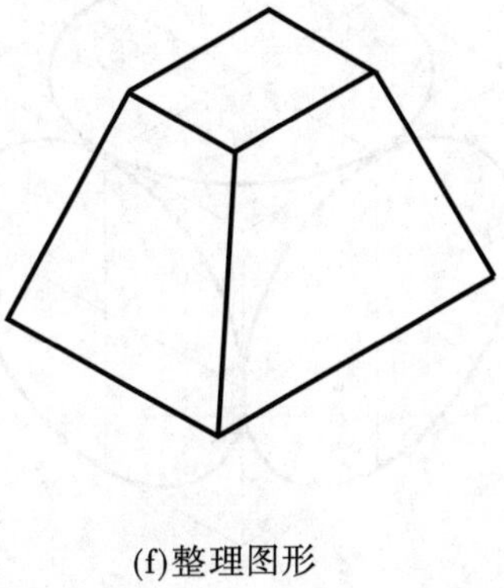

(f)整理图形

图 3-7　坐标法绘制正等轴测图的步骤

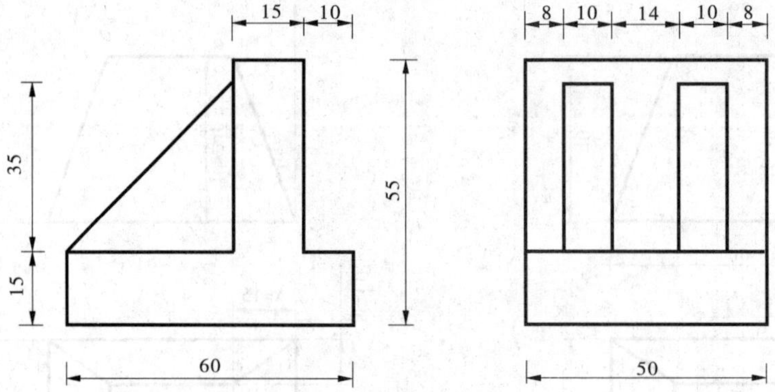

(a)叠加体视图及尺寸

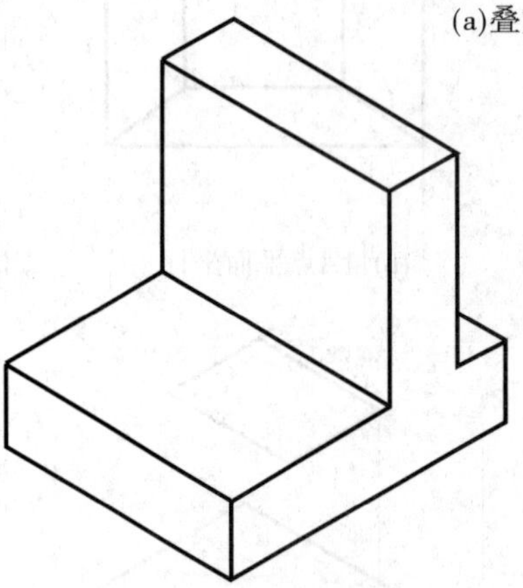

(b)画棱柱体轴测图

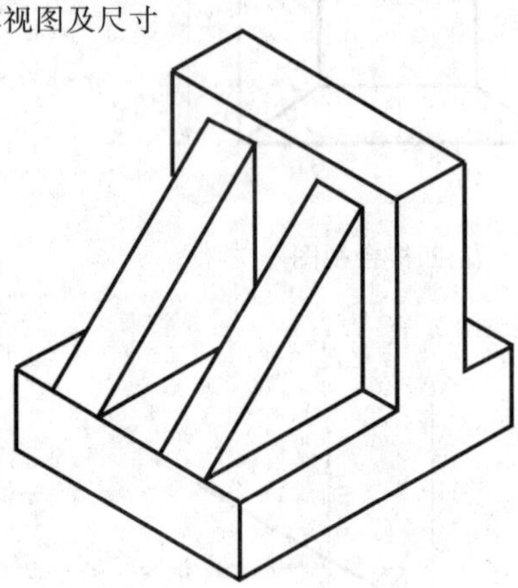

(c)画三棱柱体

图 3-8　叠加法绘制正等轴测图的步骤

圆的正等轴测图有两种近似画法:菱形法和圆线法。现以图 3-10 所示水平面圆(或 *XOY* 坐标面的圆)为例,分别介绍两种画法。

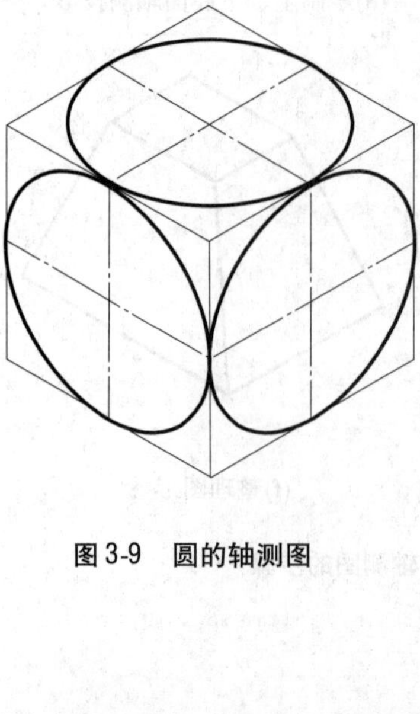

图 3-9　圆的轴测图

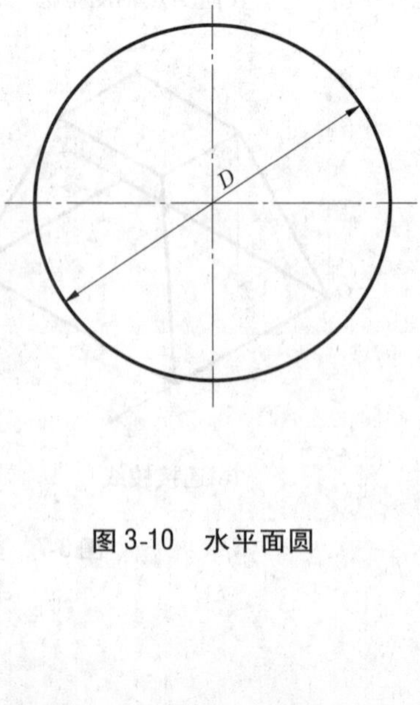

图 3-10　水平面圆

3.1.1 菱形法

(1)将圆的四个象限点设为ABCD,如图3-11(a)所示,则AB为x轴方向线,CD为y轴方向线。

(2)先画出圆直径AB、CD的轴测图,再过各直径的端点分别作AB、CD的平行线,形成图3-11(b)所示的菱形,菱形顶点分别为1、2、3、4。

(3)直线连接3A、3D、4B、4C,得到两交点5、6,如图3-11(c)所示。

(4)分别以3为圆心圆弧连接AD,以4为圆心圆弧连接BC,以5为圆心圆弧连接AC,以6为圆心圆弧连接BD,得到圆的正等轴测图如图3-11(d)所示。

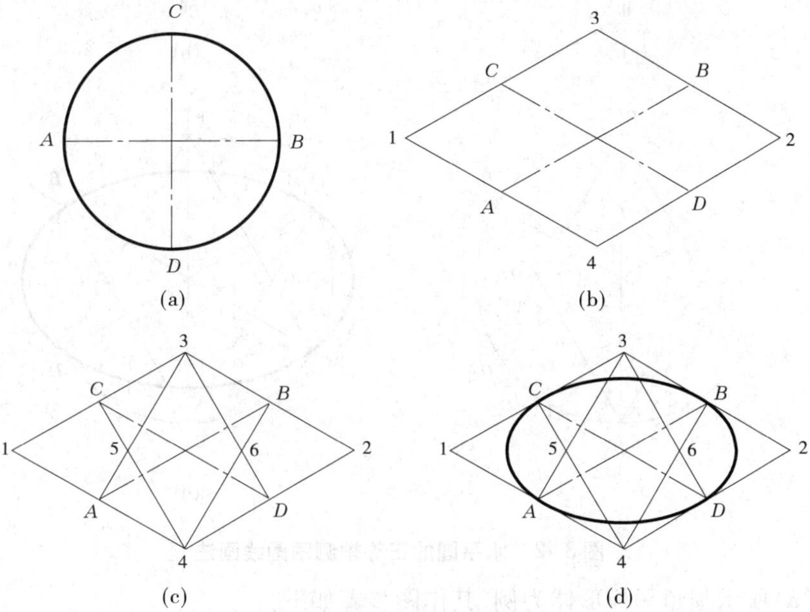

图3-11 水平圆的正等轴测图菱形画法

3.1.2 圆线法

(1)画出X、Y、Z三个轴测轴,如图3-12(a)所示。

(2)以轴测原点为圆心、直径为D画圆,该圆与三个轴测轴分别相交于A、B、C、D、E、F点,如图3-12(b)所示。

(3)直线连接EC、EB、FA、FD,得到两交点G、H,如图3-12(c)所示。

(4)分别以E为圆心圆弧连接BC,以F为圆心圆弧连接AD,以G为圆心圆弧连接AC,以H为圆心圆弧连接BD,得到圆的正等轴测图如图3-12(d)所示。

3.2 圆柱的正等轴测图画法

图3-13(a)所示为直立圆柱,作其轴测图时,先分别作出其顶面和底面的椭圆,再作其公切线,最后删除作图线和不可见图线,如图3-13(b)、(c)、(d)所示。圆孔的正等轴测图画法与圆柱的正等轴测图画法相同。

不同坐标面上圆的正等轴测图的画法相似,但是椭圆的方位不同。

3.3 圆角的正等轴测图画法

圆角相当于1/4的圆周,因此圆角的正等轴测图正好是椭圆的四段圆弧中的一段。

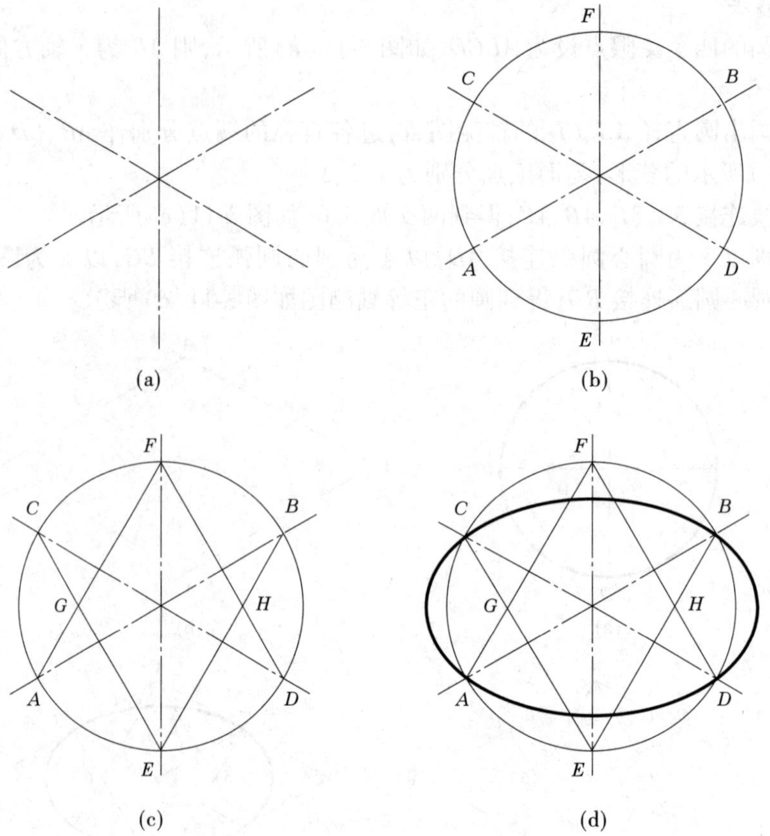

图 3-12 水平圆的正等轴测图圆线画法

以图 3-14(a)所示圆角平板形体为例,其作图步骤如下:

(1)画出直角平板的正等轴测图,如图 3-14(b)所示。

(2)在组成角的两条边上分别沿轴向量取半径 R,得 A、B、C、D 点,过 A、B、C、D 点作相应边的垂线分别交于 O_1 及 O_2。以 O_1 及 O_2 为圆心,以 O_1A 及 O_2C 为半径作弧,即为圆角的轴测图,如图 3-14(c)所示。

(3)将 O_1 及 O_2 点垂直往下移 H 距离得 O_3、O_4 点,将 A、B、C 点垂直往下移 H 距离得 E、F、G 点。以 O_3 及 O_4 为圆心,以 O_3E 及 O_4G 为半径作弧,得下面圆角的轴测图,如图 3-14(d)所示。

(4)作右角的上、下圆弧的公切线,如图 3-14(e)所示。

(5)擦去多余的图线并描深,即得到圆角的正等轴测图,如图 3-14(f)所示。

4 实训任务

《水利工程制图习题集》:3－1 根据视图绘制正等轴测图。

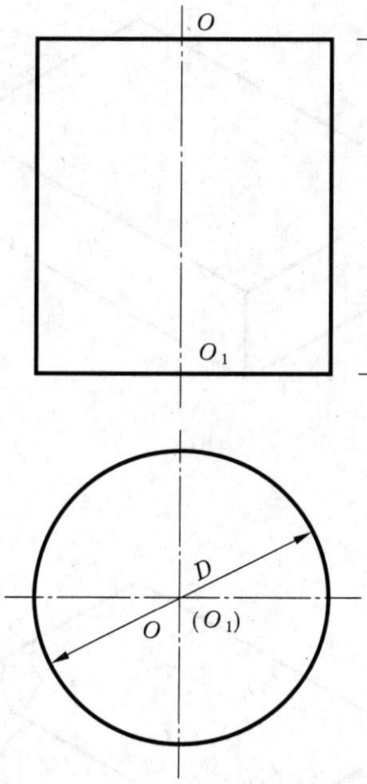

(a)圆柱的视图及圆心标记

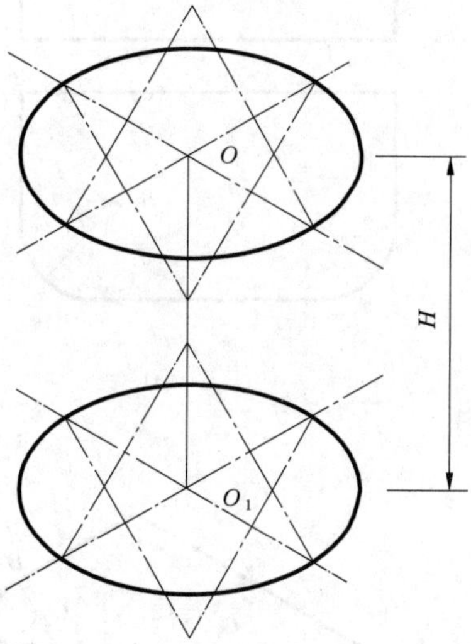

(b)画上、下底面轴测圆

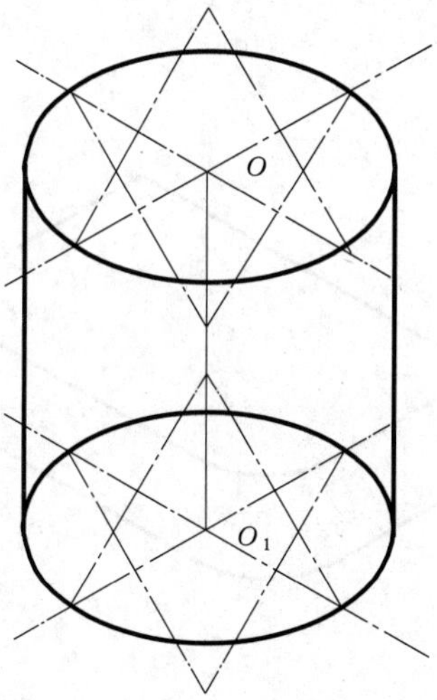

(c)画上、下底面轴测圆公切线

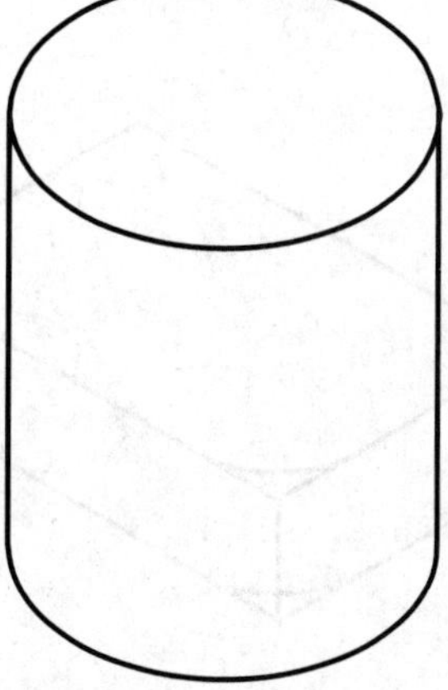

(d)删除作图线和不可见图线

图 3-13 圆柱的正等轴测图画法

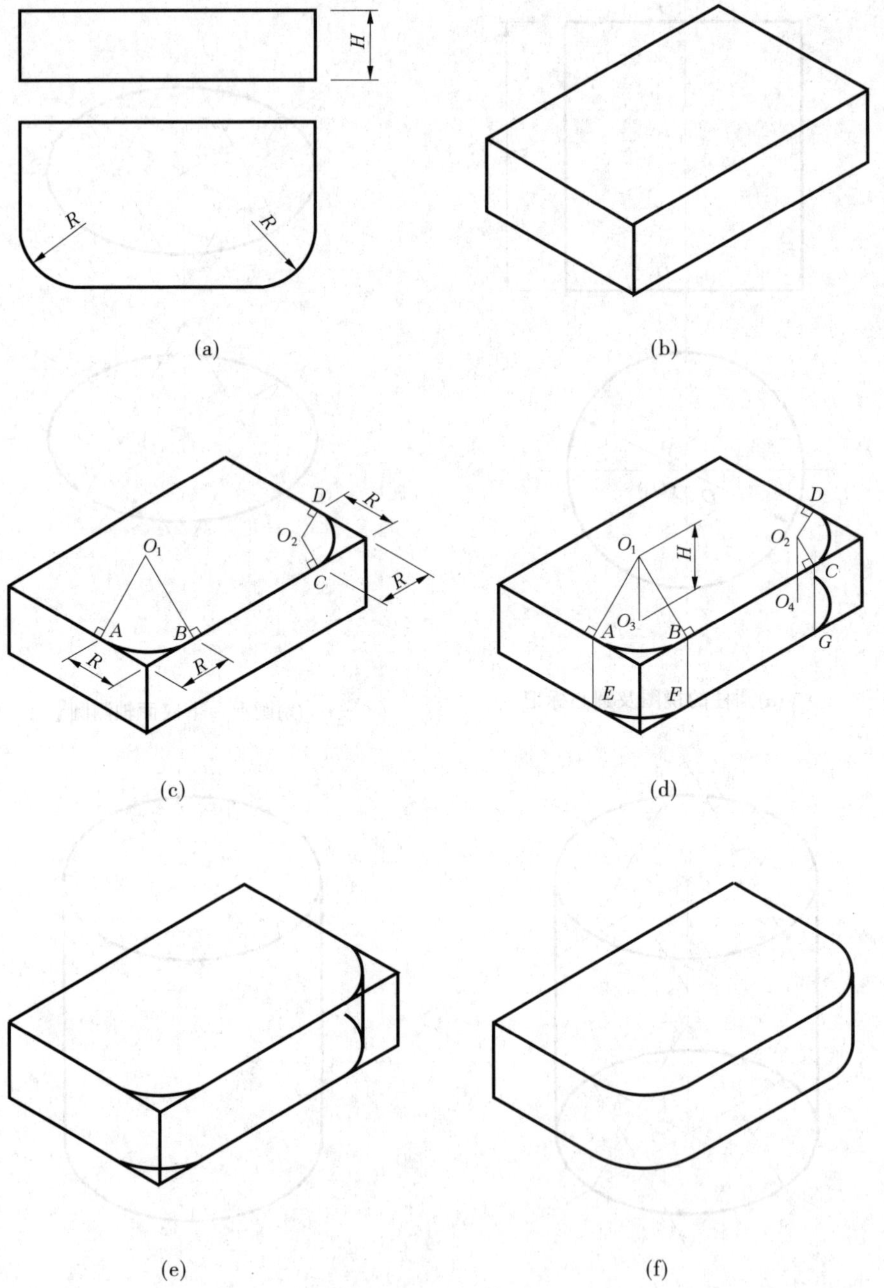

图 3-14　圆角的正等轴测图画法

任务2　绘制斜二轴测图

1　斜二轴测图的概念

1.1　斜二轴测图的形成

如果使物体的 XOZ 坐标面对轴测投影面处于平行的位置,采用斜投影法得到的轴测投影称为斜轴测图。这里只介绍斜二轴测图,简称斜二测图。

1.2　斜二轴测图的轴间角和轴向伸缩系数

图3-15表示斜二测图的轴测轴、轴间角和轴向伸缩系数等参数及画法。从图中可以看出,在斜二测图中 $O_1X_1 \perp O_1Z_1$,O_1Y_1 与 O_1X_1、O_1Z_1 的夹角均为135°,三个轴向伸缩系数分别为 $p_1 = r_1 = 1, q_1 = 0.5$。

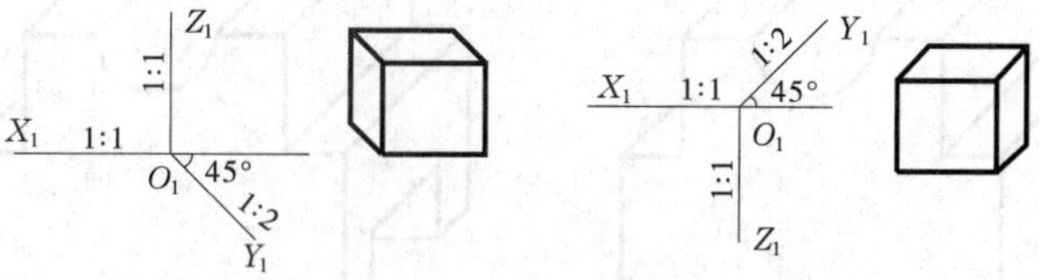

图3-15　斜二测图的轴间角和轴向伸缩系数

2　斜二轴测图的画法

斜二测图的画法与正等测图的画法基本相似,二者的区别:一是轴间角不同;二是斜二测图沿 O_1Y_1 轴的尺寸只画实长的一半。斜二测图的优点是物体的前面反映实形,所以在物体的前面有圆或曲线平面时,画斜二测图比较简单方便。

下面以两个图例来介绍斜二测图的画法。

【例3-1】　画出图3-16所示物体的斜二测图。

作图方法与步骤如图3-17所示。

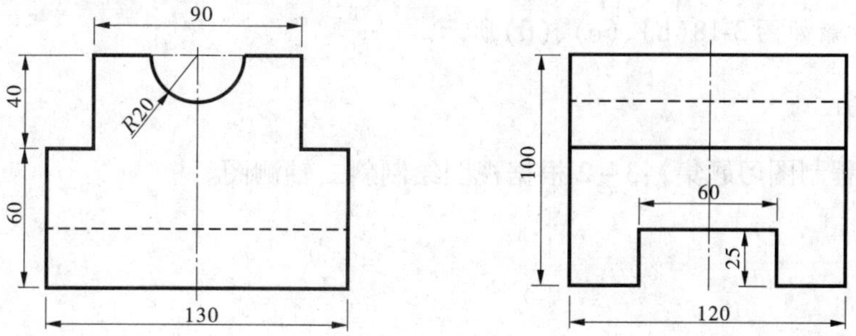

图3-16　平面体三视图

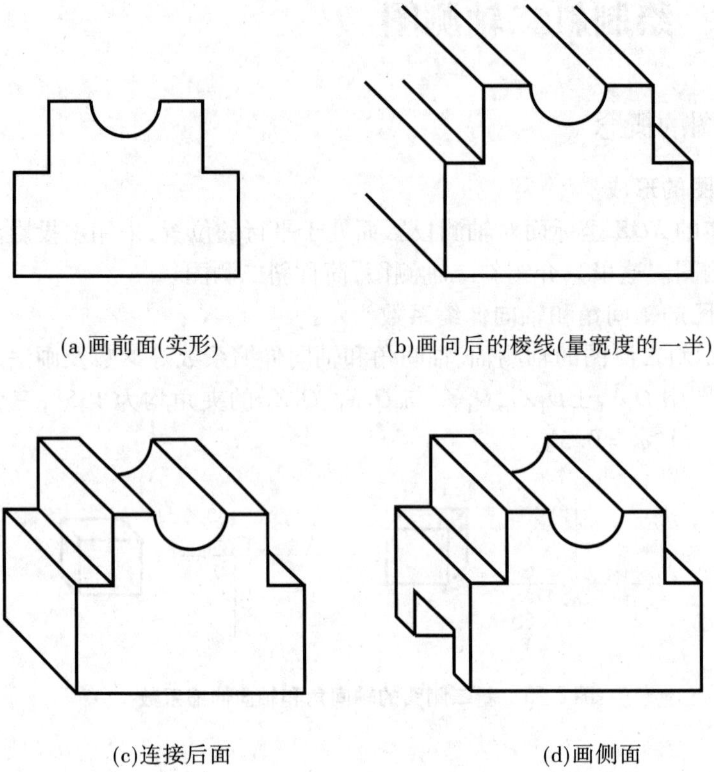

(a)画前面(实形)　(b)画向后的棱线(量宽度的一半)

(c)连接后面　(d)画侧面

图 3-17　斜二测图画法

【例 3-2】 画出图 3-18(a)所示轴套的斜二测图。

绘图分析：轴套上平行于 *XOZ* 面的图形都是同心圆，而其他面的图形则很简单，所以采用斜二测图。作图时，先进行形体分析，确定坐标轴；再作轴测轴，并在 Y_1 轴上根据 $q=0.5$定出各个圆的圆心位置 O、A、B；然后画出各个端面圆的投影、通孔的投影，并作圆的公切线；最后擦去多余作图线，描深完成全图。

其作图步骤如图 3-18(b)、(c)、(d)所示。

3　实训任务

《水利工程制图习题集》：3－2 根据视图绘制斜二轴测图。

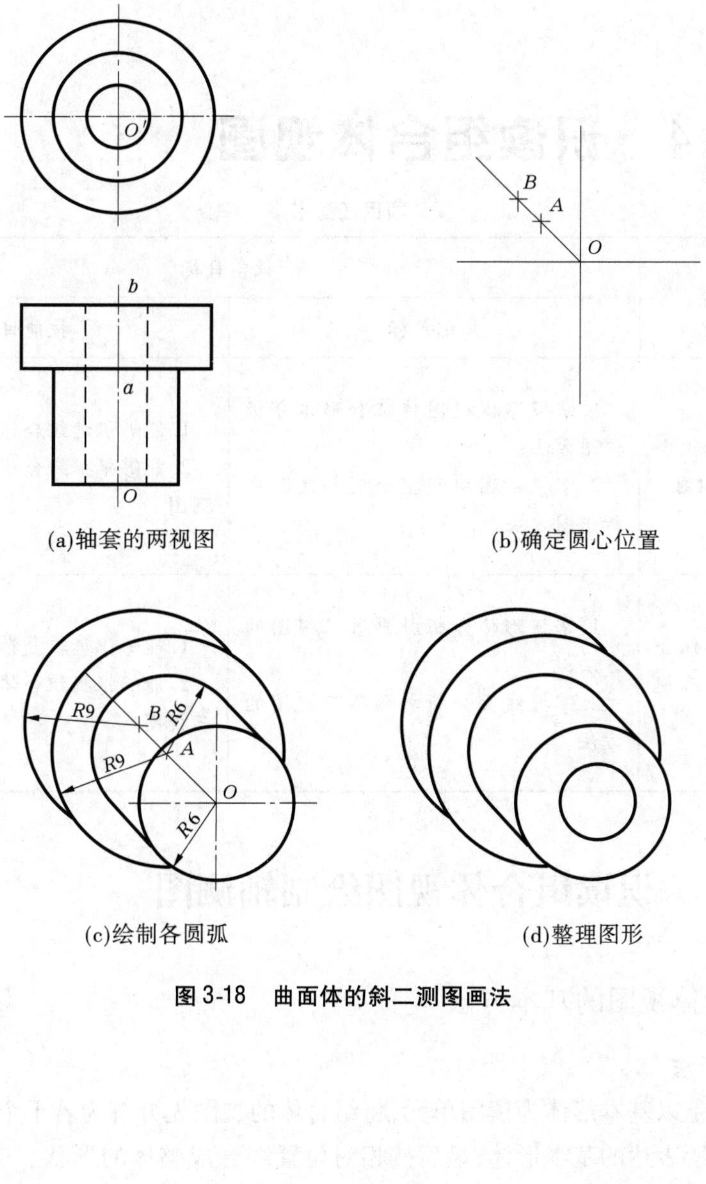

(a)轴套的两视图　(b)确定圆心位置

(c)绘制各圆弧　(d)整理图形

图 3-18　曲面体的斜二测图画法

项目 4　识读组合体视图

项目任务书

教学任务	教学目标	
	知识目标	技能目标
任务 1　识读组合体视图绘制轴测图	1. 掌握形体视图特征和形体分析识图方法； 2. 掌握视图中线框含义和线面分析识图方法	1. 能够识读组合体的三视图； 2. 能够根据组合体三视图绘制其轴测图
任务 2　识读组合体视图补画第三视图	1. 掌握形体分析补画第三视图的方法； 2. 掌握线面分析补画第三视图的方法	1. 能够识读较复杂组合体三视图； 2. 能够根据组合体的两视图补画第三视图

任务 1　识读组合体视图绘制轴测图

1　识读组合体视图的基本方法

1.1　形体分析法

形体分析是以基本形体为读图单元，将组合体的视图先分解为若干个简单的线框，然后判断各线框所表达的基本形体，最后按相对位置综合成整体的形状。这种分析图形的方法，称为形体分析法。

如图 4-1（a）所示，应用形体分析法，从主视图着手，将形体分为 1、2、3 三个部分，按投影规律，找出左视图和俯视图中相应的投影，可看出第 1 部分为四棱柱，第 2 部分为四棱台，第 3 部分为缺角四棱柱。按位置组合各部分形体得到组合体形状如图 4-1（b）所示。

1.2　线面分析法

对于复杂的切割形体，物体上斜面较多，用形体分析法读图无法判断其形状时，需要分析视图中的图线和线框含义，判断组成形体的各表面的形状和空间位置，从而综合确定形体的空间形状。这种从线面投影特性分析物体形状的方法，称为线面分析法。

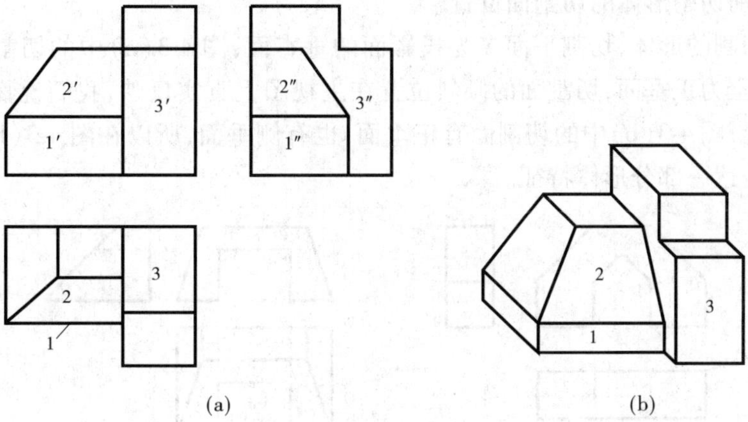

图 4-1 形体分析法

如图 4-2(a)所示,俯视图中有 1、2、3 三个相邻封闭线框,代表物体三个不同的表面。这些相邻表面一定有上下之分,即相邻线框或线框中的线框不是凸出来的表面,就是凹进去的表面。根据投影规律对照主视图看出:3 表面为水平面且位置最高;2 表面也为水平面且位置较低;1 表面是一般位置平面,倾斜于 2、3 平面之间。得出物体的结构形状如图 4-2(b)所示。

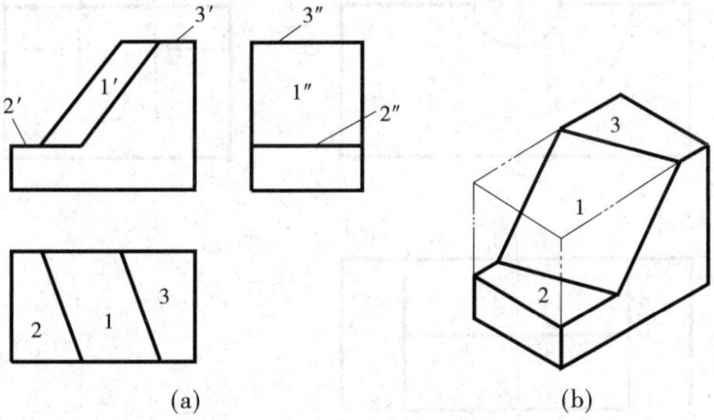

图 4-2 线面分析法读图

2 识读组合体视图的注意事项

2.1 注意识别物体的形体特征

看图时要从反映形体特征最明显的视图看起,基本体三视图“矩矩为柱、三三为锥、梯梯为台”等的形状特征是组合体读图的基础,在读组合体的视图时,要善于识别运用这些特征。

2.2 注意识别切割形体的切割面位置

对于被切割的形体,切割平面多为投影面的垂直面,图 4-3(a)中的切割面都垂直于正立投影面,全为正垂面,切割面的倾斜位置在主视图上真实反映,我们说物体的形体特征在主视图上;图 4-3(b)中的切割面有正垂面,也有侧垂面,所以在图 4-3(b)中,主视图和左视图各表达一部分形体特征。

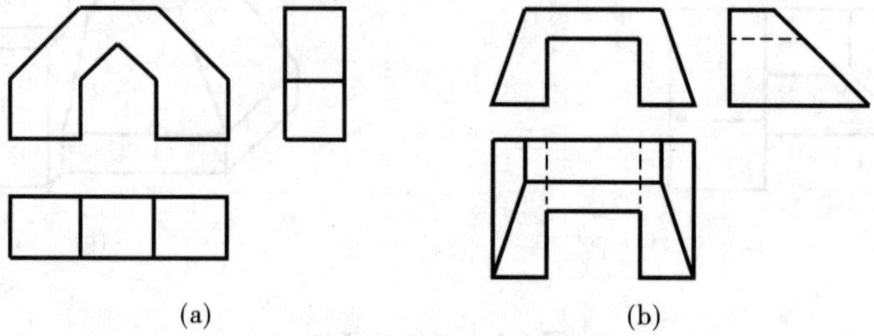

图 4-3　物体的形体特征

3　识读组合体视图绘制轴测图举例

【例 4-1】　识读图 4-4 所示组合体的三视图,并画出其轴测图。

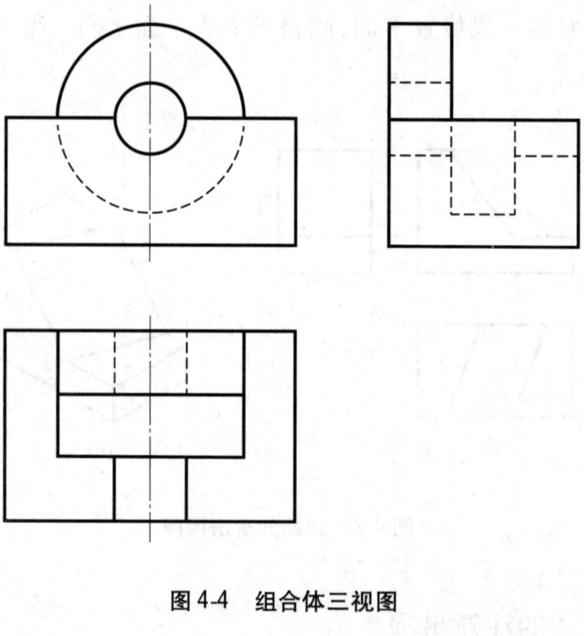

图 4-4　组合体三视图

分析作图:

(1)应用形体分析法,将组合体分为五个部分,如图 4-5 所示,第 1 部分为四棱柱形底座,第 2 部分为后部半圆柱,第 3 部分为中部半圆槽,第 4 部分为前部半圆槽,第 5 部分为后部整圆孔。

(2)画出第 1 部分的轴测图,如图 4-6 所示。

(3)画出第 2 部分的轴测图,如图 4-7 所示。

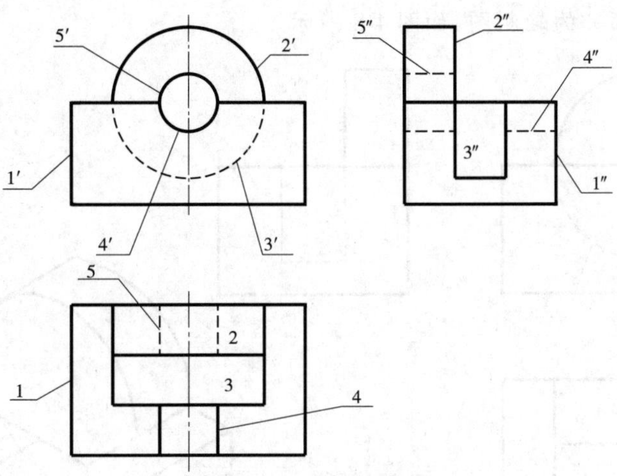

图 4-5　分部分看形体

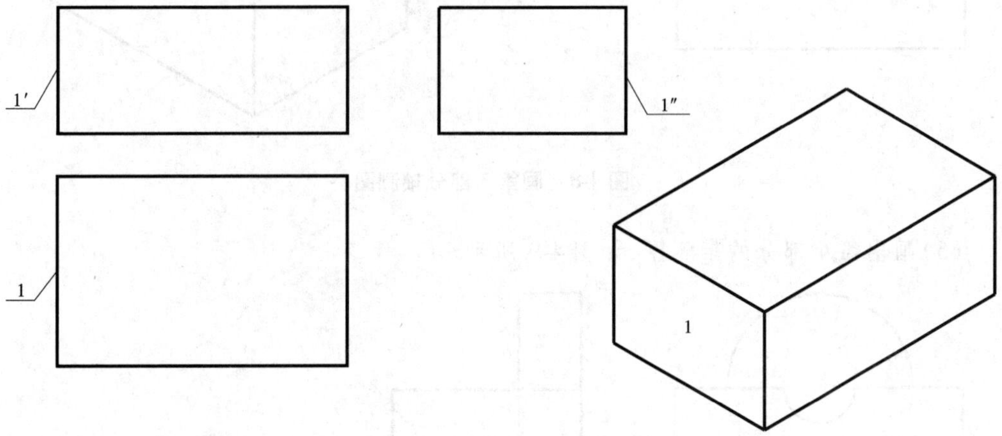

图 4-6　画第 1 部分轴测图

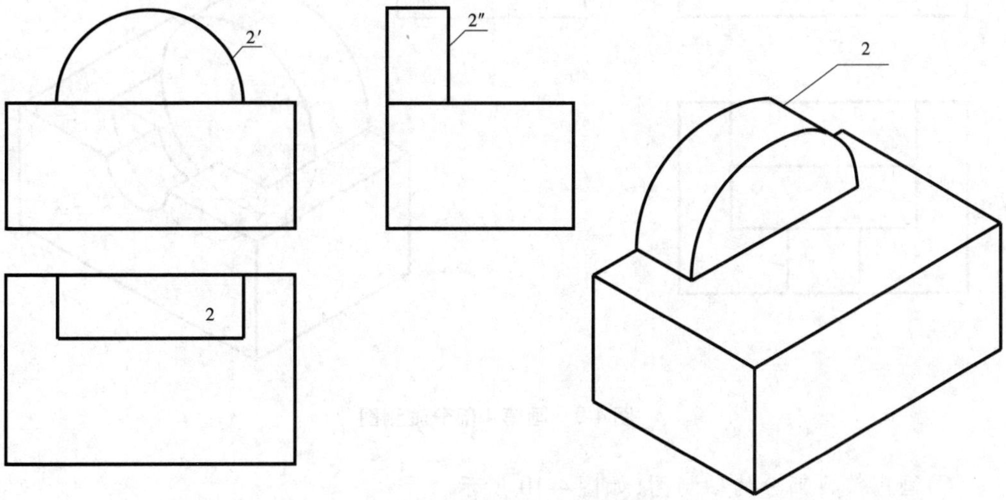

图 4-7　画第 2 部分轴测图

(4)画出第 3 部分的轴测图,如图 4-8 所示。

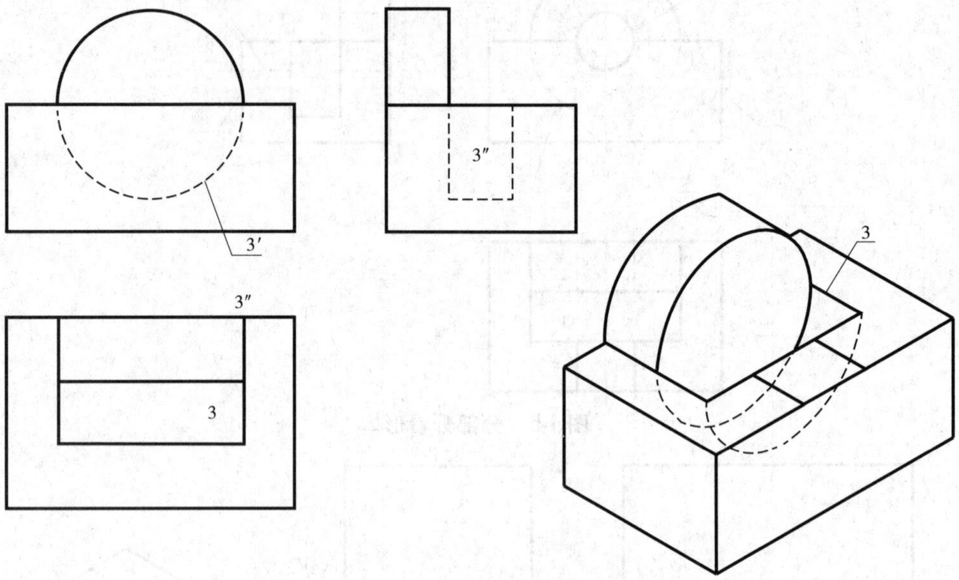

图 4-8　画第 3 部分轴测图

(5)画出第 4 部分的轴测图,如图 4-9 所示。

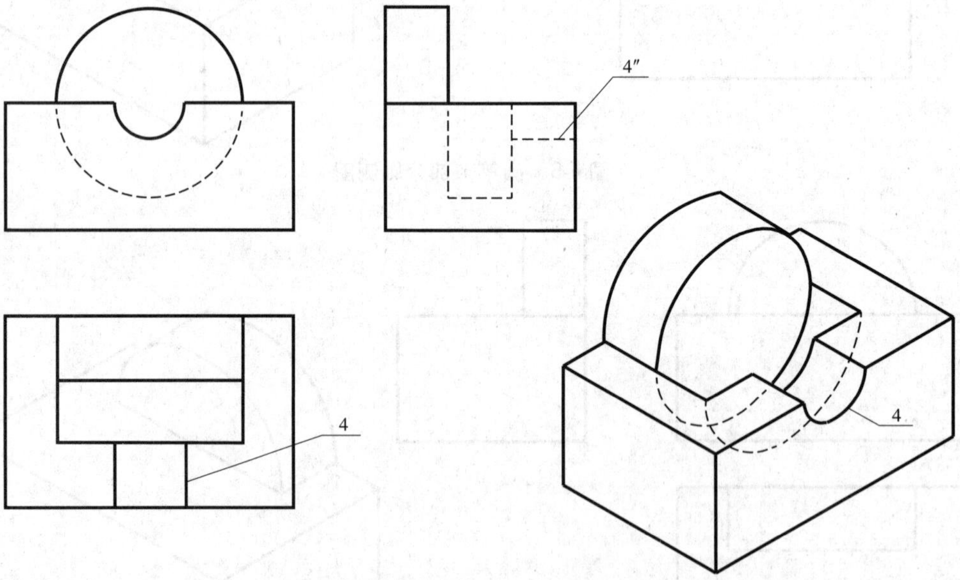

图 4-9　画第 4 部分轴测图

(6)画出第 5 部分的轴测图,如图 4-10 所示。

【例 4-2】　识读图 4-11 所示组合体的三视图,并画出其轴测图。

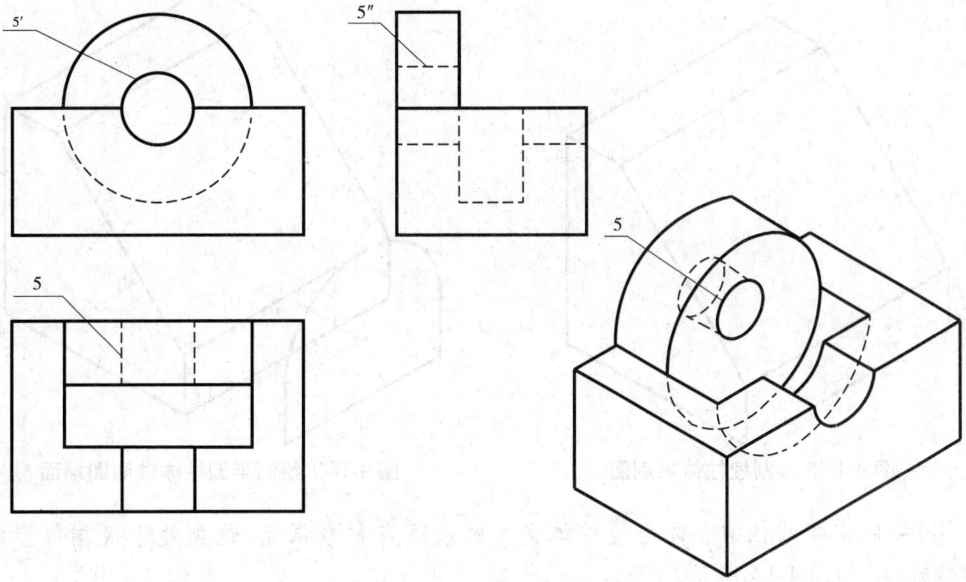

图 4-10　画第 5 部分轴测图

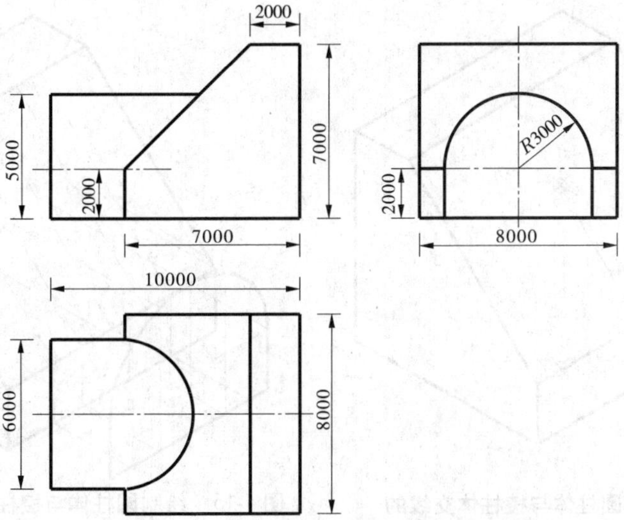

图 4-11　组合体三视图

分析作图：

(1)组合体为左右两部分，右端为棱柱体，左端为圆柱和方柱结合体，两形体相交形成表面交线，表面交线为空间曲线。

(2)绘制右端棱柱体轴测图，如图 4-12 所示。

(3)绘制左端圆柱结合体的左端面的轴测图，如图 4-13 所示。

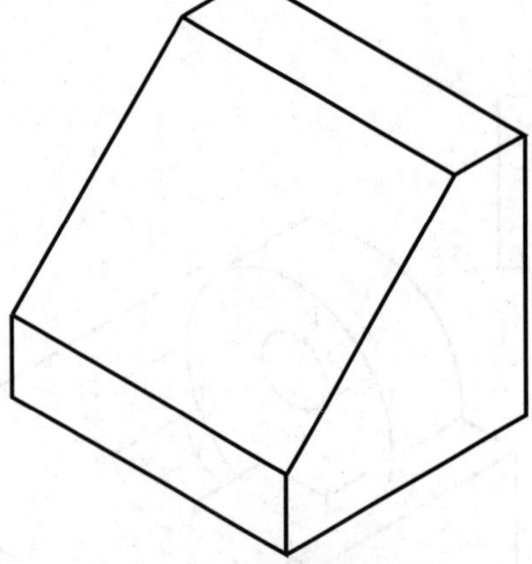

图 4-12　绘制棱柱体轴测图

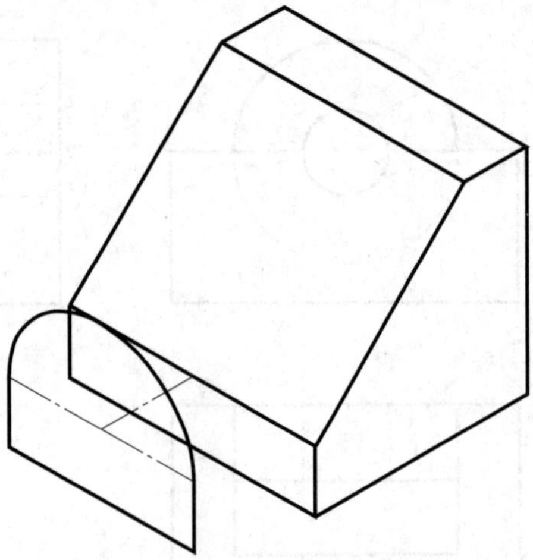

图 4-13　绘制半圆柱体轴测图端面

(4)绘制左端圆柱结合体与棱柱体交线的最高点和最低点,这类处于极端位置的点称为特殊点,如图 4-14 所示。

(5)绘制左端圆柱结合体与棱柱体交线的一般点(除特殊点外的任意点称为一般点),如图 4-15 所示。

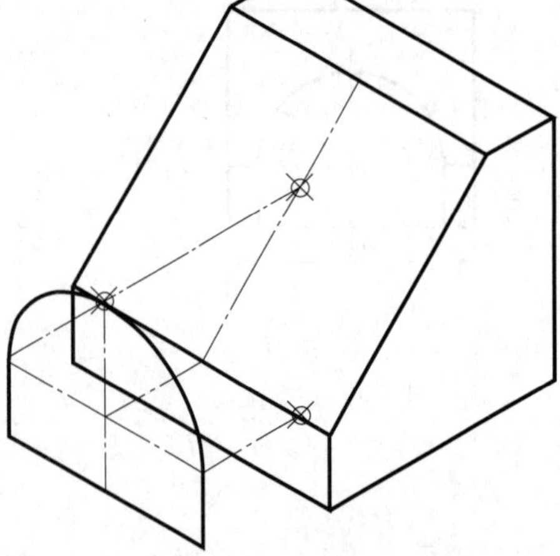

图 4-14　绘制圆柱体与棱柱体交线的最高点和最低点

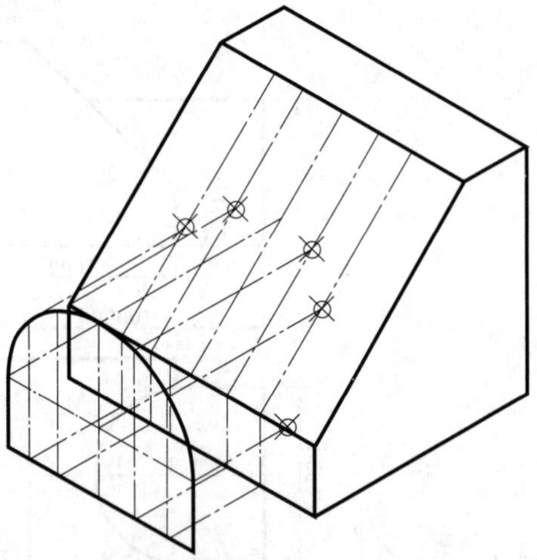

图 4-15　绘制圆柱体与棱柱体交线上的一般点

(6)绘制左端圆柱结合体与棱柱体的交线,如图 4-16 所示。

(7)绘制组合体的切线和棱线并整理图形,如图 4-17 所示。

【例 4-3】　识读图 4-18 所示组合体的三视图,并画出其轴测图。

分析作图:

(1)本例所示形体切割面较多,应用线面分析法,从组合体主视图入手,分析其侧平面形状为左视图所示的梯形,底平面为俯视图所示的梯形,正垂面为左视图和俯视图所示的平行四边形,如图 4-19 所示。

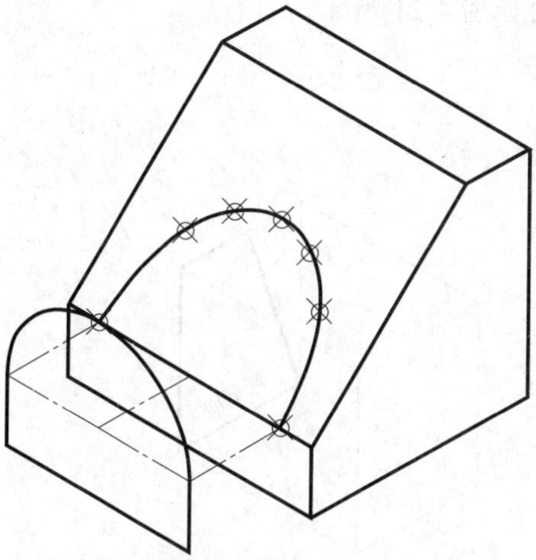

图4-16　绘制圆柱体与棱柱体的交线

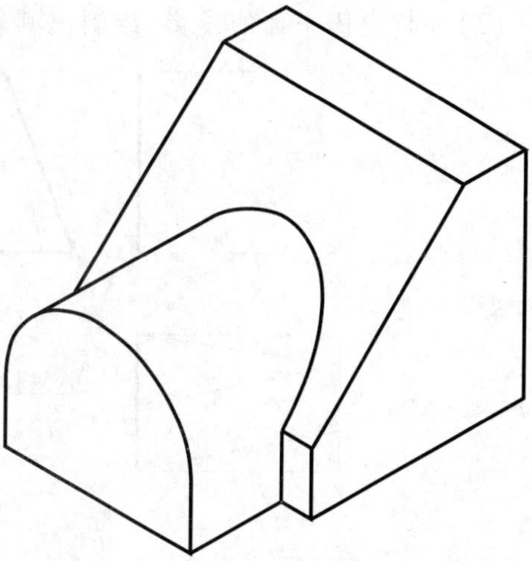

图4-17　绘制切线和棱线并整理图形

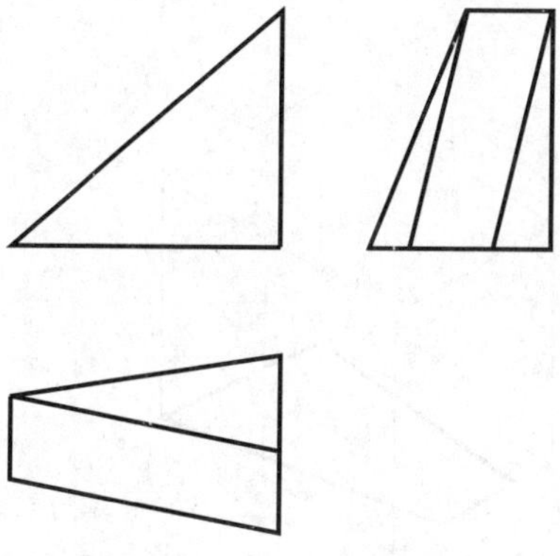

图4-18　组合体三视图

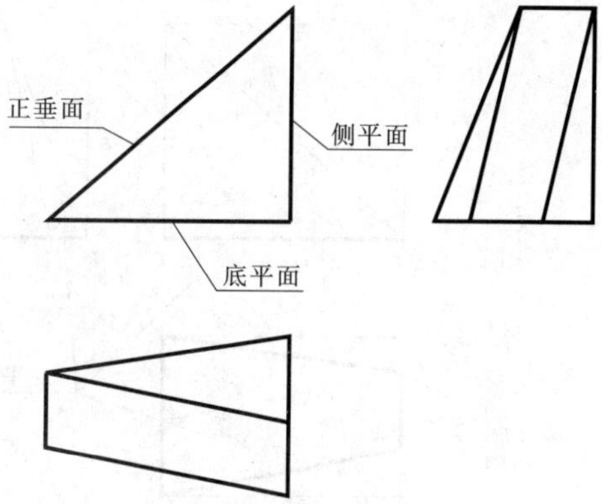

图4-19　分析平面形状

(2)在画轴测图时为了方面确定每个平面的形状和图线位置,先画出切割前原形体的轴测图,如图4-20所示。

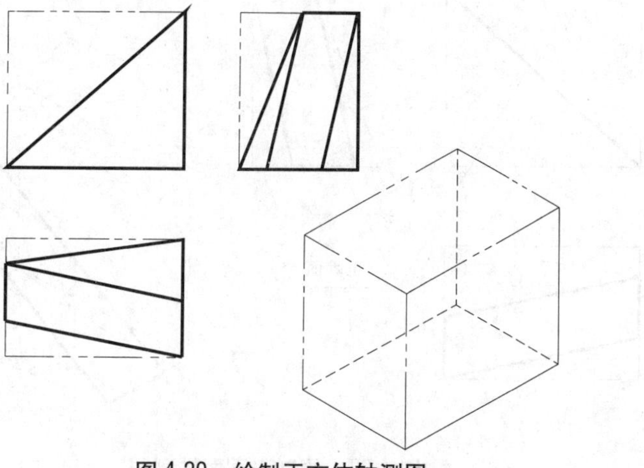

图4-20　绘制正方体轴测图

(3)分析出侧平面的投影，绘制出其轴测图，如图 4-21 所示。

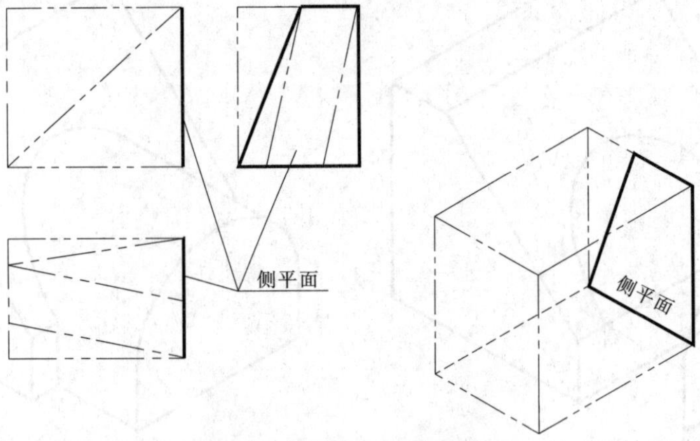

图 4-21　绘制右侧面轴测图

(4)分析出底平面的投影，绘制出其轴测图，如图 4-22 所示。

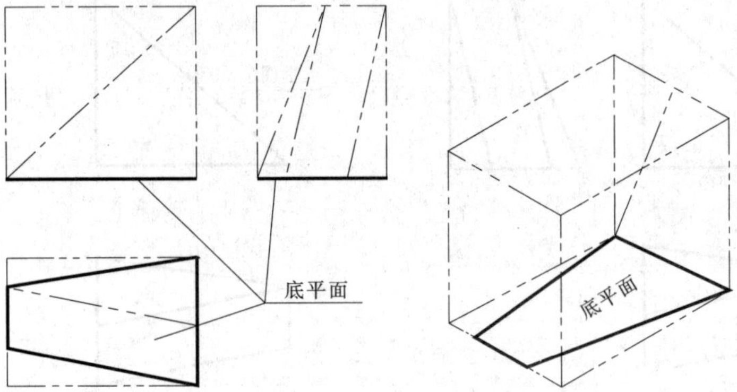

图 4-22　绘制底平面轴测图

(5)分析出正垂面的投影，绘制出其轴测图，如图 4-23 所示。

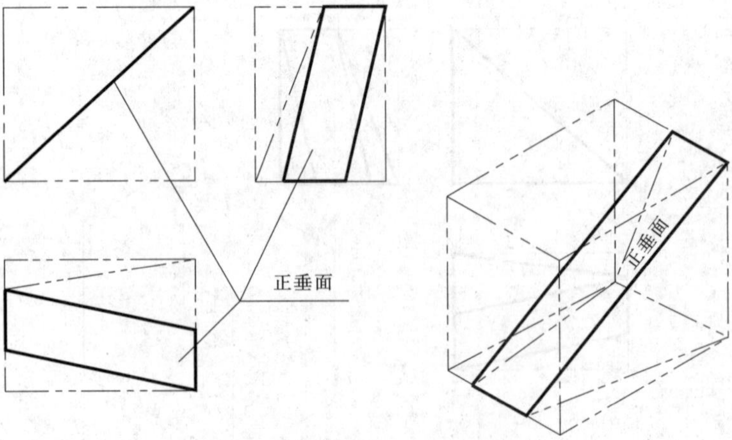

图 4-23　绘制正垂面轴测图

(6)整理组合体的轴测图,如图4-24所示。

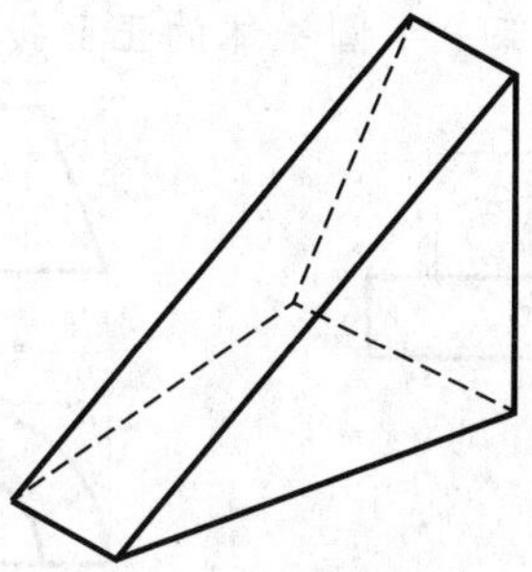

图4-24　整理后的轴测图

4　实训任务

《水利工程制图习题集》:4－1对照视图构思形体;4－2识读二视图画轴测图与第三视图。

任务2　识读组合体视图补画第三视图

识读组合体视图补画第三视图训练,是提高识图能力和画图能力的最常用方法,对培养空间想象力具有重要意义。

1　形体分析法补画第三视图举例

形体分析法补画第三视图的一般方法是:根据组合体的视图识别出各个基本形体,以及各基本形体的组合形式及相对位置,按照各基本形体的图形特征,分别补画出第三视图。

【例4-4】　如图4-25所示,已知组合体的俯、左两视图,补画其主视图。

分析作图:

(1)从左视图中将形体分为三个部分,对照俯视图中相应投影,看出第1部分为四棱柱体,第2部分为半圆锥体,第3部分为半圆柱体,如图4-26所示。

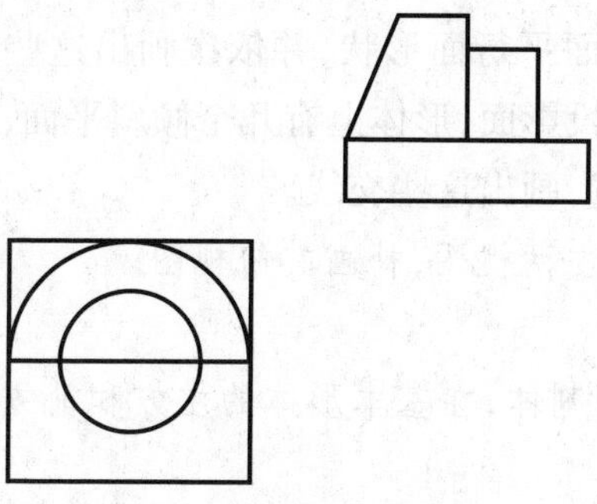

图4-25　组合体的两视图

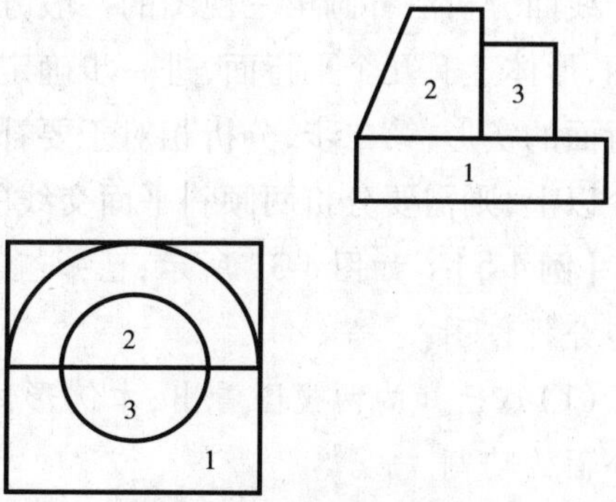

图4-26　分部分看形体

(2)按投影关系绘制出第 1 部分四棱柱体的正面投影,如图 4-27 所示。

(3)按投影关系绘制出第 2 部分半圆锥体的正面投影,如图 4-28 所示。

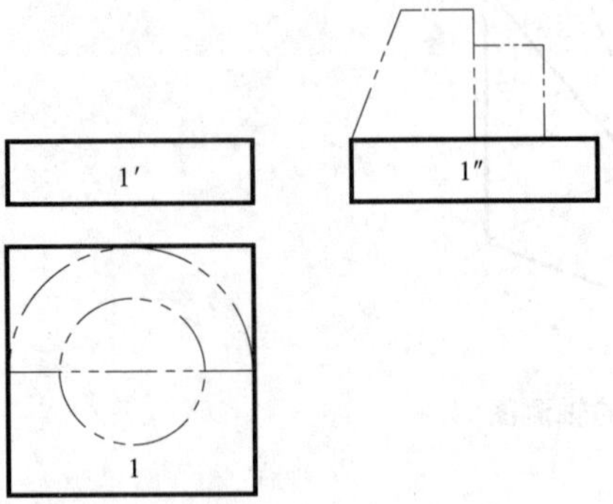

图 4-27 补画四棱柱体的主视图

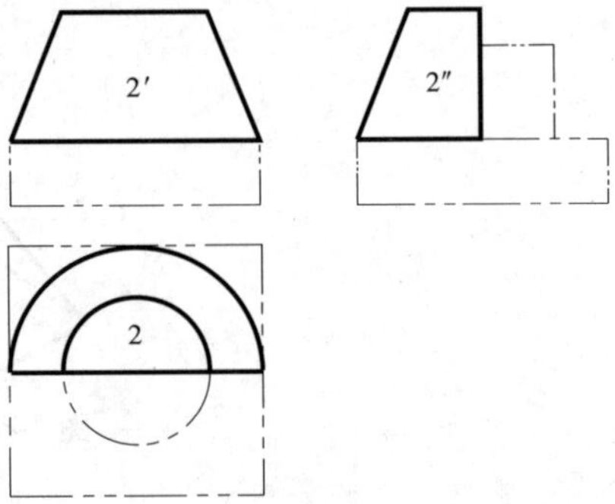

图 4-28 补画半圆锥体的主视图

(4)按投影关系绘制出第 3 部分半圆柱体的正面投影,如图 4-29 所示。

(5)最后检查各个形体表面是否存在共面,其分界线是否存在。本例完成后的第三视图如图 4-30 所示。

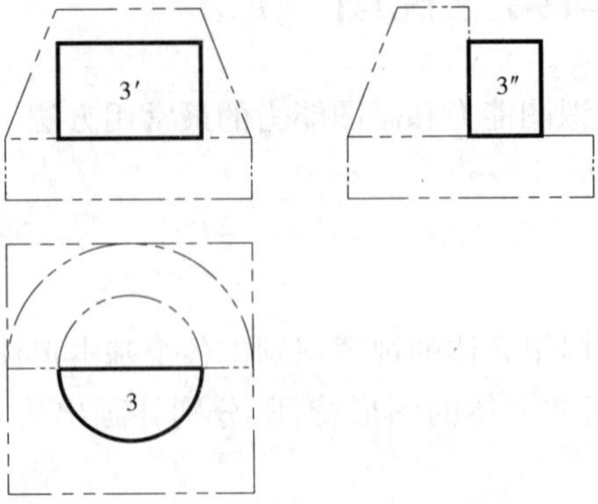

图 4-29 补画半圆柱体的主视图

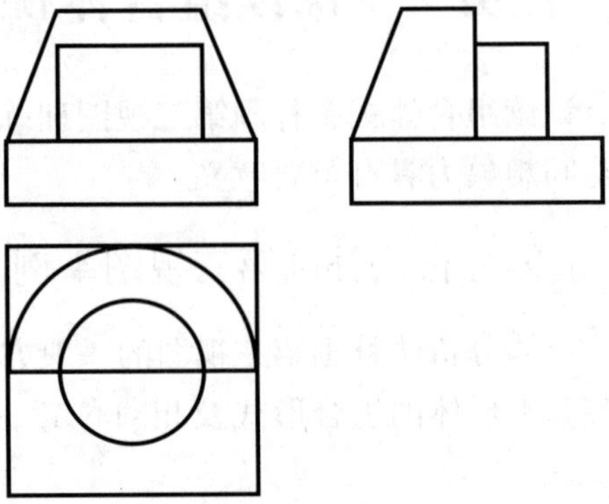

图 4-30 整理后的主视图

2 线面分析法补画第三视图举例

线面分析法补画第三视图的一般方法和步骤是:第一步,分析相对于要补画视图的投影面,形体上有几个平行面,进一步确定这些投影面平行面形状,并依次画出这些投影面平行面的实形;第二步,分析相对于要补画视图的投影面,形体上有几个倾斜平面,如果有两个以上,则需要分析两倾斜平面交线的投影位置,画出这些交线。

【例 4-5】 如图 4-31 所示,已知组合体的主、左两视图,补画其俯视图。

分析作图:

(1)从已知的两视图看出,本例形体为平面切割体,在基本形体的左方和前方进行了多个面的切割。

(2)按线面分析法,首先看出形体上水平面共有三个,由于每个水平面只对应一个长

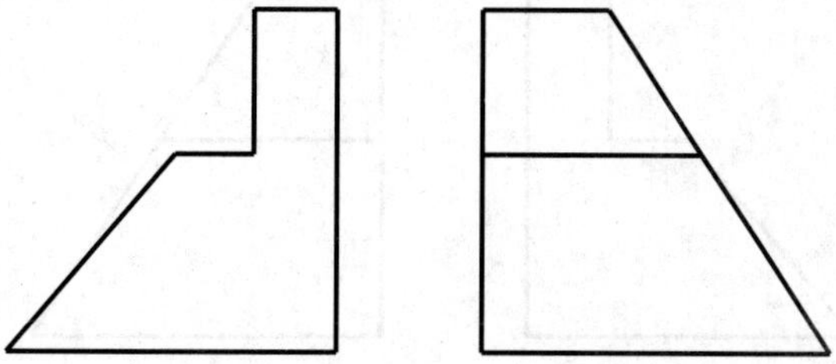

图 4-31 组合体的主、左两视图

度和一个宽度，所以可以判断其形状均为矩形，根据矩形的长度和宽度依次画出每个水平面的实形，如图 4-32 所示。

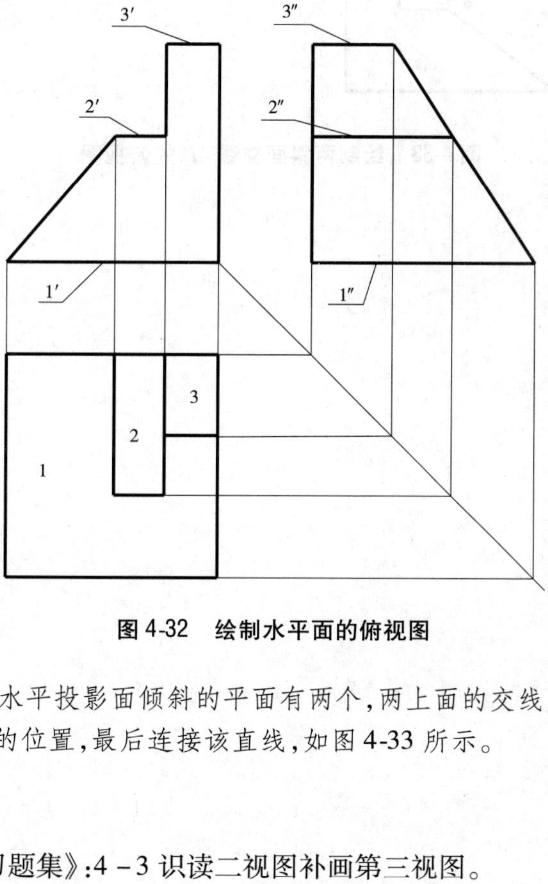

图 4-32 绘制水平面的俯视图

(3)其次，看出与水平投影面倾斜的平面有两个，两上面的交线为 AB 线，判断出该直线的两端点水平投影的位置，最后连接该直线，如图 4-33 所示。

3 实训任务

《水利工程制图习题集》:4 – 3 识读二视图补画第三视图。

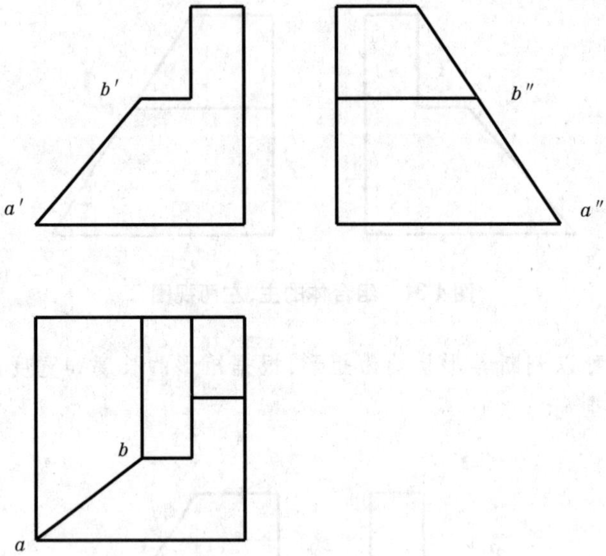

图 4-33　绘制两斜面交线 AB 的俯视图

项目5　水工建筑物图示表达方法

项目任务书

教学任务	教学目标	
	知识目标	技能目标
任务1　视图表达	1. 掌握基本视图表达方法; 2. 了解辅助视图表达方法; 3. 了解图形简化画法	1. 能够应用多面投影表达建筑形体; 2. 能够识读基本视图、辅助视图及简化视图
任务2　剖视图表达	1. 掌握剖视图的概念和画法; 2. 掌握剖视图的各种表达应用方法	1. 能够应用各种剖视图表达工程形体; 2. 能够识读工程形体的剖视图
任务3　断面图表达	1. 掌握断面图的概念; 2. 掌握移出断面图和重合断面图的图示表达方法; 3. 了解断面图与剖视图的区别	1. 能够应用断面图表达工程形体; 2. 能够识读工程形体的断面图
任务4　标高图表达	1. 掌握标高图概念; 2. 掌握标高图表达方法	1. 能够绘制常见的地面填挖方工程的标高图; 2. 能够识读水利工程标高图
任务5　水工建筑物常见曲面表达	1. 掌握常见曲面的构成和线面特性; 2. 掌握常见曲面建筑物表达方法	能够绘制常见曲面的三视图

任务1　视图表达

1　基本视图表达

基本视图用正六面体的六个面作为六个基本投影面，将物体放在其中，分别向六个基本投影面作正投影，即得到物体的六个基本视图。六个基本视图包括前面所讲的三视图。

六个基本视图的形成如图5-1所示。水利水电工程制图标准规定其名称及投影方向如下：

(1)正视图:自前向后投射所得的投影图。正视图也可称为正立面图或正立视图。

(2)俯视图:自上向下投射所得的投影图。俯视图也可称为平面图。

(3)左视图:自左向右投射所得的投影图。左视图也可称为左立面图。

(4)仰视图:自下向上投射所得的投影图。

(5)右视图:自右向左投射所得的投影图。右视图也可称为右立面图。

(6)后视图:自后向前投射所得的投影图。后视图也可称为后立面图。

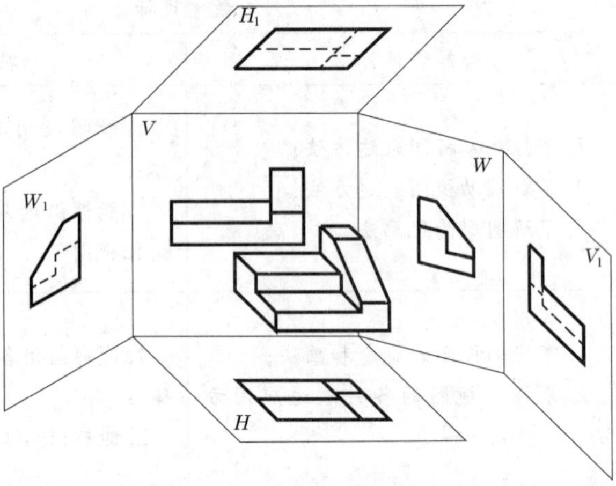

图 5-1　六个基本视图的形成

六个基本视图在一张图纸内,按图 5-2 所示规定位置排列时,不需要标注视图名称。如果六个基本视图不按规定位置排列或画在不同的图纸上,均需标注出各视图图名。视图名称一般标注在图形的上方,并在图名下方绘一粗横线,其长度应超出视图名称长度前后各 3 ~ 5 mm,如图 5-3 所示。

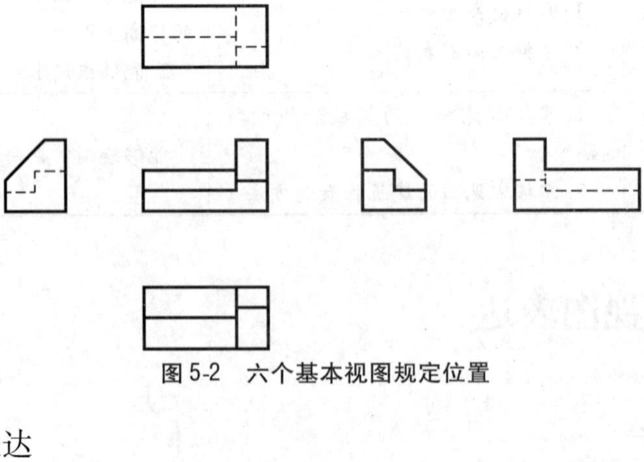

图 5-2　六个基本视图规定位置

2　辅助视图表达

2.1　局部视图

只将物体的某一部分向基本投影面投影所得的视图称为局部视图。如图 5-4 所示,左视图为局部视图,只表达缺口的形状和大小;A 视图为局部右视图,由于不在规定位置上,需要标注投影方向和图名。

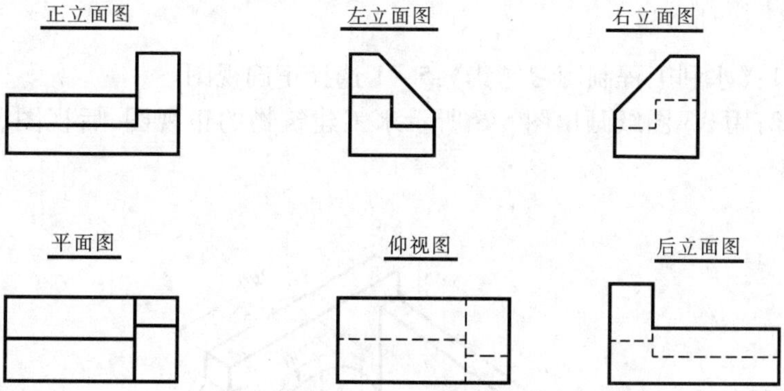

图 5-3　基本视图图名标注

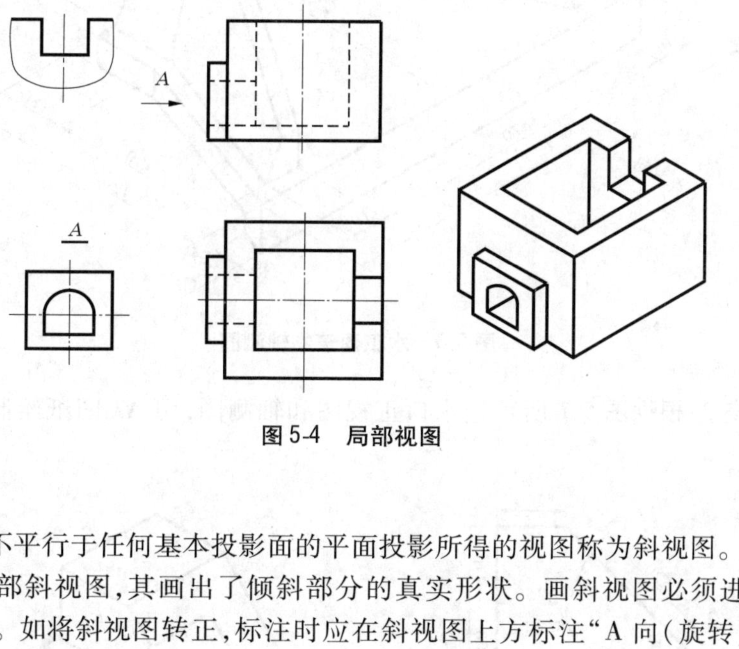

图 5-4　局部视图

2.2　斜视图

将物体向不平行于任何基本投影面的平面投影所得的视图称为斜视图。如图 5-5 所示,*A* 视图为局部斜视图,其画出了倾斜部分的真实形状。画斜视图必须进行标注,如图 5-5(a)所示。如将斜视图转正,标注时应在斜视图上方标注“A 向(旋转)”字样,如图 5-5(b)所示。

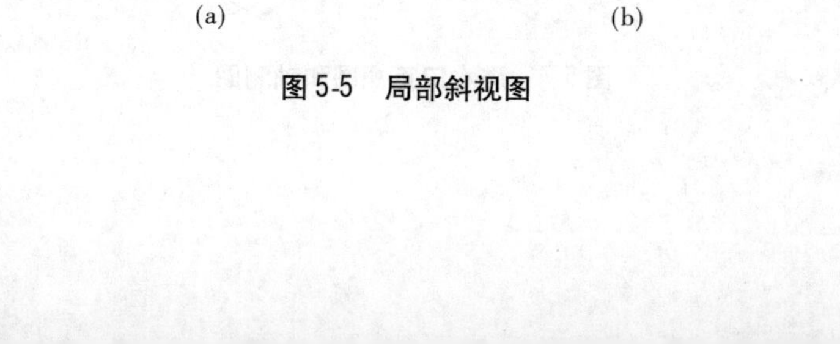

图 5-5　局部斜视图

3　实训任务

实训任务 1:《水利工程制图习题集》:5－1 选择正确视图。

实训任务 2:用 A3 图纸画出图 5-6 所示水工建筑物的正视图、后视图、右视图、俯视图、仰视图。

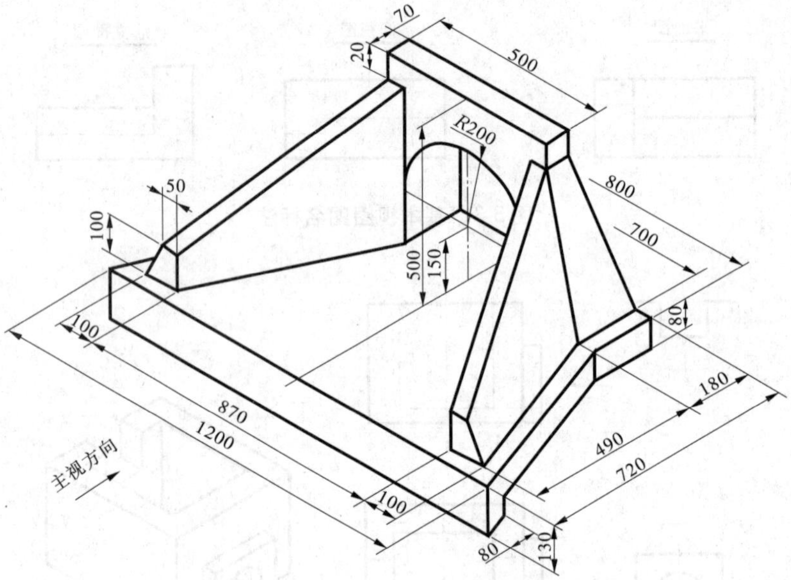

图 5-6　水工建筑物轴测图

实训任务 3:根据图 5-7 所示进水口正视图和轴测图,用 A3 图纸绘制俯视图、斜视图、右视图。

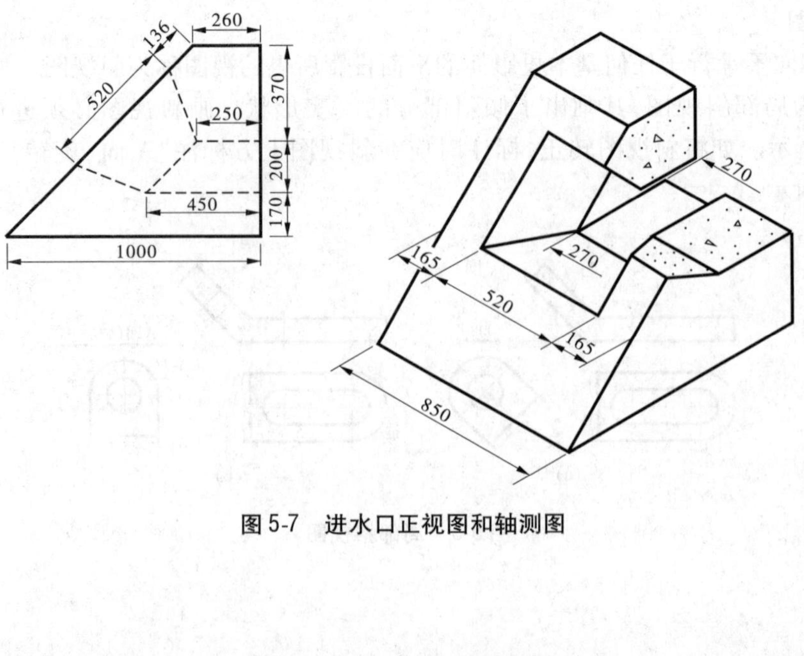

图 5-7　进水口正视图和轴测图

任务2　剖视图表达

1　剖视图的画法

1.1　剖视图的形成

假想用剖切面剖开物体，把剖切面和观察者之间的部分移去，将剩余部分向投影面进行投影，同时在剖切面剖切到的实体部分画上物体相应的材料图例，这样画出的图形称为剖视图，如图5-8所示。

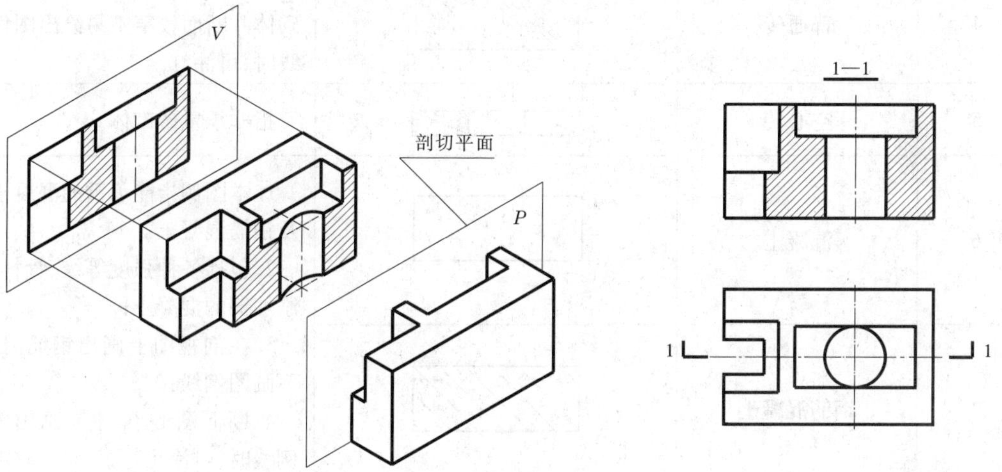

图5-8　剖视图的形成

1.2　剖视图的标注

为了便于阅读，查找剖视图与其他图样间的对应关系以及表达剖切情况，剖视图一般应进行标注，注明剖切位置、投影方向和剖面名称，如图5-8所示。

1.2.1　剖切符号

剖切符号由剖切位置线和剖视方向线组成，二者相互垂直，剖切位置线用两小段与图形不相交的粗实线表示，每段长度为5～10 mm，剖视方向线表明剖切后的投影方向，长度为4～6 mm。剖切位置线和剖视方向线不宜与图面上的图线接触。

1.2.2　剖切符号的编号

在剖视方向线的端部用相同的阿拉伯数字或大写拉丁字母对剖切位置加以编号，若有多个剖视图，应按顺序由左至右、由上至下连续编排，同时在相应剖视图的上方用相同的数字或字母写成“1—1”或“A—A”的形式注写图名，并在图名下画一粗横线，编号一律水平书写。

1.3　剖视图的材料图例

建筑图中常用的剖面材料图例画法如表5-1所示。

表 5-1　常用建筑材料图例

序号	名称	图例	说明
1	自然土壤		包括各种自然土壤
2	夯实土壤	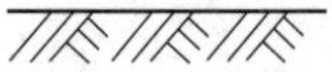	
3	毛石	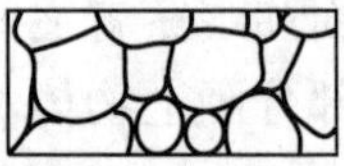	
4	普通砖	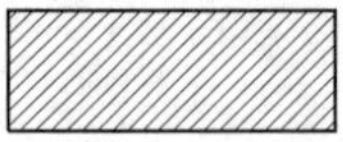	包括实心砖、多孔砖、砌块等砌体。断面较窄不易绘出图例线时,可涂红
5	空心砖	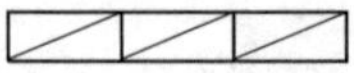	指非承重砖砌体
6	混凝土	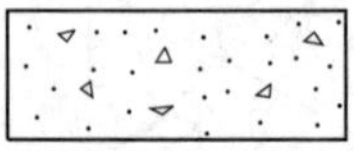	1. 本图例指能承重的混凝土及钢筋混凝土; 2. 包括各种强度等级、骨料、添加剂的混凝土; 3. 在剖视图上画出钢筋时,不画图例线; 4. 断面图形小,不易画出图例线时,可涂黑
7	钢筋混凝土	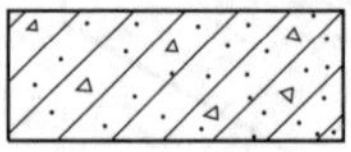	
8	金属	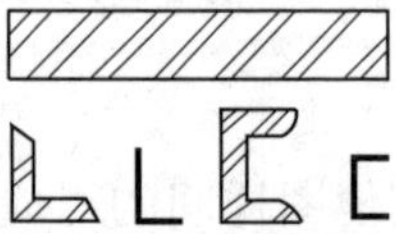	1. 包括各种金属; 2. 图形小时,可涂黑

注:序号 1、2、4、7、8 图例中的斜线、短斜线、交叉斜线等一律为 45°。

画剖面材料图例的注意事项:

(1)图例线一般用细实线绘制,应间隔均匀,疏密适度,做到图例正确,表示清楚。

(2)当一张图纸内的图样只用一种图例或图形较小无法画出建筑材料图例时,可不画材料图例,但应加文字说明。

(3)需画出的建筑材料图例面积过大时,可在断面轮廓线内,沿轮廓线作局部表示,如图 5-9 所示。

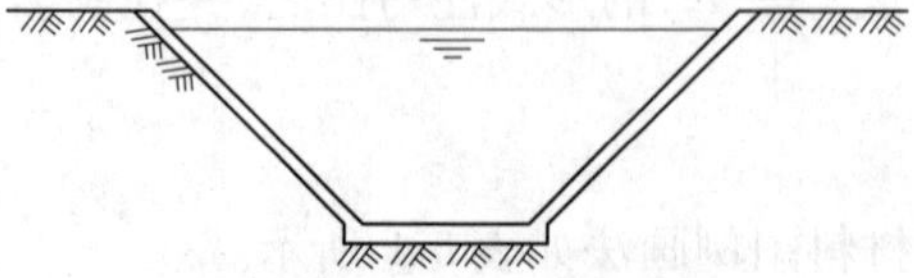

图 5-9　局部表示图例

1.4 画剖视图应注意的问题

(1)剖切是假想的,形体仍然是完整的形体。因此,当某个图形采用了剖视图后,其他图形仍应按完整物体来画,如图5-8中的俯视图。

(2)合理地省略虚线。

剖视图中不可见的虚线,当在其他视图中能够表达清楚其结构形状时,均省略不画。

2 剖视图的表达方法

2.1 全剖视图

用一个剖切面把形体完整地剖开所得到的剖视图称为全剖视图。全剖视图以表达内部结构为主,常用于外部形状较简单的形体。

全剖视图如果剖切位置在物体的对称线上,剖视图又按投影关系配置,剖视图与视图关系比较明确,可省略标注,如图5-10所示。

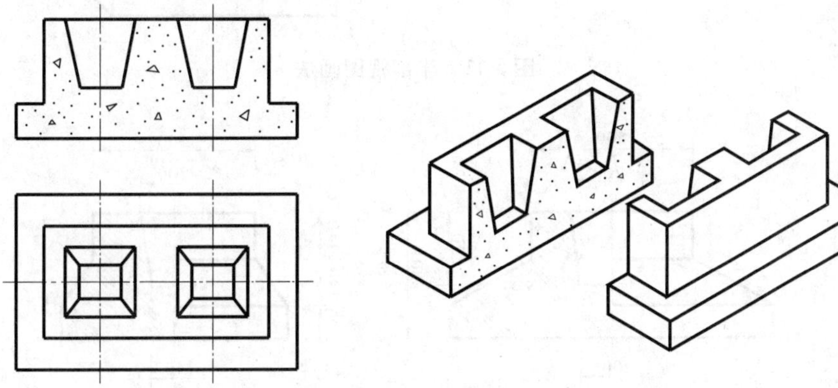

图5-10 全剖视图

2.2 半剖视图

对于对称的形体,在垂直于对称平面的投影面上的投影,可以对称中心线为分界线,一半画成剖视图表达内部结构,另一半画成视图表达外部形状,这种图形称为半剖视图,如图5-11所示。

半剖视图既表达了形体的外形,又表达了其内部结构,它适用于内、外形状都较复杂的对称形体。

半剖视图的画法与全剖视图相同,只画一半即可,另一半画外形轮廓,虚线一般省略。

画半剖视图应注意:

(1)半个剖视图与半个视图之间的分界线必须是细点画线,不能用其他任何图线代替。

(2)半剖视图习惯上一般画在竖直中心线右侧、水平中心线下方。

(3)半剖视图的标注方法同全剖视图。

(4)在半剖视图中,由于省略了虚线,因此某些内部结构只有一边边界,注写尺寸时只能画出一边的尺寸界线和箭头,此时尺寸线要稍微超过对称中心线,但尺寸数字应注写整个结构的尺寸,如图5-12所示。

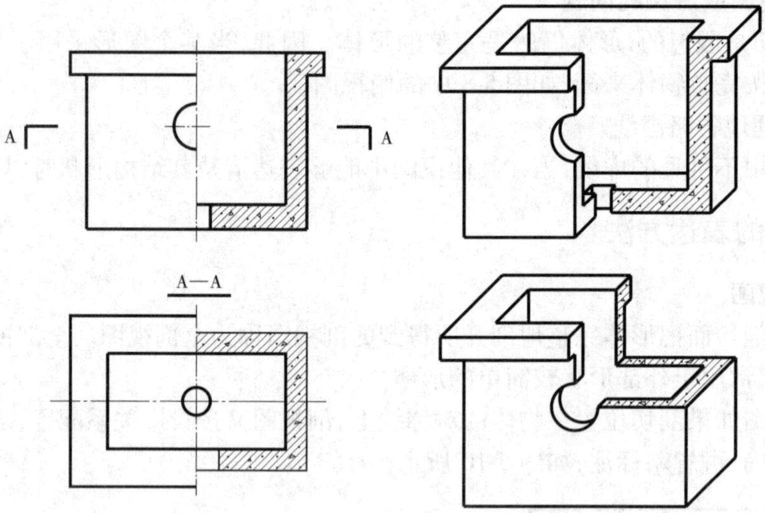

图 5-11　半剖视图画法

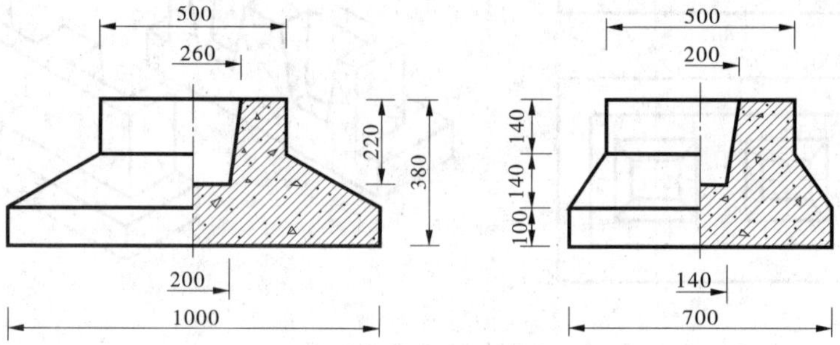

图 5-12　半剖视图的尺寸标注

2.3　**局部剖视图**

用剖切平面局部剖开形体后所得的剖视图称为局部剖视图,如图 5-13 所示。局部剖视图常用于外部形状比较复杂,仅需要表达局部内部形状的形体。

局部剖视图通常画在视图内并以波浪线与视图分界。波浪线可以理解为物体上断裂边界线的投影,因此波浪线应画在物体的实体处,不得与轮廓线重合,也不得超出物体的轮廓线。

2.4　**阶梯剖视图**

用两个或两个以上互相平行的剖切面剖切形体得到的全剖视图,称为阶梯剖视图。

当形体内部结构层次较多,用一个剖切面不能同时剖切到所要表达的几处内部构造且它们又处于互相平行的位置时,常采用阶梯剖视图,如图 5-14 所示。

画阶梯剖视图时应注意:

(1)在剖切面的开始、转折和终了处,都要画出剖切符号并注上同一编号。

(2)剖切是假想的,在剖视图中不能画出剖切平面转折处的分界线,转折处也不应与

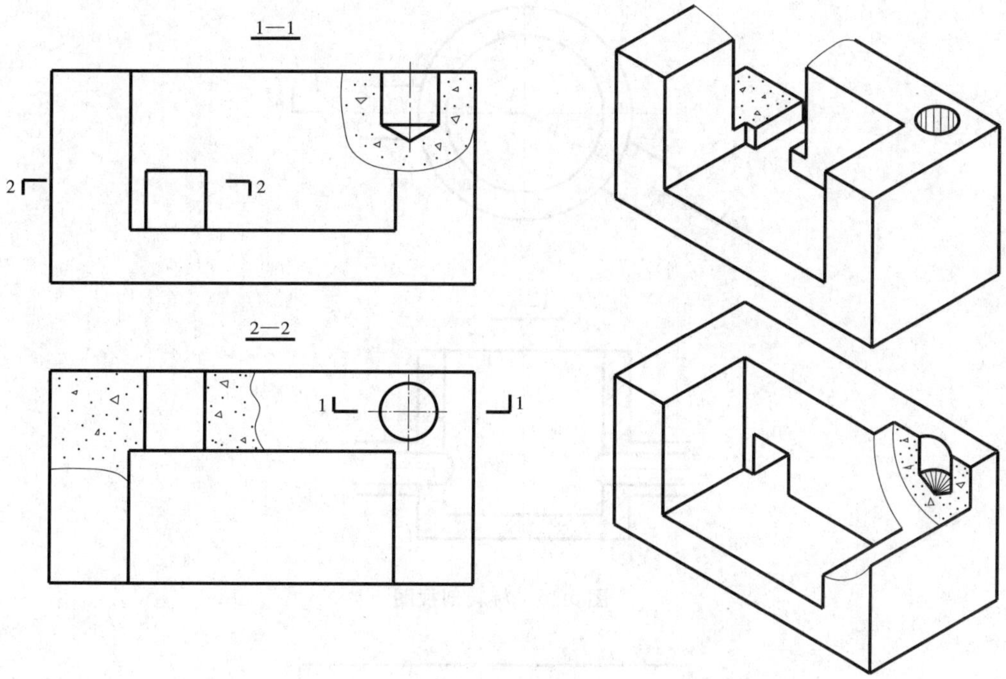

图 5-13　局部剖视图

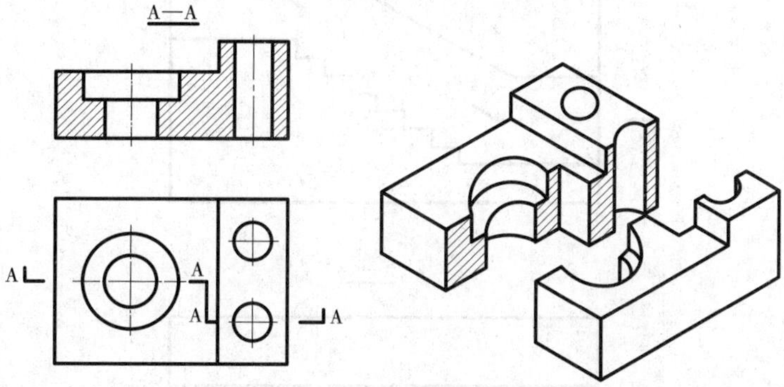

图 5-14　阶梯剖视图

形体的轮廓线重合。

2.5　旋转剖视图

具有回转轴的建筑物，按需要位置剖开物体，然后将剖断面沿回转轴旋转到与投影面平行，再进行投影，称为旋转剖视图，如图 5-15 所示。旋转剖视图中剖切符号的标注与阶梯剖视相同。

2.6　复合剖视图

根据建筑物的结构特点，用包括倾斜剖切面或曲面剖切面的几个剖切面剖开物体所得的剖视图称复合剖视图，如图 5-16 所示。

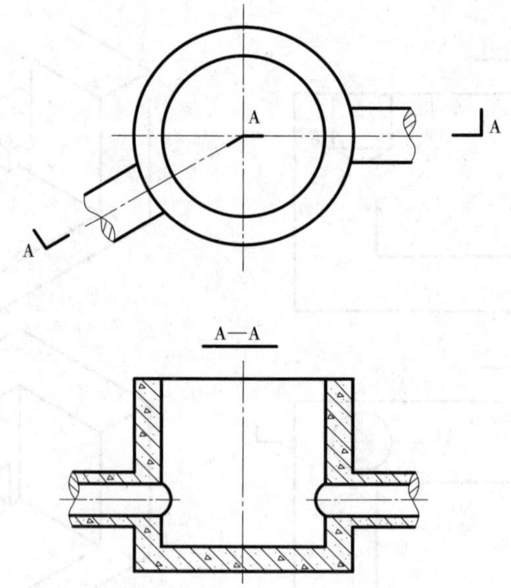

图 5-15　旋转剖视图

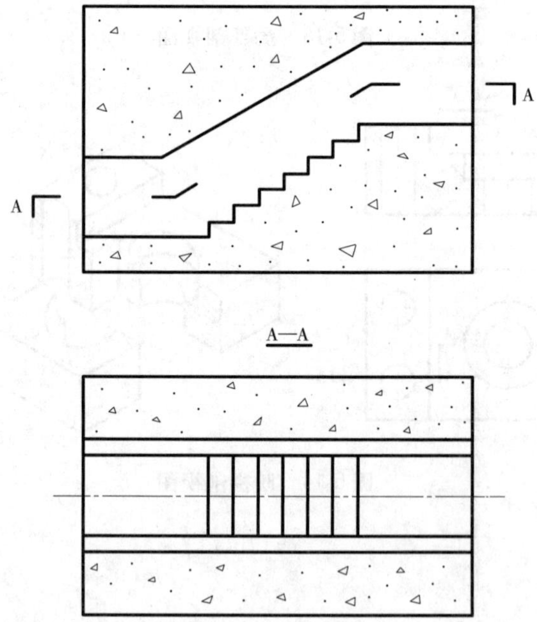

图 5-16　复合剖视图

3　实训任务

实训任务 1:《水利工程制图习题集》:5 - 2 选择正确的一组剖视图;5 - 3 按要求画出剖视图。

实训任务 2:用 A3 图纸,画出图 5-17 所示涵洞的三视图。要求:左视为全剖视图,材料为钢筋混凝土。

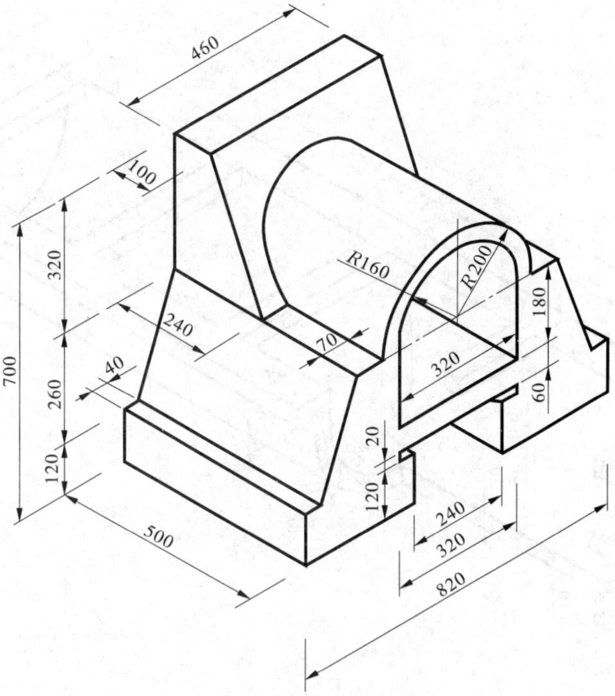

图 5-17　涵洞轴测图

实训任务 3:用 A4 图纸,画出图 5-18 所示管道的主视图。要求:主视为局部剖视图,材料为钢筋混凝土。

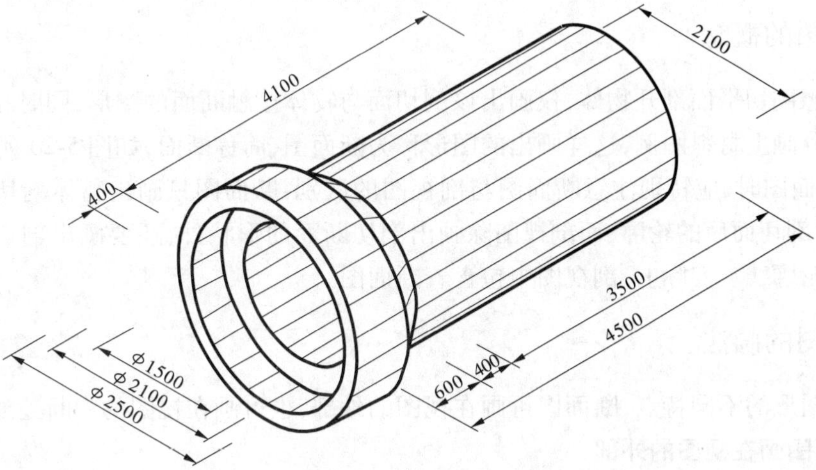

图 5-18　管道轴测图

实训任务 4:用 A3 图纸,画出图 5-19 所示渡槽的三视图。要求:主视为全剖视图,左视为半剖视图,材料为钢筋混凝土。

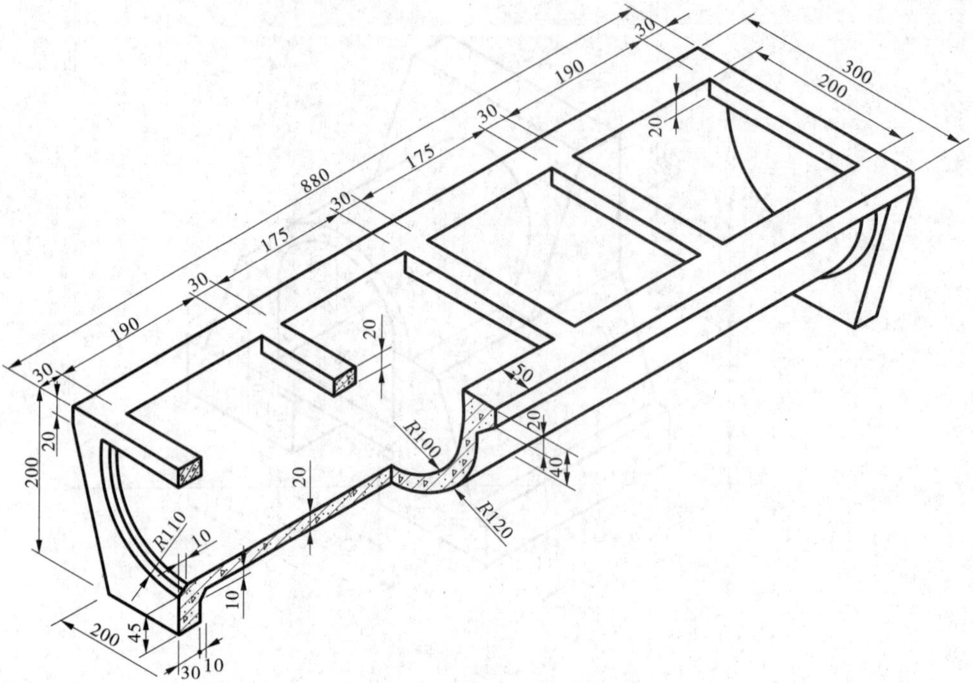

图 5-19 渡槽轴测图

任务 3 断面图表达

1 断面图的概念

用假想剖切平面剖开物体,仅画出该剖切面与物体接触断面的图形,同时在剖切断面的实体部分画上材料图例,这样画出的图形称为断面图,简称断面,如图 5-20 所示。

画断面图时,应特别注意断面图与剖视图的区别:断面图只画出物体剖切断面的形状,不包括剖切面后的轮廓;而剖视图除画出剖切断面的形状外,还要画出剖切平面后的其他可见轮廓线。实际上,剖视图中包含着断面图。

2 断面图的画法

根据图形的不同特点,断面图可画在视图的外部,也可画在视图的中断处或内部。

2.1 断面图画在视图的外部

画在视图以外的断面图,如图 5-21 所示。

断面图画法应符合下列规定:

(1)剖切符号用剖切位置线表示,应以粗实线绘制,长度宜为 5 ~ 10 mm。

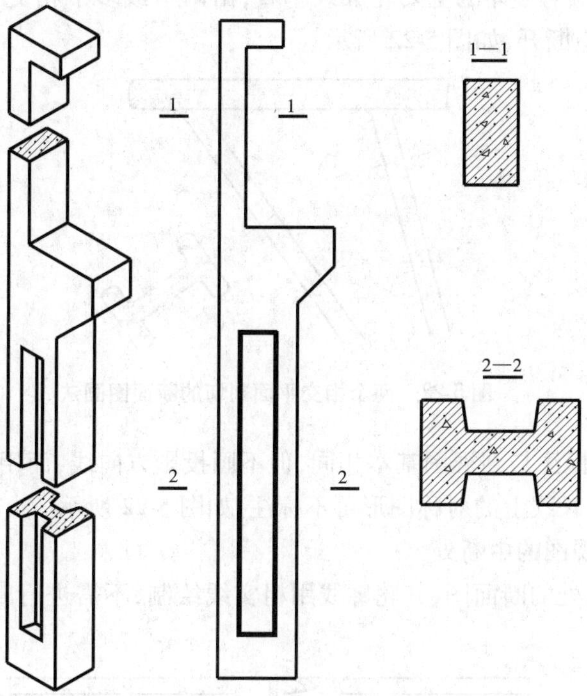

图 5-20　断面图的概念

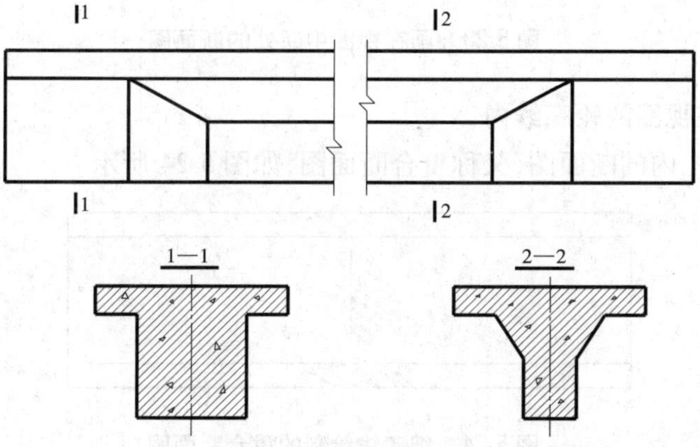

图 5-21　移出断面图

（2）剖切符号的编号宜采用阿拉伯数字或拉丁字母按顺序连续编号表示，并应注写在剖切位置线的一侧；编号所在的一侧应为剖切后的投射方向。

（3）移出断面图的轮廓线用粗实线绘制。

（4）移出断面配置在剖切位置的延长线上，且断面图对称的，可不标注剖切位置线和编号；断面图不对称的，应标注剖切位置线和投影方向；移出断面配置在图纸其他位置的，应标注断面位置线和编号。

(5)剖切平面应与形体的主要轮廓线垂直，由两个或多个相交平面剖切得到的移出断面图，中间一般应断开，如图 5-22 所示。

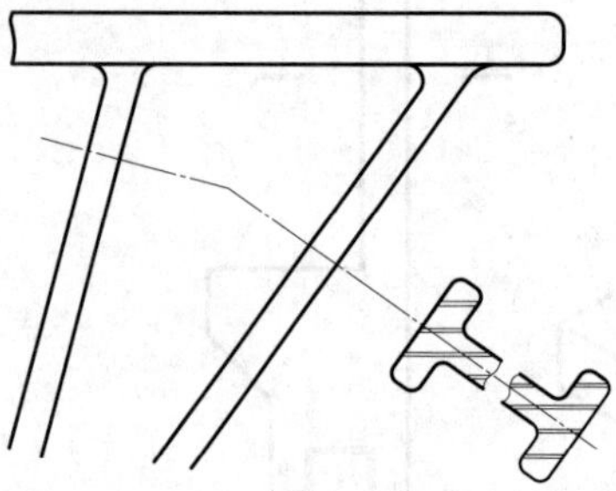

图 5-22　两个相交平面剖切的断面图画法

(6)断面图的标注与剖视图基本相同，但不画投影方向线，而用剖切编号的注写位置表示。画在剖切延长线上的对称图形可不标注，如图 5-22 所示。

2.2　断面图画在视图的中断处

画在视图中断处的断面图，其轮廓线用粗实线绘制，不需进行断面图标注，如图 5-23 所示。

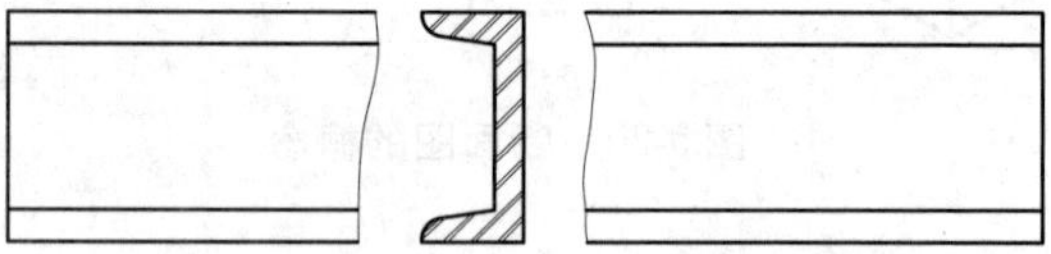

图 5-23　画在视图中断处的断面图

2.3　断面图画在视图的轮廓线内

直接画在视图内的断面图，又称重合断面图，如图 5-24 所示。

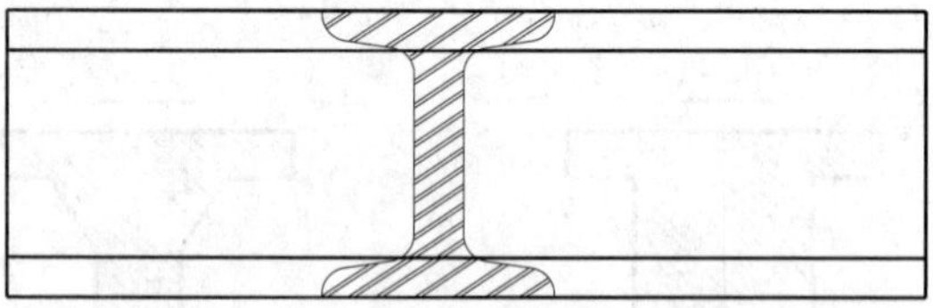

图 5-24　细实线绘制的重合断面图

重合断面图的绘制应符合下列规定：

(1)重合断面的轮廓线用细实线绘制。

(2)视图中轮廓线与重合断面轮廓线重合时，视图中的轮廓线仍应连续画出，不可间断。

(3)对称的重合断面可不标注，不对称的重合断面应标注剖切位置和投影方向。

(4)梁板的断面图画在其结构平面图内的，断面涂黑，可不标注剖切位置和投影方向，如图 5-25 所示。

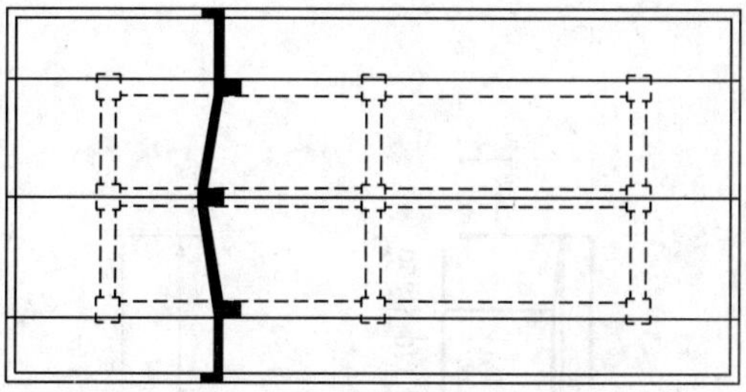

图5-25 断面涂黑的断面图

3 实训任务

实训任务1:《水利工程制图习题集》:5－4 按要求画出断面图。

实训任务2:用A3图纸,画出图5-26所示渠道的正立剖视图、俯视图和左、右两处断面图,材料为混凝土。

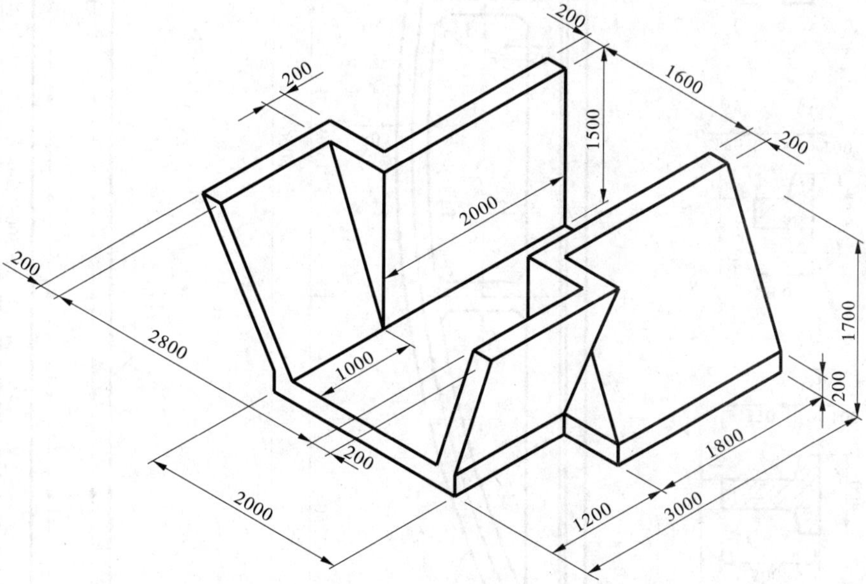

图5-26 渠道的轴测图

实训任务3:图5-27为应用断面图表达工程建筑物的实例,识读该工程图,认识断面图表达方案的优点。

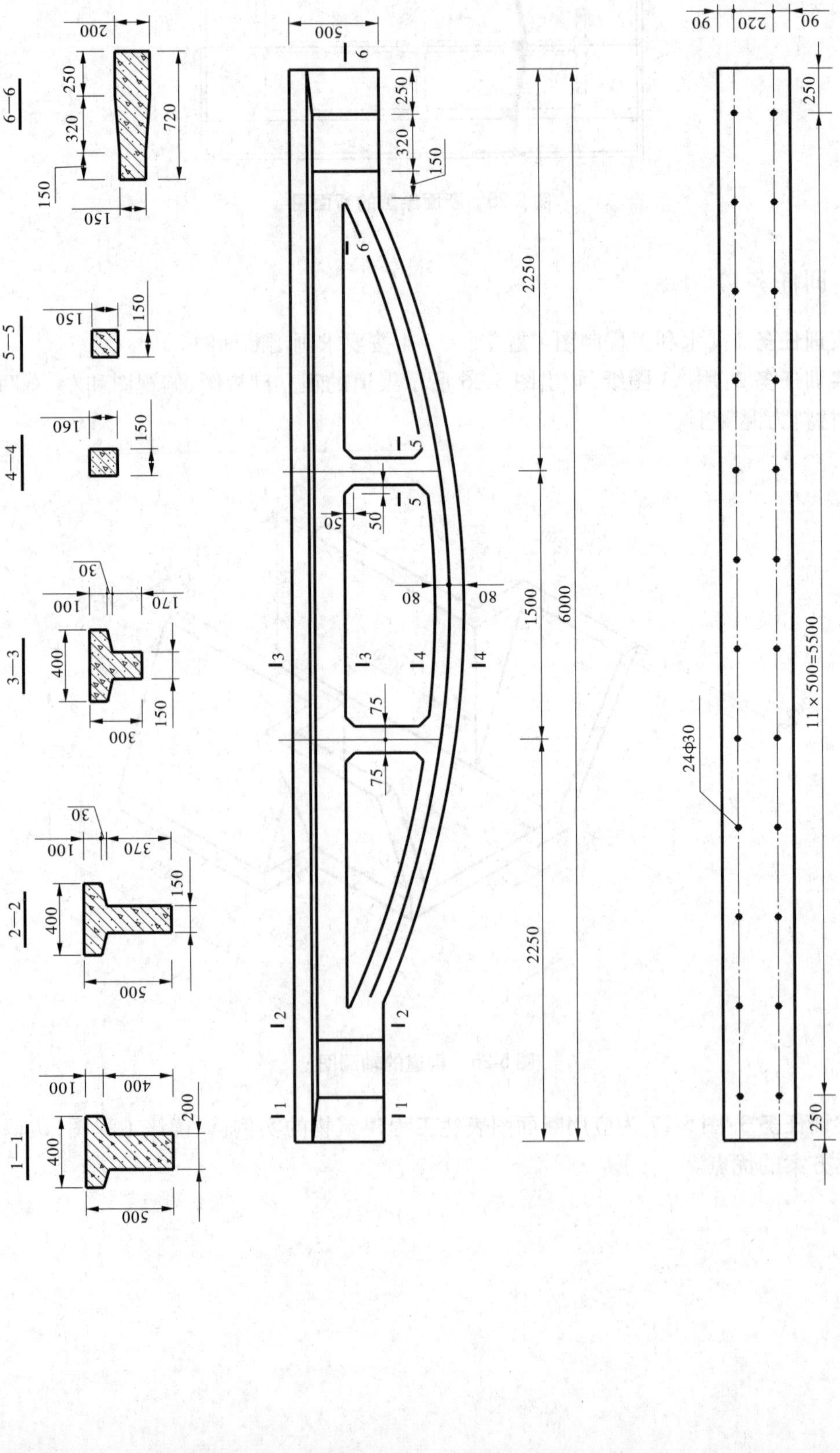

1—1
2—2
3—3
4—4
5—5
6—6
500
400
100
200
370
30
150
300
170
160
320
250
720
2250
1500
6000
80
75
50
90
220
24Φ30
11×500=5500

图 5-27 梁的主、左视图

任务4　标高图表达

水利水电工程是在地面上修建的,由于地形面的高度与长度之比变化很大,有时不方便采用三面投影来表达地形面与坡面,因此在生产实践中人们创造了标高图。

标高图就是在物体的平面图上加注表示高度的数字或符号,也称为标高投影。

如图5-28所示是四棱台的两视图和标高图的对比图。

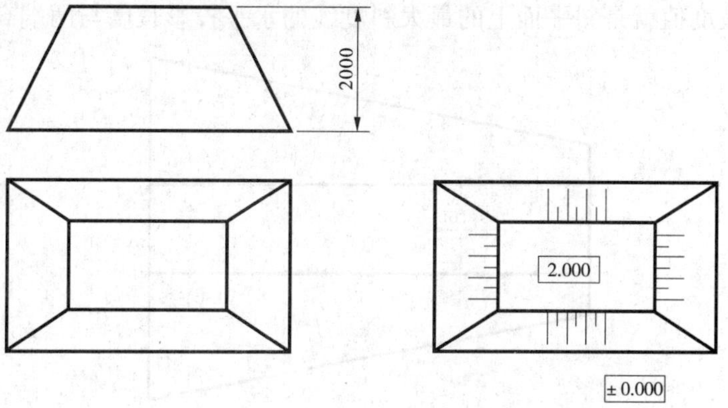

(a)视图　　(b)标高图

图5-28　视图与标高图对比

1　水平面标高图

水平面标高图的高程数字宜标注在平面的水平投影图范围内,图形较小的可将符号引出标注。水平面的标高符号可以采用矩形方框内注写标高数字的形式,方框用细实线画出,如图5-29(a)所示;水平面的标高符号也可以采用圆圈内画十字并将其中第一、第三象限涂黑的符号,圆圈直径与字高相同,如图5-29(b)所示。标高数字以m为单位,应注写到小数点后第三位。在总布置图中,可注写到小数点后第二位。零高程标高应注成±0.000或±0.00。负数标高的数字前应加"-"号。

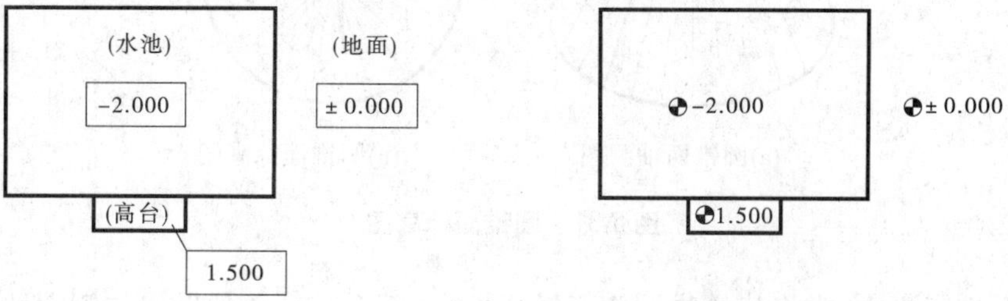

(a)矩形方框表示方法　　(b)圆圈表示方法

图5-29　平面图中的标高注法

2　斜平面标高图

斜平面标高图就是在斜平面的水平投影中加画示坡线或注写出坡度值，也可示坡线与坡度值都注写，如图 5-30 所示。示坡线用长短相间的细实线从坡面较高的一边画出，间距要相等，长短要整齐，一般长线为短线的 2～3 倍。

标高图中示坡线是水流的方向线，即斜平面上最大斜度线，在标高图上示坡线与斜平面上的水平等高线垂直。

斜平面的坡度值就是斜平面上的最大斜度线的水平投影长度与两端高程差的比值。

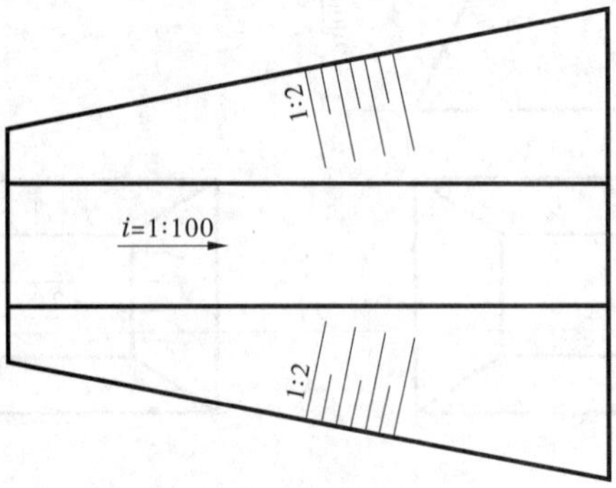

图 5-30　示坡线的画法

3　圆锥面标高图

圆锥面标高图就是在圆锥面的水平投影中加画示坡线或注写出坡度值。正圆锥面上的素线是圆锥面上的最大斜度线，因此圆锥面上的示坡线应通过锥顶画出，如图 5-31 所示。

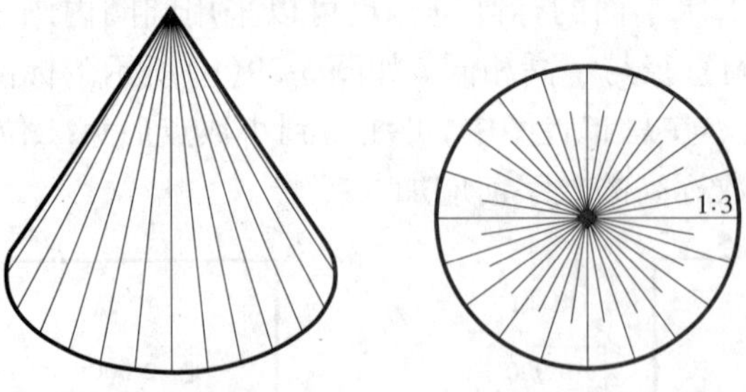

(a)圆锥面轴测图　(b)圆锥面标高图

图 5-31　圆锥面标高图

在土石方工程中，常将建筑物的侧面做成坡面，而在其转角处做成与侧面坡度相同的圆锥面，如图 5-32 所示。

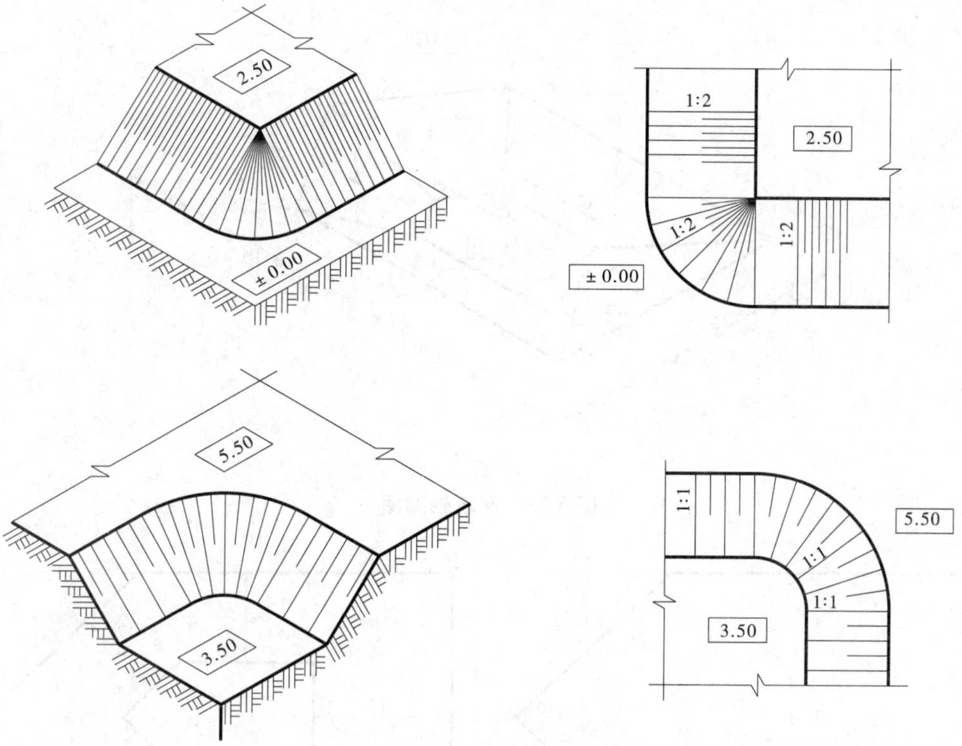

图5-32 圆锥面应用实例

4 常见地面挖填方工程标高图

常见的水利工程地面构筑物有基坑、水池、渠道、堤坝、高台、道路等。地面挖填方工程的坡面与地面的交线称为坡边线,坡面间的交线称为坡面交线。地面挖填方工程标高图就是指包括地形面和挖、填方坡边线和坡面交线的标高图。标高图中坡边线和坡面交线均用粗实线绘制。

地面挖填方工程的坡面坡度值是根据地质、水文等条件设计的,坡边线和坡面交线的标高投影是通过一定的作图方法画出的。下面通过几个实例说明地面挖填方工程坡边线和坡面交线的画法。

【例5-1】 图5-33所示为基坑轴测图,已知地面高程、基坑底面高程和尺寸、各坡面坡度,绘制基坑的标高图。

作图步骤:

(1)按尺寸绘出基坑底面的水平投影图,如图5-34所示。

(2)绘制坡边线。基坑底面边线是高程为6 m的等高线。地面为高程10 m的水平地面,坡边线即是高程为10 m的等高线,坡边线与基坑底面边线的水平投影距离$L=(10-6)/i$,当$i=1:2$时,$L_1=4/(1/2)=8(\text{m})$;当$i=1:3$时,$L_2=4/(1/3)=12(\text{m})$。根据这个距离作坑底边平行线,即是坡边线,如图5-35所示。

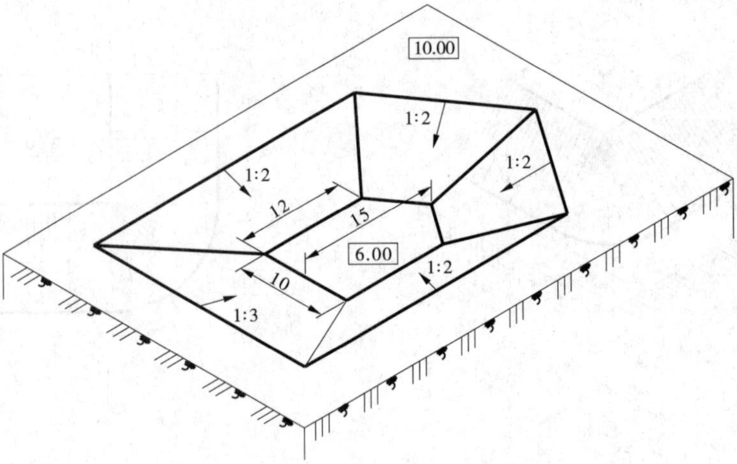

图 5-33　基坑轴测图

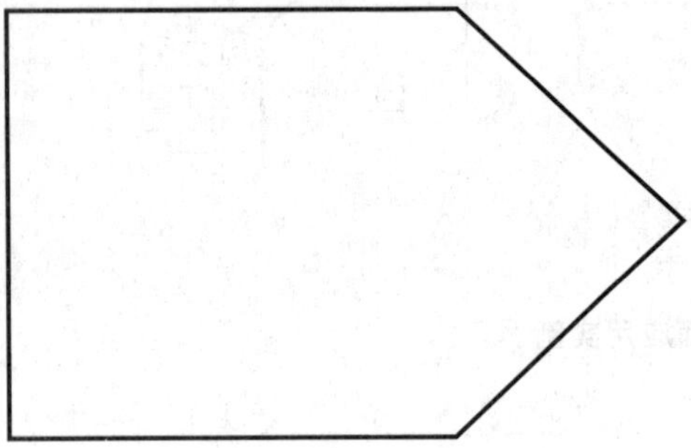

图 5-34　绘制基坑底面平面图

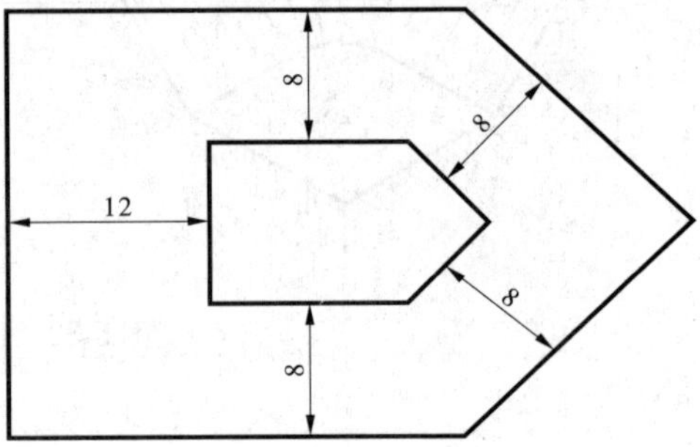

图 5-35　绘制坡边线

(3)绘制坡面交线。对应连接坡边线的交点与基坑底面边线的交点，即是坡面交线，如图 5-36 所示。

(4)垂直于等高线画出各坡面的示坡线，标注高程和坡度，如图 5-37 所示。

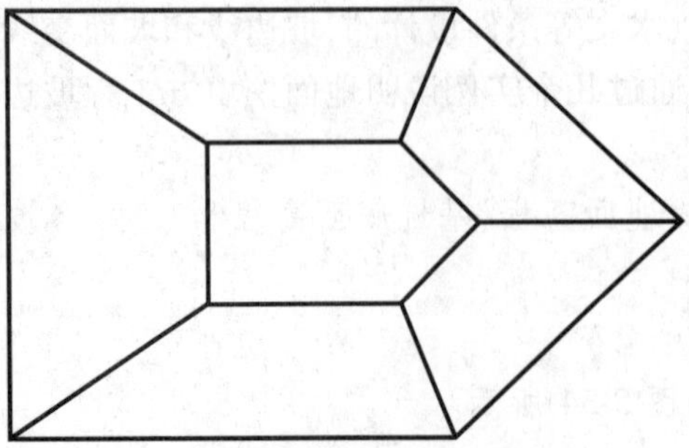

图 5-36　绘制坡面交线

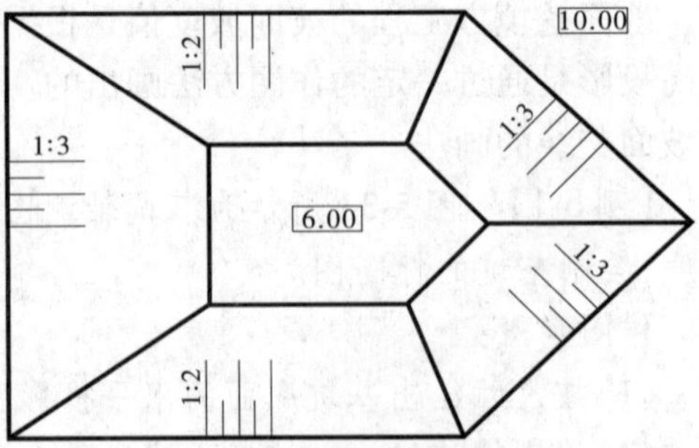

图 5-37　整理图形

【例 5-2】　图 5-38 为堤坝斜坡道的轴测图，已知地面与堤顶高程、边坡坡度、上坡道坡度，绘制其标高图。

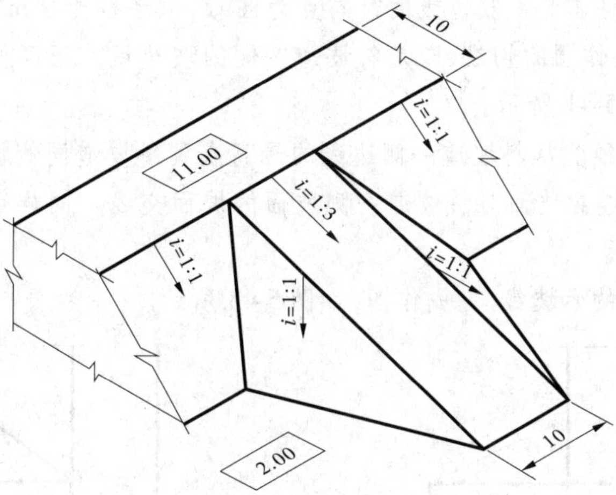

图 5-38 堤坝斜坡道的轴测图 （单位:m）

作图步骤:

(1)绘出堤坝顶面与斜坡道路面的水平投影图,如图 5-39 所示。

(2)绘制堤坝的坡边线。堤顶边线是高程为 11 m 的等高线,地面为高程 2 m 的水平地面,堤身坡面坡度 $i=1:1$,斜坡道顶面坡度 $i=1:3$,堤身坡边线与堤顶边线的水平投影距离 $L_1=(11-2)/(1/1)=9(\text{m})$,斜坡道顶面坡边线 $L_2=(11-2)/(1/3)=27(\text{m})$。根据这个距离作坑底边平行线,即是坡边线,如图 5-40 所示。

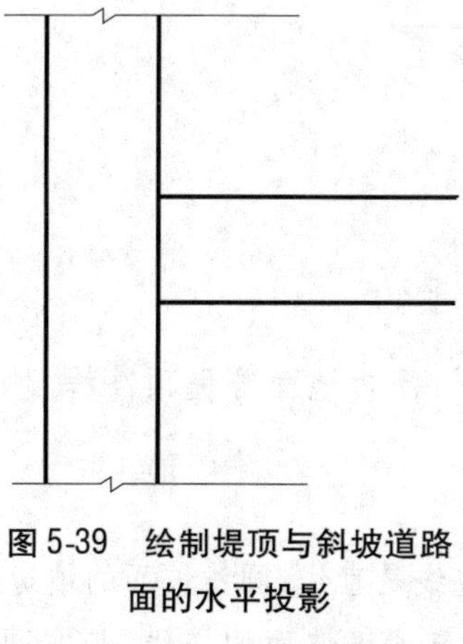

图 5-39 绘制堤顶与斜坡道路面的水平投影

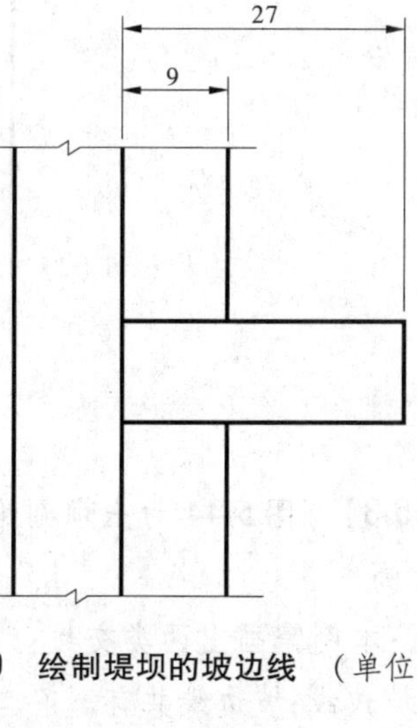

图 5-40 绘制堤坝的坡边线 （单位:m）

(3)绘制斜坡道侧面坡边线。地面高程为 2 m,则斜坡道侧面的坡边线为高程 2 m 的等高线。斜坡道侧面坡面的坡度 $i=1:1$,其最高点高程为 11 m,则最高点到其 2 m 等高线的水平投影距离 $L_3=(11-2)/(1/1)=9(\text{m})$。斜坡道的最低点与地面接触,高程为 2 m。

在标高图上,以斜坡道一侧边线的最高点为圆心,以半径为 9 m 画圆,再从这个斜坡道同侧边线的最低点作圆的切线,即是斜坡道一侧的坡边线。用同样的办法画出另一侧坡面的坡边线,如图 5-41 所示。

(4)绘制坡面交线。从斜坡道一侧边线的最高点到斜坡道同侧坡边线与堤身坡边线的交点连直线,即是堤身坡面与斜坡道一侧坡面的坡面交线。同样可作出另一侧的坡面交线,如图 5-42 所示。

(5)画各坡面上的示坡线,完成作图,如图 5-43 所示。

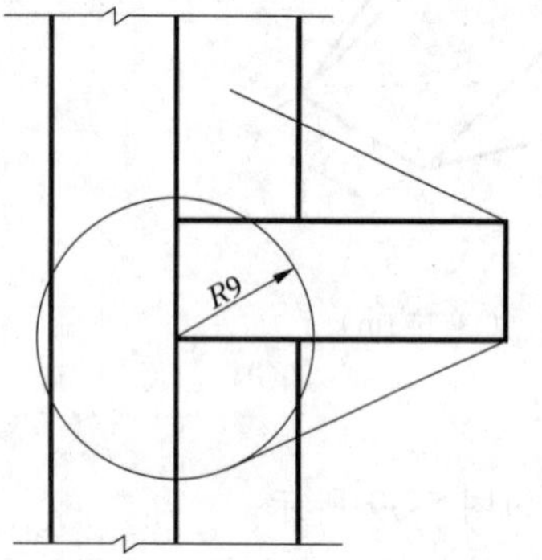

图 5-41 绘制斜坡道两侧的坡边线

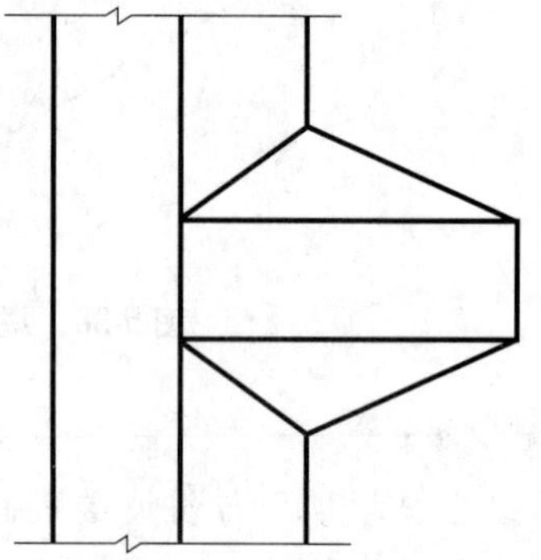

图 5-42 绘制堤坝与斜坡道的坡面交线

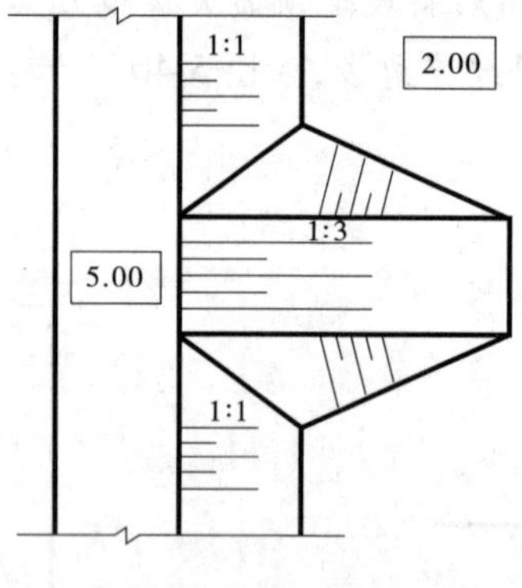

图 5-43 整理图形

【例 5-3】 图 5-44 为土坝圆锥转角坡面的轴测图,已知地面与堤顶高程、坡面坡度,绘制其标高图。

分析:本例需画出两类交线:

(1)坡边线:坡边线共有三条,其中两堤坡面的坡边线是直线,圆锥坡面的坡边线是圆。

(2)坡面交线:坡面交线共有两条,它是两堤坡面与圆锥坡面的交线,是非圆曲线,画坡面交线需求出两堤坡面与圆锥坡面上一系列同等高线的交点,然后连接各交点,如图 5-45 所示。

作图步骤:

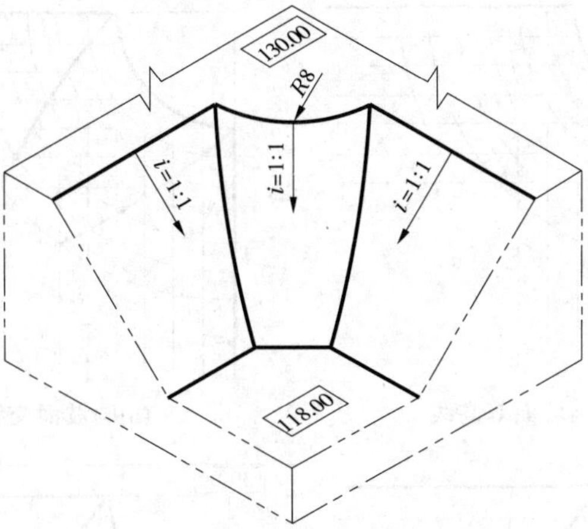

图5-44 土坝圆锥转角坡面的轴测图

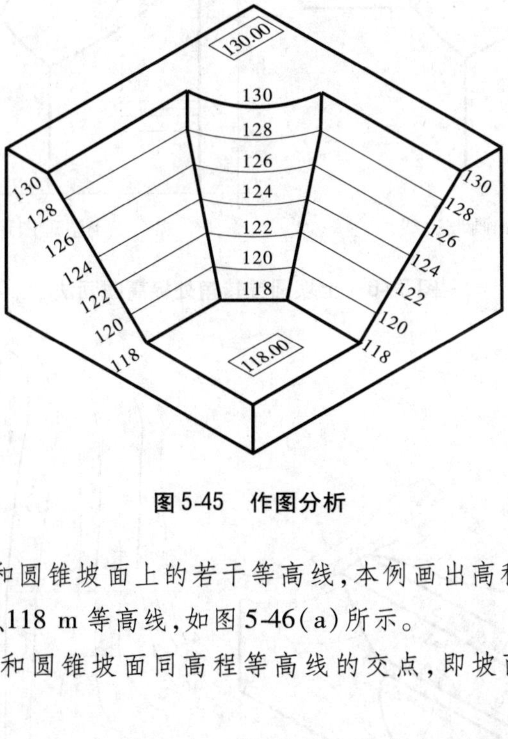

图5-45 作图分析

(1)画出两堤坡面和圆锥坡面上的若干等高线,本例画出高程为130 m、128 m、126 m、124 m、122 m、120 m、118 m等高线,如图5-46(a)所示。

(2)连接两堤坡面和圆锥坡面同高程等高线的交点,即坡面交线,如图5-46(b)所示。

(3)118 m的等高线即是两堤坡面和圆锥坡面的坡边线,擦除其余等高线,描深坡边线,如图5-46(c)所示。

(4)画出示坡线,标注高程和坡度值,整理图形,如图5-46(d)所示。

【例5-4】 图5-47所示为水库堤坝的轴测图,堤坝地址处原地形图如图5-48所示,在该地形图上绘制堤坝的标高图。

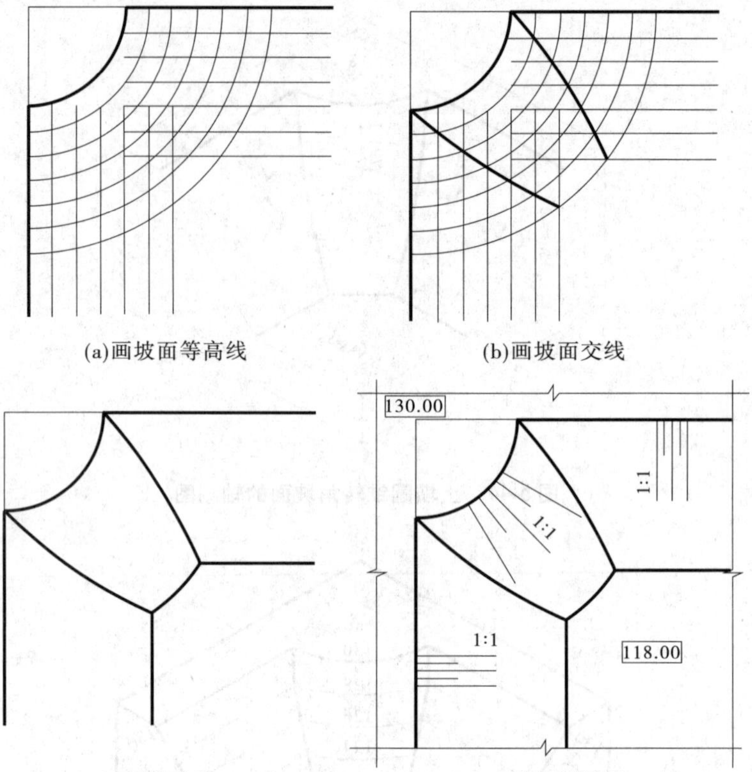

(a)画坡面等高线　　(b)画坡面交线

(c)画坡边线　　(d)整理图形

图 5-46　土坝圆锥转角处标高图画法

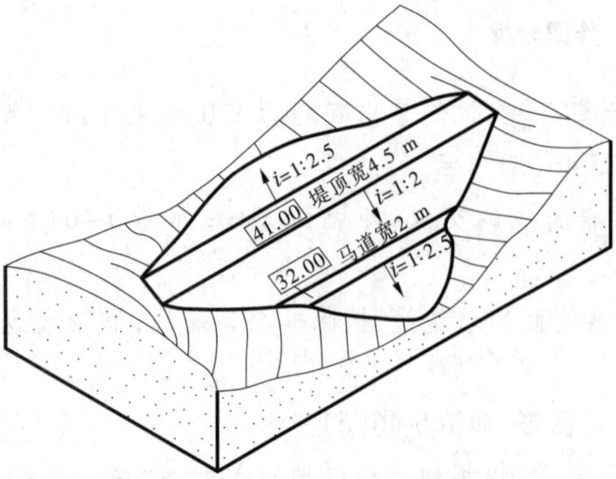

图 5-47　水库堤坝的轴测图

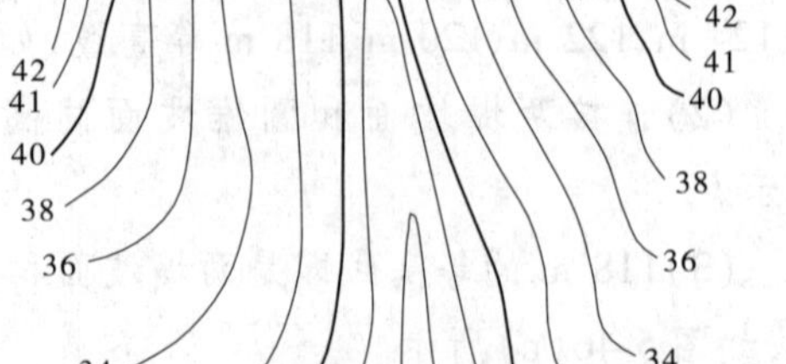

图 5-48　堤坝地址处原地形图

分析：由于地形面是不规则曲面，所以坡边线为不规则曲线，在画地形面上的坡边线时，先求出堤坝坡面上的系列等高线与地形面上同高程等高线的交点，然后依次连接，如图5-49所示。

作图步骤：

(1) 画出41 m高程的坝顶边线及马道边线，如图5-50所示。

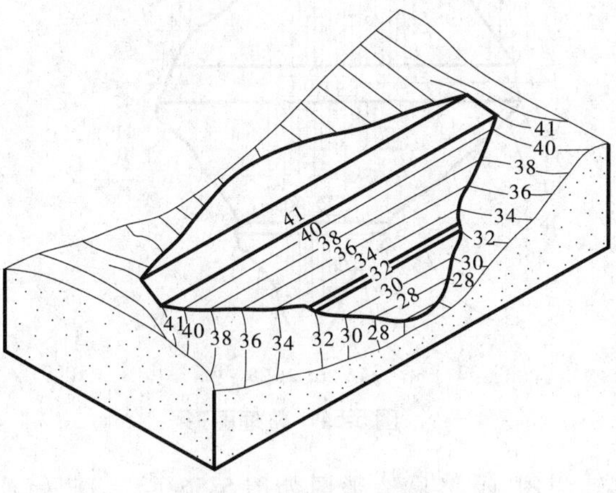

图5-49 作图分析

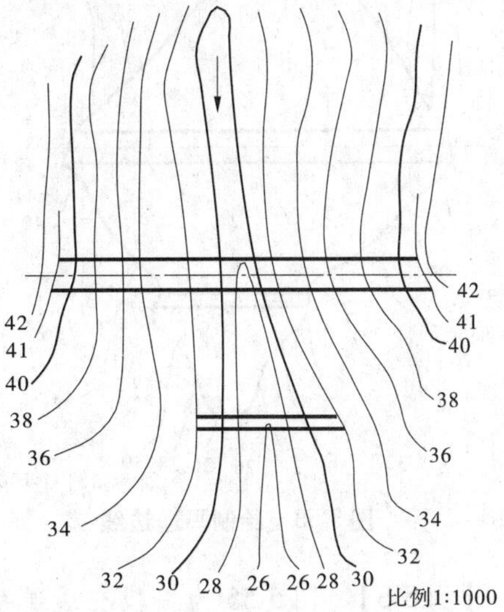

图5-50 绘制坝顶边线

(2) 画出堤坝上、下游坡面上40 m、38 m、36 m、34 m、32 m、30 m、28 m、26 m高程的等高线，如图5-51所示。

(3) 分别连接上下游堤坝坡面上与地形面上同高程等高线的交点，即堤坝上、下游的坡边线，如图5-52所示。

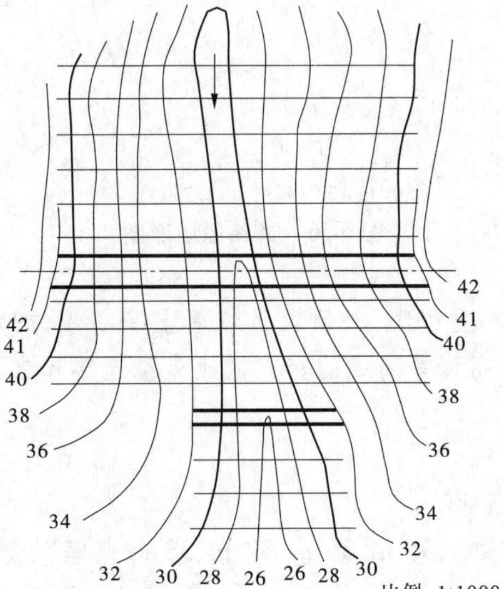

图5-51 绘制坝坡上等高线

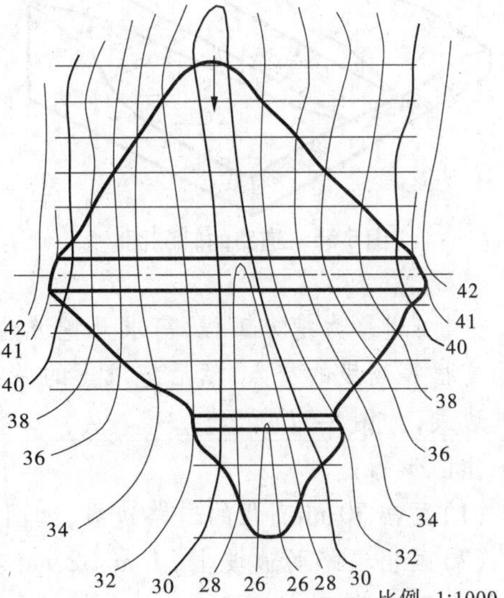

图5-52 绘制堤坝坡边线

(4) 去除坡面线之内的地面高程线和堤坝坡面上的高程线，如图 5-53 所示。

(5) 画出示坡线，注写高程、坡度和比例，如图 5-54 所示。

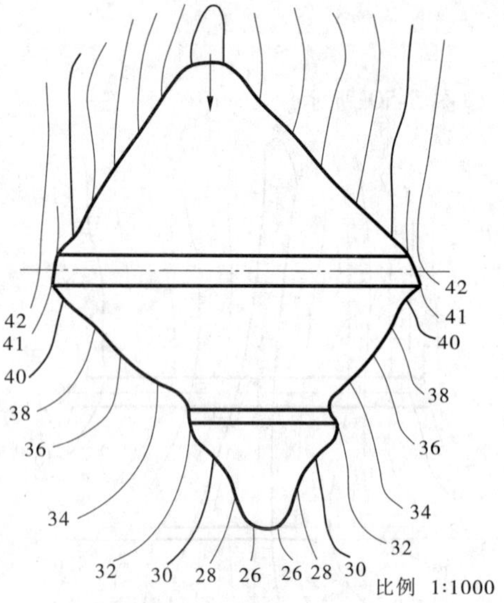

图 5-53　绘制马道边线

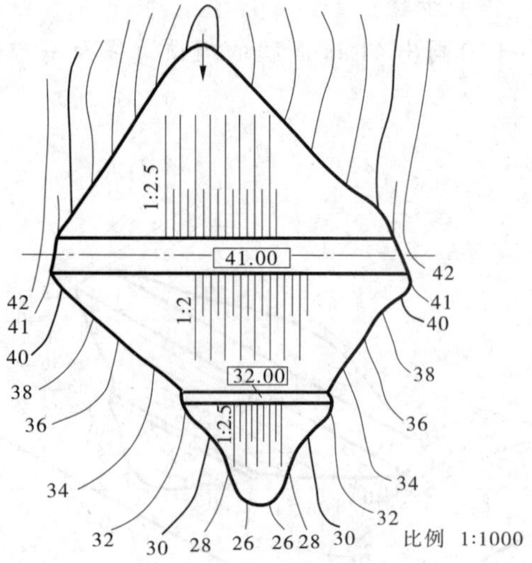

图 5-54　整理图形

【例 5-5】　图 5-55 为一段交通道路的轴测图，道路原地形图如图 5-56 所示，已知地面等高线、路面宽度、路面高程、开挖边坡坡度，绘制其标高图。

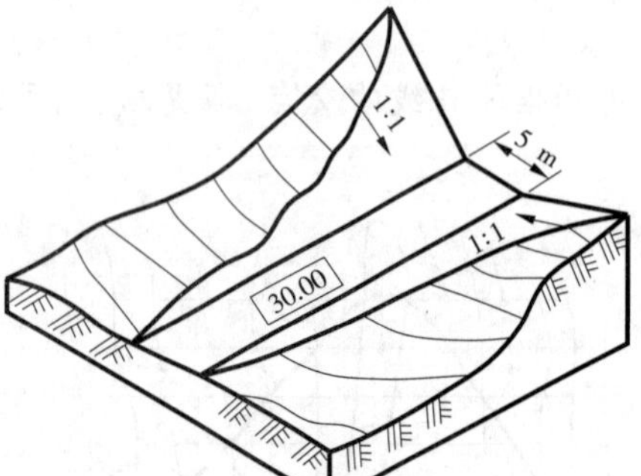

图 5-55　道路的轴测图

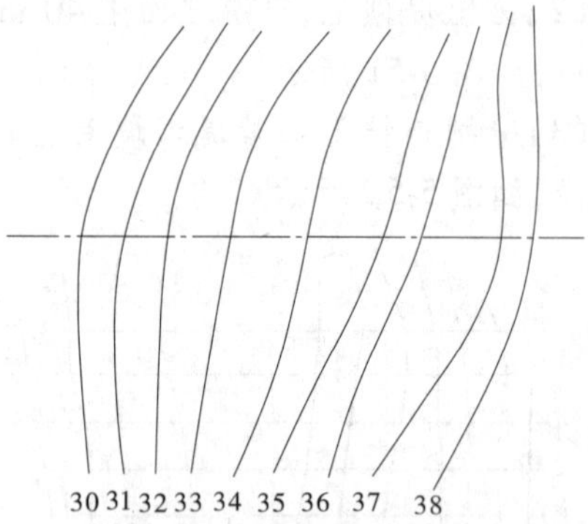

图 5-56　道路原地形图

分析：道路为挖方工程，需求开挖坡边线。画坡边线，必须求得坡面上等高线与地面上同高程等高线的交点，然后把求出的一系列同高程等高线的交点依次光滑连接起来，即得坡边线，如图 5-57 所示。

作图步骤：

(1) 画出 30 m 高程的道路边线，如图 5-58 所示。

(2) 画出道路两边坡上 31 m、32 m、33 m、34 m、35 m、36 m、37 m、38 m 高程的等高线，如图 5-58 所示。

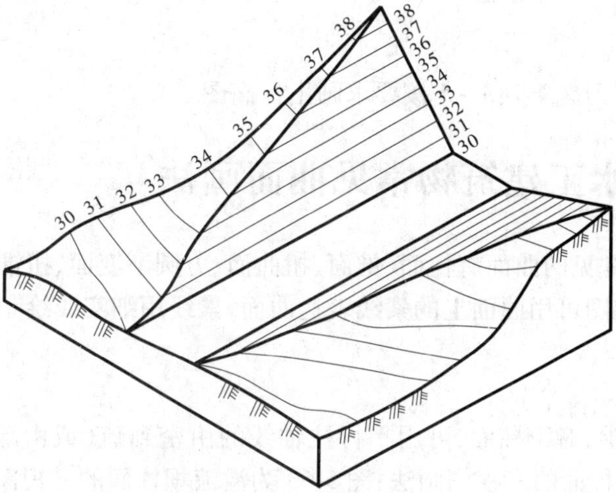

图5-57　作图分析

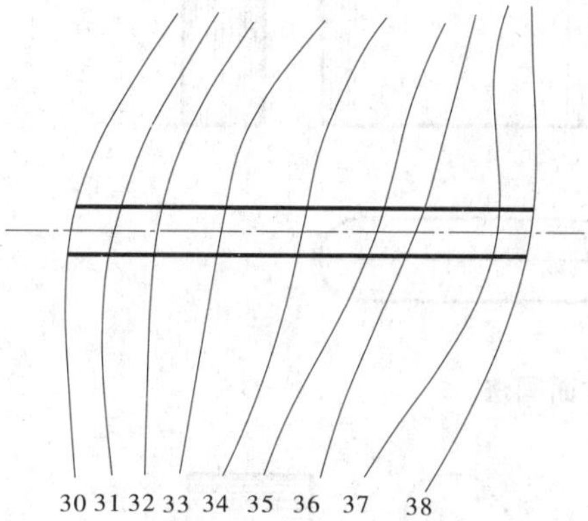

图5-58　道路的标高投影

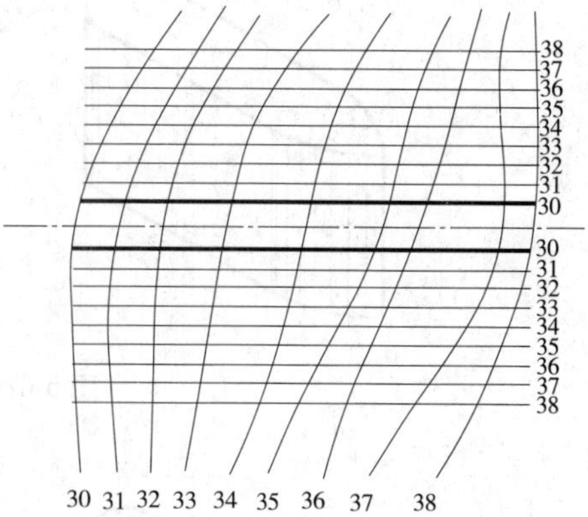

图5-59　绘制道路两边坡上的等高线

(3)分别连接道路两边坡面上与地形面上同高程等高线的交点,即道路两边的坡边线,如图5-60所示。

(4)画出示坡线,注写高程、坡度和比例,如图5-61所示。

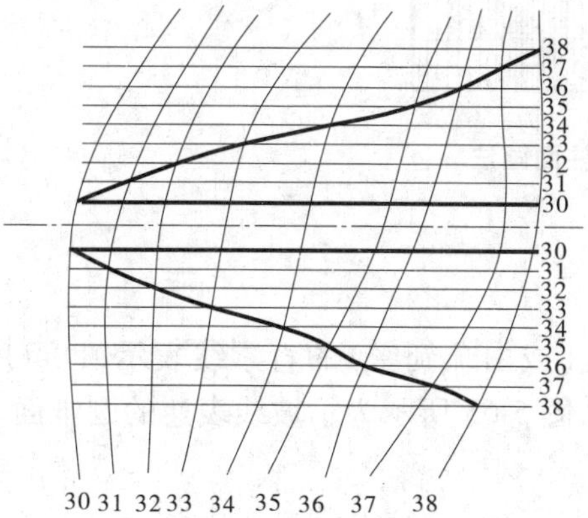

图5-60　绘制坡边线

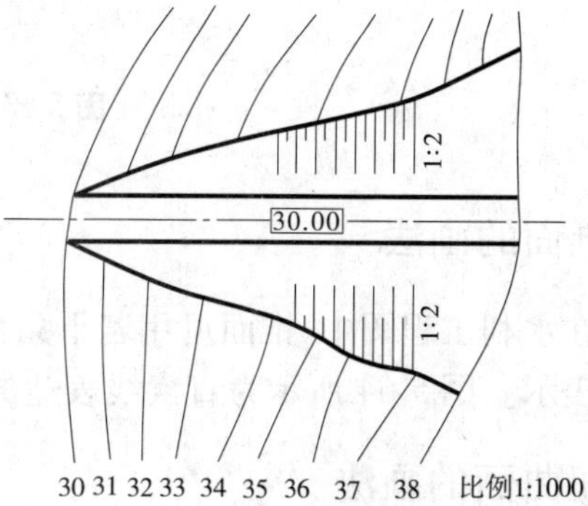

图5-61　整理图形

5　实训任务

《水利工程制图习题集》:5－5 按要求画出标高图。

任务 5　水工建筑物常见曲面画法

水工建筑物中常见的曲面有柱面、锥面、扭曲面、方圆渐变面、扭锥面和扭柱面等。制图标准规定:曲面视图可用曲面上的素线表达曲面,素线用细实线绘制。

1　柱面的画法

在水利工程图中,对于柱面,可用平行柱轴线的由密到疏(或由疏到密)的直素线表达。图 5-62 为桥墩柱面的三视图画法;图 5-63 为溢流坝柱面的三视图画法。

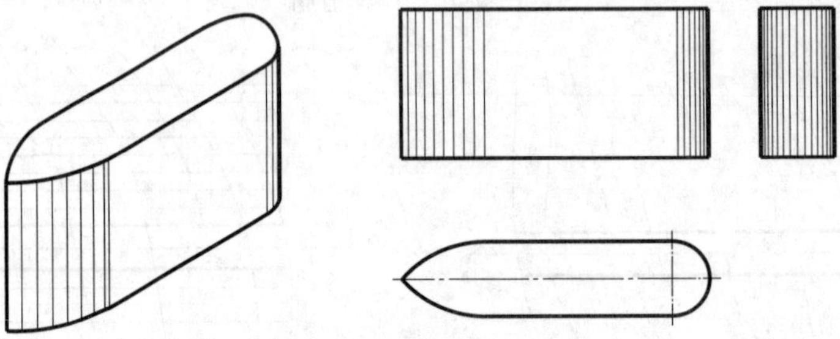

图 5-62　桥墩柱面画法

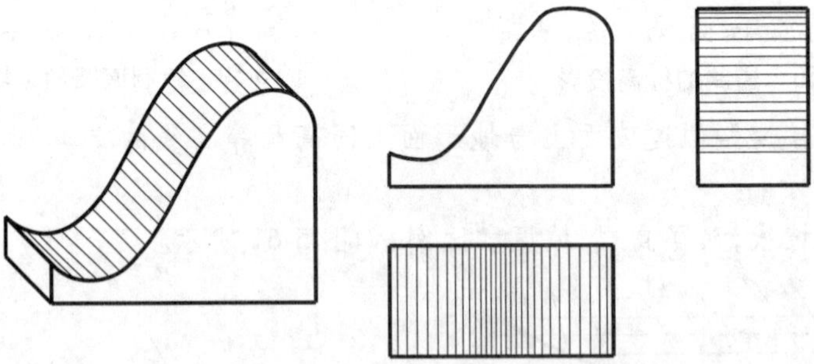

图 5-63　溢流坝柱面画法

2　锥面的画法

在水利工程图中,锥面可用若干条由密到疏(或由疏到密)的直素线表示,也可用示坡线表示。图 5-64 所示为直素线表达的圆锥面,图 5-65 所示为示坡线表达的圆锥面。

3　扭曲面的画法

常见渠道的断面一般为梯形,而水闸的过水断面常为矩形。当水渠与闸门连接时,为

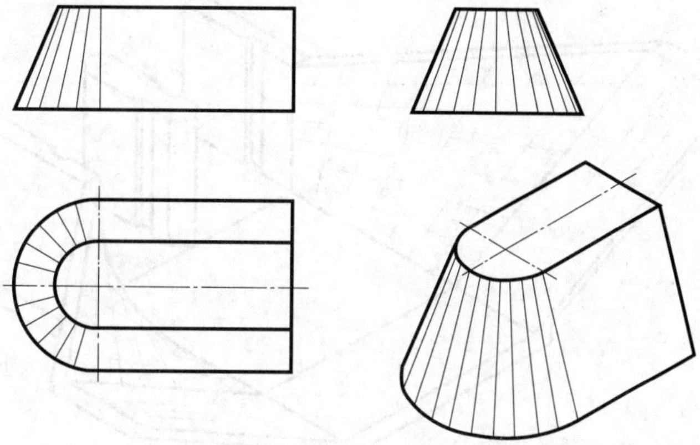

图5-64　圆锥面素线画法

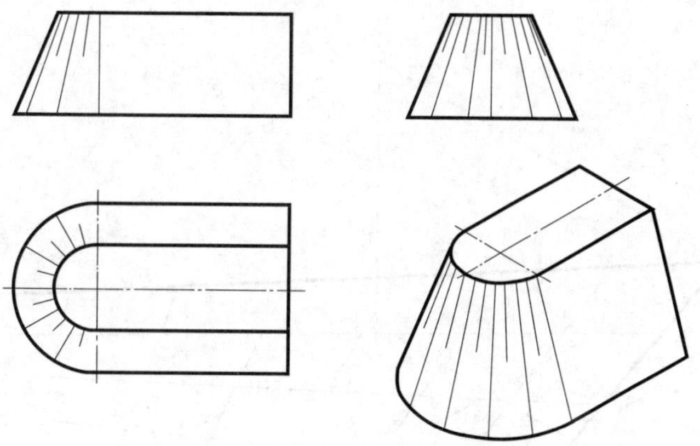

图5-65　圆锥面示坡线画法

使水流有一个平顺的过渡，在水渠的倾斜面和闸门的铅垂面之间常用一个光滑扭曲面过渡，这个过渡段称为扭曲面过渡段。扭曲面过渡段挡水墙过水的一面称内扭面，背水的一面称外扭面，如图5-66所示。

3.1　扭曲面的形成

扭曲面是一条直母线沿着两条交叉直导线移动，并始终平行于一个导平面所形成的曲面。图5-67所示扭曲面，可以看作是直母线 *AC* 沿着直导线 *AB* 和 *CD* 移动，并始终平行于导平面 *H* 面（水平面）所形成的曲面。也可以看成是直母线 *AB* 沿导线 *AC* 和 *BD* 移动，并始终平行于 *W* 面（侧平面）所形成的曲面。

在扭曲面形成过程中，母线运动到某一位置时的轨迹称为扭曲面上的素线。由于扭曲面有上述两种形成方式，故在扭曲面上有两组素线，即一组水平素线，一组侧平素线。

3.2　扭曲面的三面投影

在水利工程图中，扭曲面除要画出各边线的投影外，还应用细实线画出素线的投影。制图标准规定：扭曲面在正视图和俯视图中只画水平素线，在左视图上只画侧平素线。

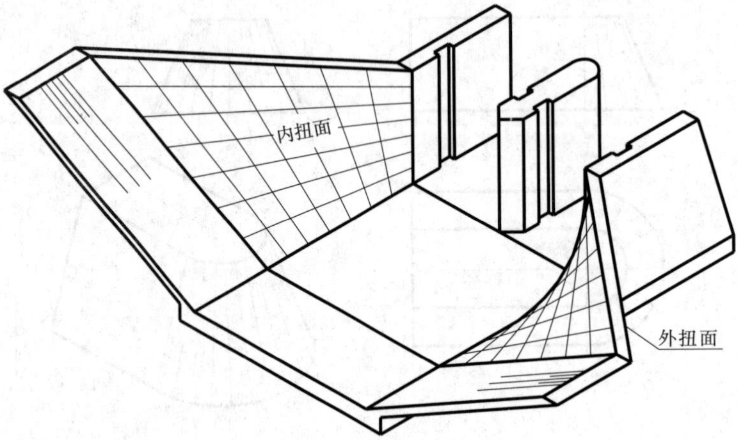

图 5-66　渠道扭曲面过渡段

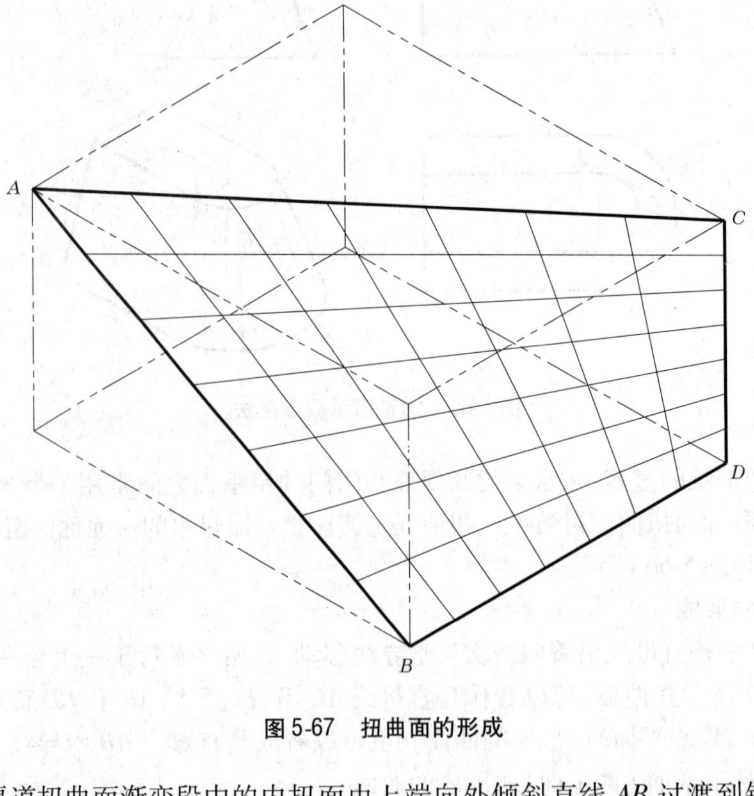

图 5-67　扭曲面的形成

通常,渠道扭曲面渐变段中的内扭面由上端向外倾斜直线 *AB* 过渡到铅垂直线 *CD*,其三面投影如图 5-68所示。

渠道扭曲面渐变段中的外扭曲面靠近闸墩的一边有时设计为较宽大的基础结构,则扭曲面由上端由向外倾斜直线 *AB* 过渡到上端向内倾斜直线 *CD*,其三面投影如图 5-69所示。

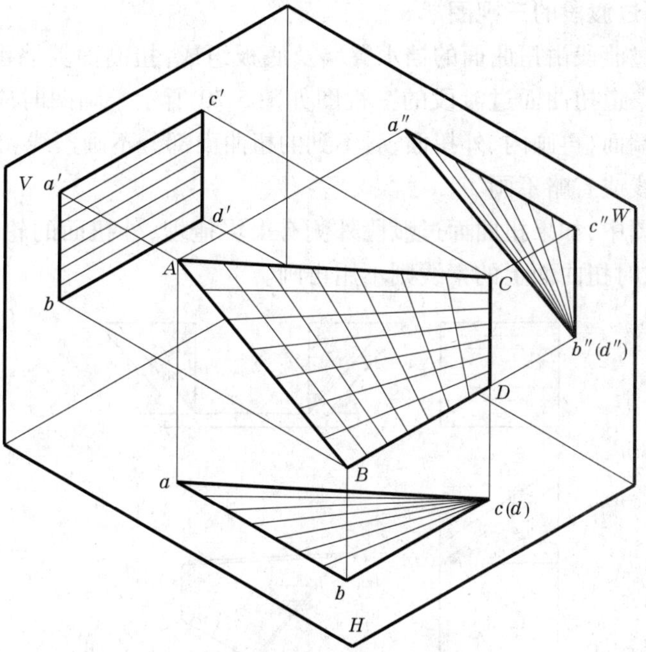

图 5-68　渠道内扭曲面的三面投影

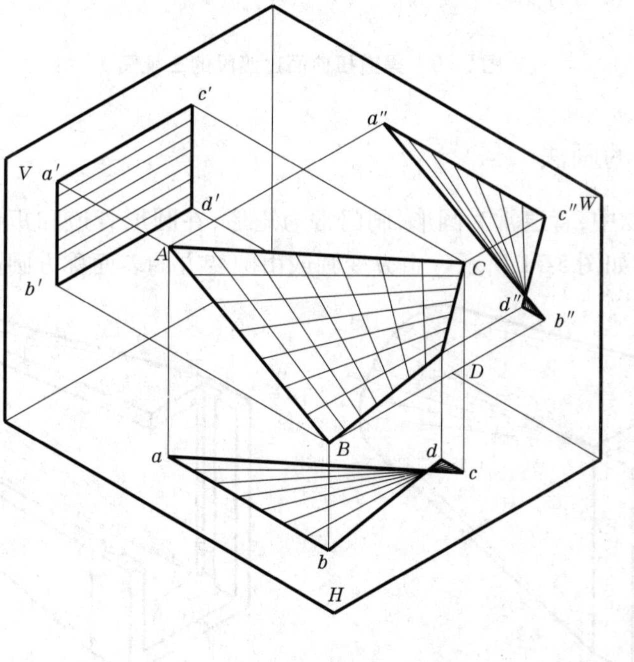

图 5-69　渠道外扭曲面的三面投影

3.3　渠道扭曲面过渡段的三视图

渠道扭曲面过渡段由扭曲面的挡水翼墙及底板组成，扭曲面翼墙由两端面、内扭面、外扭面等组成。渠道扭曲面过渡段的三视图如图5-70所示。画图时应先根据尺寸确定扭曲面翼墙的两端面，再画内、外扭面，看不到的扭曲面部分不画素线，看不到的轮廓线根据需要可画出虚线或省略不画。

在水利工程图中，如果扭曲面过渡段外侧有渠堤掩埋，外扭面的轮廓线在俯、左视图中可画成虚线，这时扭曲面上的素线则不用再画。

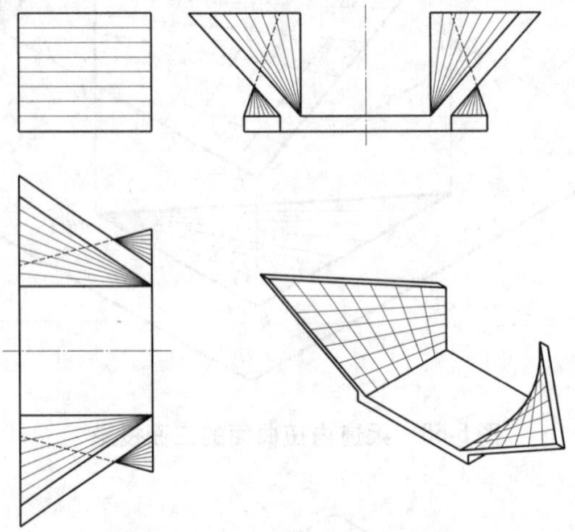

图5-70　渠道扭曲面过渡段的三视图

4　方圆渐变面的画法

在水工建筑物中，管道常为圆形，闸门常为矩形，在圆形管道和矩形闸门连接时常用方圆渐变段过渡，如图5-71所示。由方变圆或由圆变方的表面称方圆渐变面。

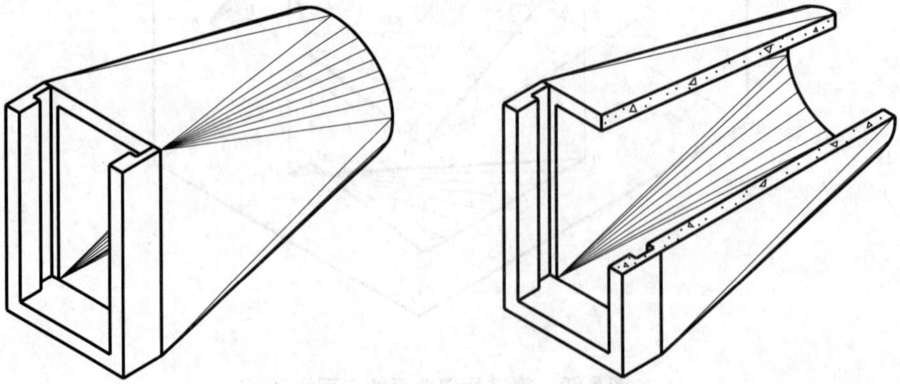

图5-71　连接闸门和管道的方圆渐变段

4.1 方圆渐变面的组成

方圆渐变面由四个三角形平面和四个斜圆锥面组成,如图5-72所示,矩形的四个顶点是四个斜圆锥面的锥尖点,方圆渐变面的端面圆是四个斜圆锥面的底面圆。

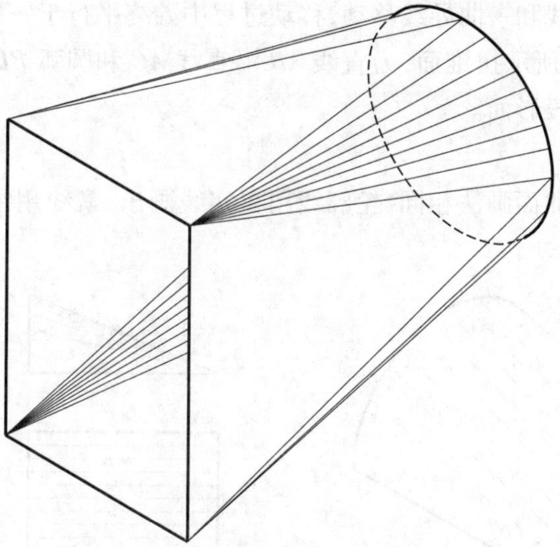

图5-72 方圆渐变面的组成

4.2 方圆渐变面的三视图

方圆渐变面的三视图如图5-73所示,方圆渐变面的轮廓形状用粗实线画,斜圆锥面上的素线用细实线画出,平面与斜圆锥面的分界线用细实线画出。

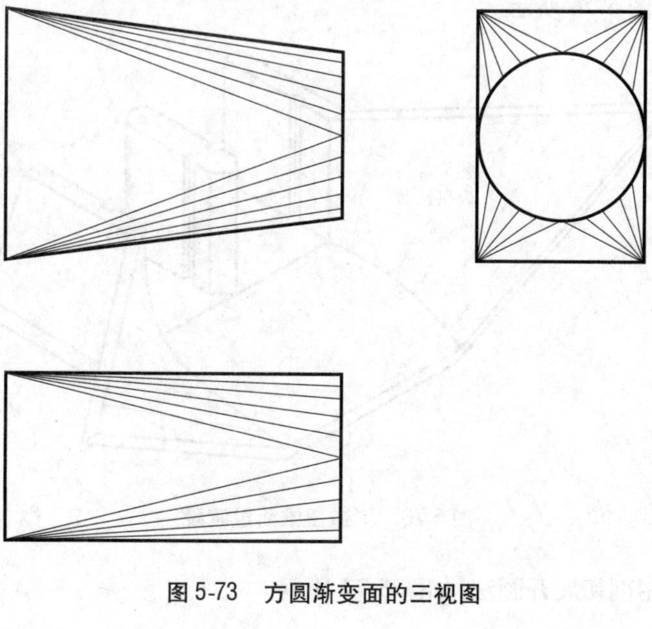

图5-73 方圆渐变面的三视图

5　扭锥面的画法

5.1　扭锥面的形成

直母线沿一直导线和一曲导线移动,移动过程中始终平行于一导平面形成的曲面,称为扭锥面。如图 5-74 所示扭锥面,为直线 *AB* 沿直线 *AC* 和圆弧 *BD* 移动,移动过程中形成的素线平行于正立投影面。

5.2　扭锥面的画法

扭锥面画法与扭曲面画法相同,轮廓线用粗实线画出,素线用细实线画出,如图 5-75 所示。

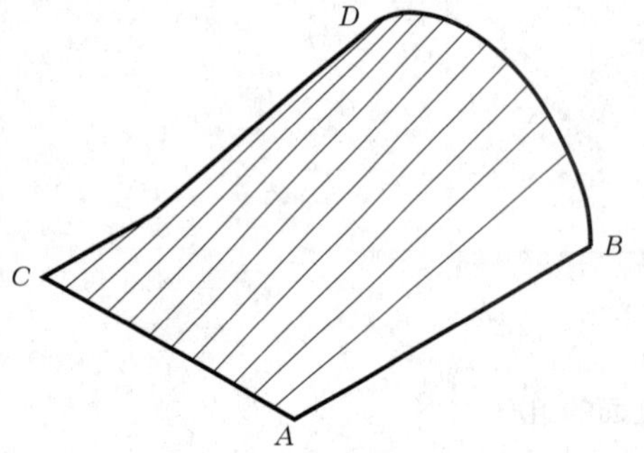

图 5-74　扭锥面的形成

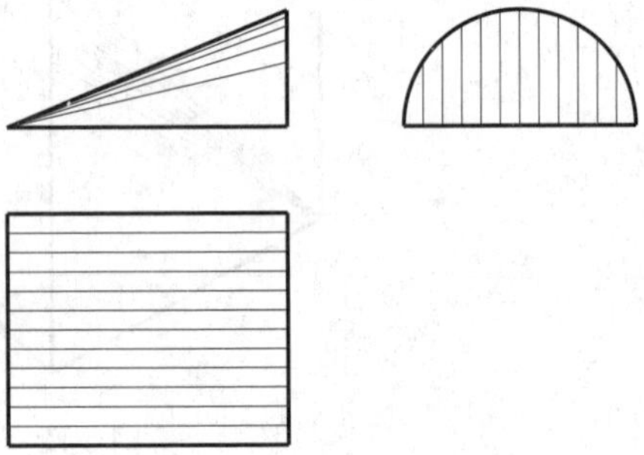

图 5-75　扭锥面的画法

5.3　渠道扭锥面段的画法

梯形断面渠道与矩形断面闸室连接时,如果渠道水流方向有一定的弧度,则连接段可设计为扭锥面,如图 5-76 所示。

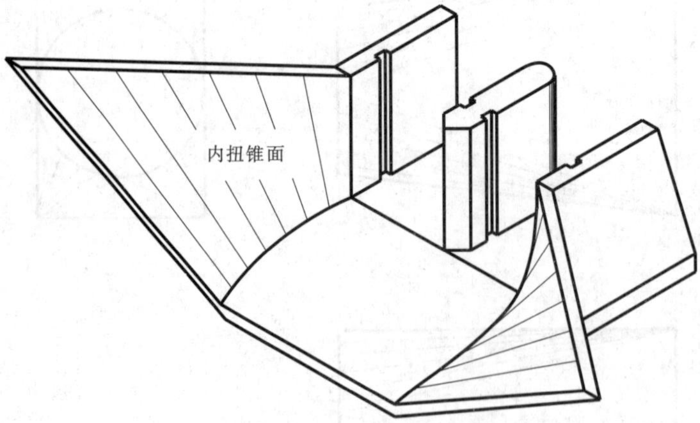

图 5-76　渠道扭锥面过渡段

扭锥面段采用剖切展开画法,如图 5-77 所示。

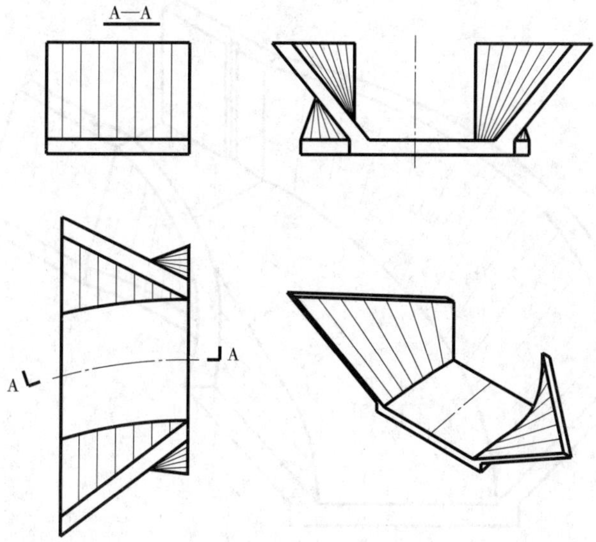

图 5-77　渠道扭锥面段的画法

6　扭柱面的画法

6.1　扭柱面的形成

直母线沿不在同一平面的两条曲导线移动,移动过程中始终平行于一导平面而形成的曲面,称为扭柱面。如图 5-78 所示扭柱面,为直线 *AC* 沿曲导线 *AC* 和 *BD* 移动,且移动过程中的每条素线平行于正立投影面所形成的曲面。

6.2　扭柱面的画法

扭柱面画法与扭曲面画法相同,轮廓线用粗实线画出,素线用细实线画出,如图 5-79 所示。

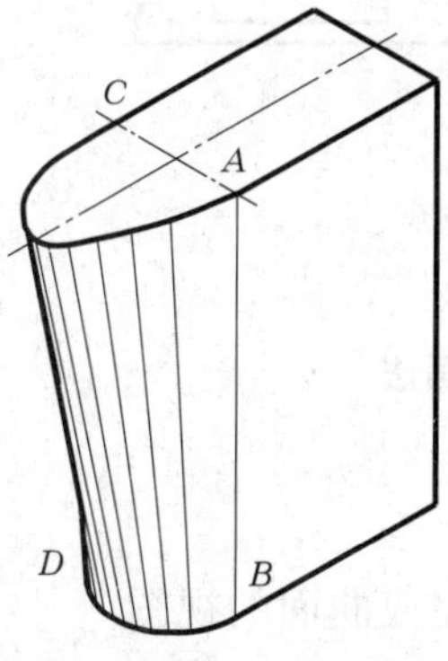

图 5-78　扭柱面的形成

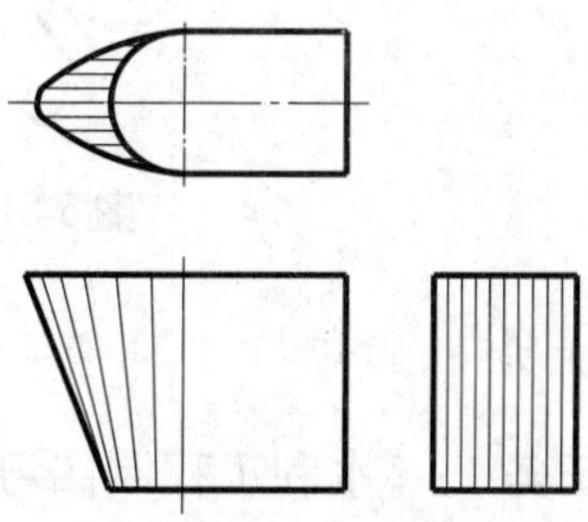

图 5-79　扭柱面的画法

6.3　渠道扭柱面过渡段的画法

梯形断面渠道与矩形断面闸室连接时,如果渠道方向有一定的弧度,则连接段也可设计为扭柱面,这样的设计水流更平顺,但施工放样难度增大,如图 5-80 所示。

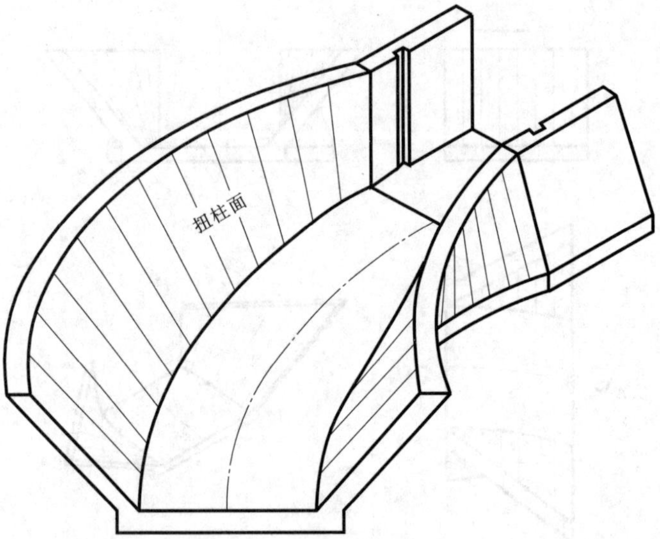

图 5-80　渠道扭柱面过渡段

扭柱面过渡段采用剖切展开画法,如图 5-81 所示。

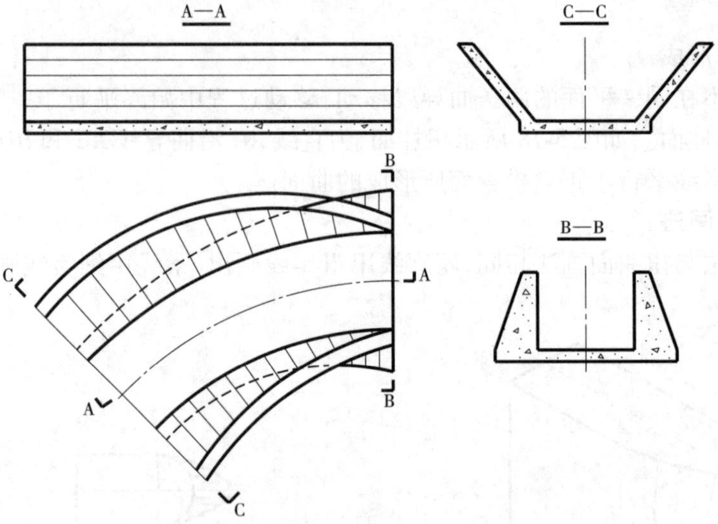

图 5-81　渠道扭柱面过渡段的画法

7　实训任务

实训任务 1:《水利工程制图习题集》:5 –6 按要求完成曲面的视图。

实训任务 2:渠道与渡槽过渡段的轴测图与结构尺寸如图 5-82 所示,用 A4 图纸绘制其三视图。

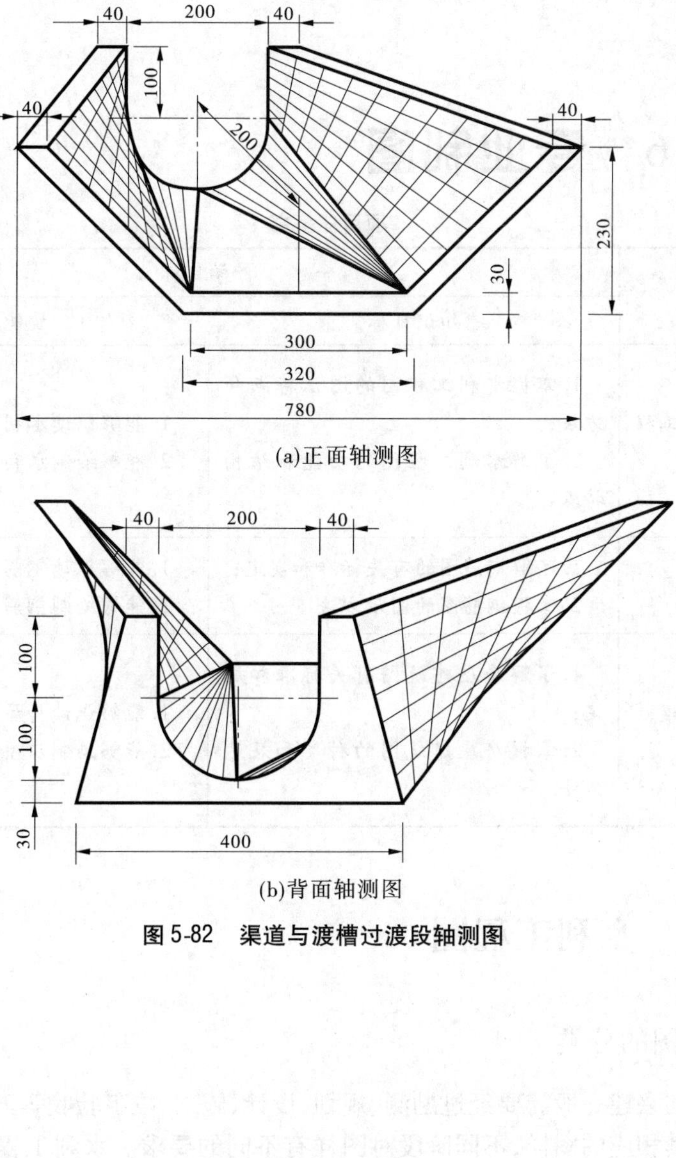

图 5-82　渠道与渡槽过渡段轴测图

项目 6 专业制图

项目任务书

教学任务	教学目标	
	知识目标	技能目标
任务 1 水利工程图	1. 掌握水利工程图的图示特点和方法； 2. 了解水利工程图的功能和结构特点	1. 能够识读水利工程图； 2. 能够绘制水利工程图
任务 2 钢筋图	1. 了解钢筋图的有关标准和规定； 2. 掌握钢筋图的图示方法	1. 能够识读钢筋图； 2. 能够绘制钢筋图
任务 3 房屋建筑施工图	1. 了解房屋建筑图有关标准和规定； 2. 掌握房屋建筑图的种类和表达方法	1. 能够识读房屋建筑施工图； 2. 能够绘制房屋建筑施工图

任务 1 水利工程图

1 水利工程图的分类

水利工程的兴建一般需要经过勘测、规划、设计、施工、竣工验收等五个阶段。每个阶段都需要绘制其相应的图样，不同阶段对图样有不同的要求。水利工程图根据兴建水利工程的不同阶段和设计内容分为勘测图、规划图、水工建筑图、钢筋图、金属结构图等。

1.1 勘测图

勘测阶段绘制的图样称为勘测图，一般包括地质构造图和地形图。勘测图由勘探和测量人员提供，是水工设计最原始的资料。勘测图通常用专业图例和地质符号表示，具体内容参阅《水利水电工程制图标准　勘测图》(SL 73.3—2013)。

1.2 规划图

用于表示水利水电工程地理位置、流域水系及水文测站布置、河流梯级规划、水库移民征地、水土保持规划等信息的图样称为规划图，如流域规划图、灌区规划图、水资源综合利用规划图等。

1.3 水工建筑图

用于表示为开发、利用和保护水资源,减免水害及兴利等目的而修建的建筑物图样称为水工建筑图,简称水利工程图。它包括枢纽总布置图、施工总平面图、建筑物结构图等。

1.3.1 枢纽总布置图

在水利工程中,为了充分利用水资源,达到兴利除害、综合利用的目的,由几个不同类型的水工建筑物有机地组合在一起协同工作的综合体称为水利枢纽。用于表示水利枢纽中各主要建筑物的平面形状和位置的图样称为枢纽总布置图,包括总平面图、上游或下游立视图、典型剖视(断面)图等。常见的水利枢纽有水库枢纽、泵站枢纽等。

1.3.2 施工总平面图

施工总平面图绘有施工场地、料场、堆渣场、施工工厂设施、仓库、油库、炸药库、场内外交通、风水电线路布置等生产及生活设施,并标注名称、占地面积、场地高程。水工建筑物的平面位置应用细实线或虚线绘制。施工总平面图应标注河流名称、流向、指北针和必要的图例。

1.3.3 建筑物结构图

表达建筑物形状、大小、结构、建筑材料及各部位相对位置的工程图样称为建筑物结构图。它包括建筑物平面图、立视图、剖视图、断面图等,复杂细部应放大加绘详图。

2 水利工程图的表达方法

2.1 水利工程图中的常用符号

(1)水流方向:表示水流方向的符号,可根据需要按图6-1所示的样式之一绘制,其图线宽可取0.35~0.5 mm,图中的“B”值可取10~15 mm。河流水流方向宜自上而下或自左向右。

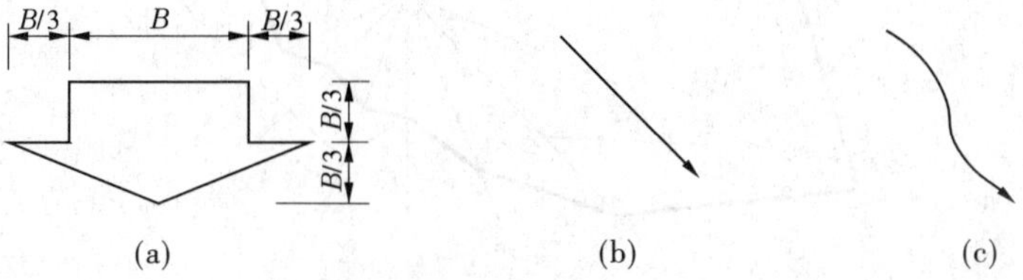

图6-1 水流方向符号

(2)指北针:平面图中的指北针可根据需要按图6-2所示的样式之一绘制,其位置一般在图的左上角或右上角,图线宽为0.35 mm,粗线宽可取0.5~0.7 mm,图中的“B”值可取16~20 mm。

(3)对称符号:图形的对称符号可按图6-3所示用细实线绘制,其中对称线两端的平行线长度为6~8 mm,平行线间距为2~3 mm。

(4)风向频率图:风向频率图应按16个方向绘出,如图6-4所示,实线表示年风向频率,虚线表示夏季风向频率,点画线表示冬季风向频率,θ角为建筑物坐标轴与指北针的方向夹角。

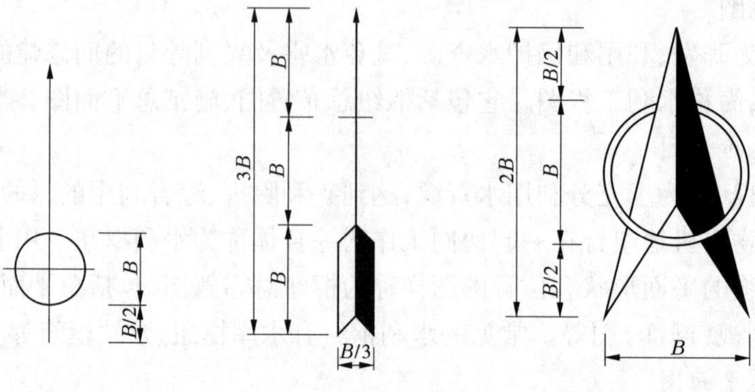

(a)　　(b)　　(c)

图 6-2　指北针

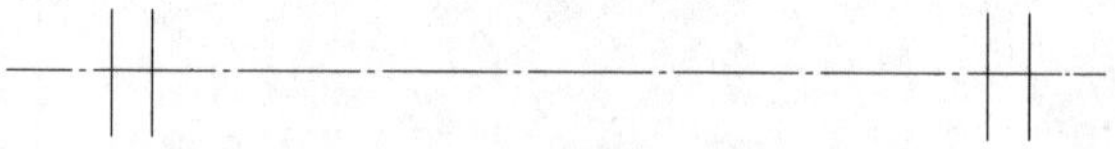

图 6-3　对称符号

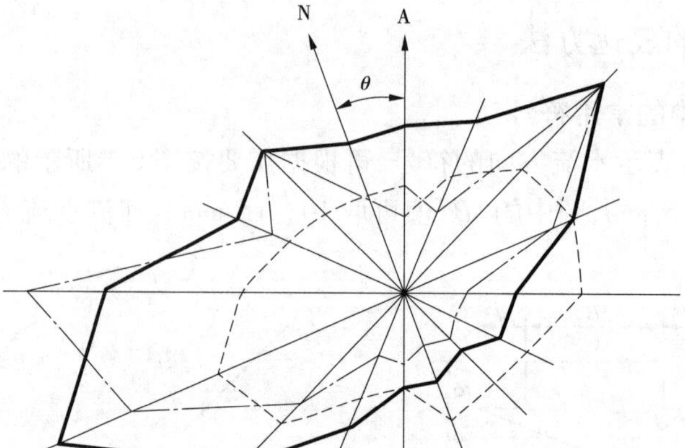

图 6-4　风向频率图

2.2　规定画法和习惯画法

2.2.1　合成视图

对称或基本对称的图形,可将两个视向相反的视图或剖视图、断面图各画一半,并以对称线为界合成一个图形,这样合成的图形称为合成视图。如图 6-5 中的 A—A、B—B 所合成的视图。

2.2.2　拆卸画法

当视图、剖视图中所要表达的结构被另外的次要结构或填土遮挡时,可假想将其拆卸或掀掉,然后进行投影。如图 6-6 所示平面图中桥面板、闸门和填土被假想拆卸,故闸墩及基础、闸门槽变为可见。

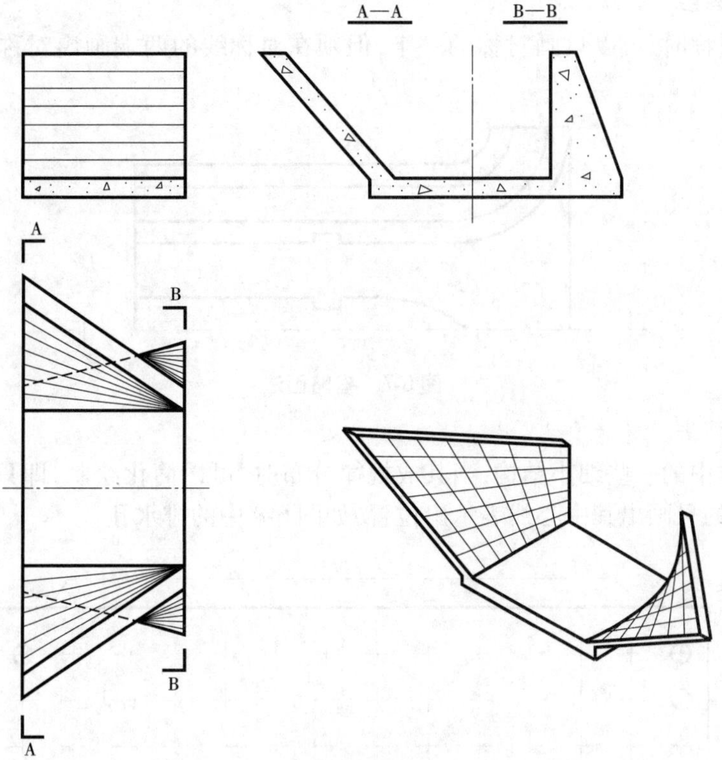

图 6-5　扭面过渡段的合成视图

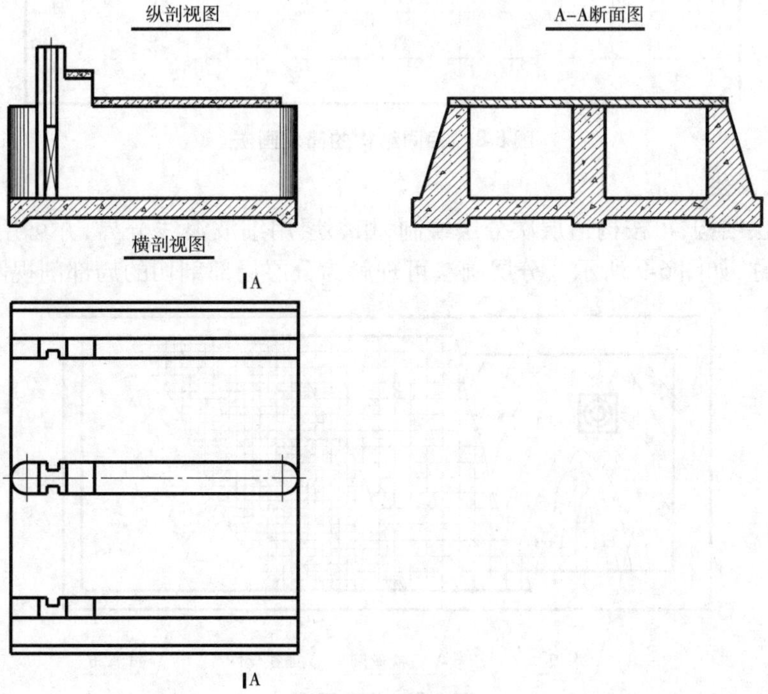

图 6-6　拆卸画法

2.2.3 省略画法

当图形对称时，可以只画对称的一半，但须在对称线的两端画出对称符号，如图 6-7 所示。

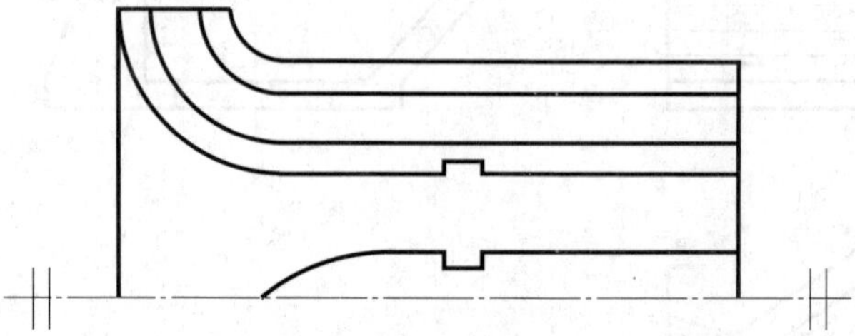

图 6-7 省略画法

2.2.4 简化画法

对于图样中的一些细小结构，当其成规律分布时，可以简化绘制，即只画出其中的少数几个，其余的只画出其中心线表示出位置，如图 6-8 中的排水孔。

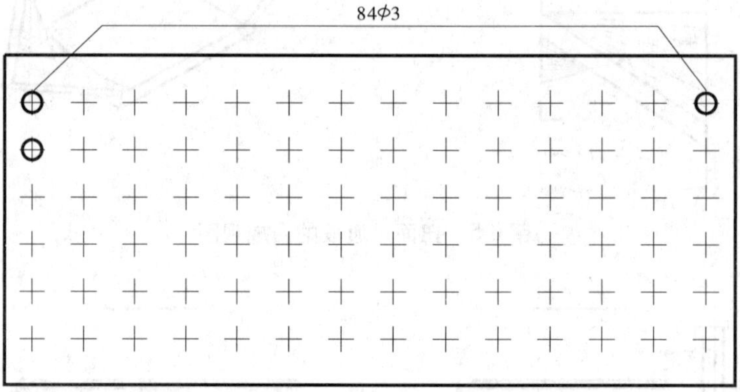

图 6-8 相同结构的简化画法

2.2.5 分层画法

对于多层结构，可按构造层次分层绘制，相邻层用细波浪线分界，并可用文字注写各层结构的名称，如图 6-9 所示。分层画法可理解为分层局部剖切的局部剖视图。

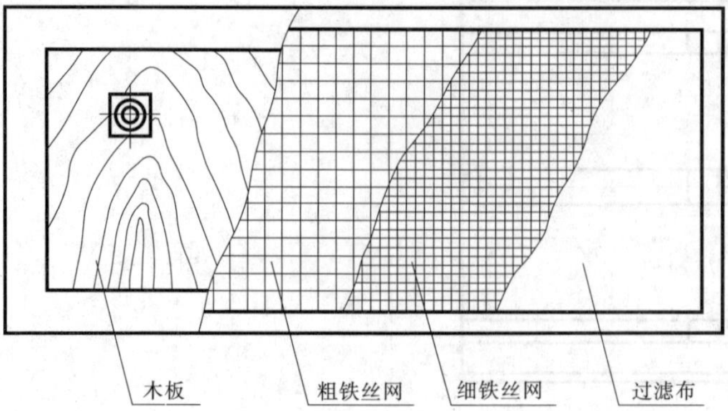

图 6-9 分层画法

2.2.6 断开画法

长度方向形状相同或按一定规律变化的较长构件,允许将其断开绘制,只画物体的两端,在断开处用折断线表示,如图6-10所示。

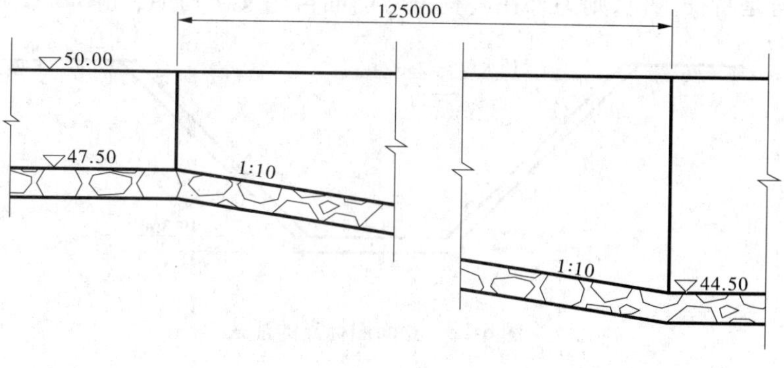

图6-10 断开画法

2.2.7 连接画法

如果受图幅所限不能完整画出,可分段画出,并用大写字母编号或相配线表示连接,如图6-11所示。

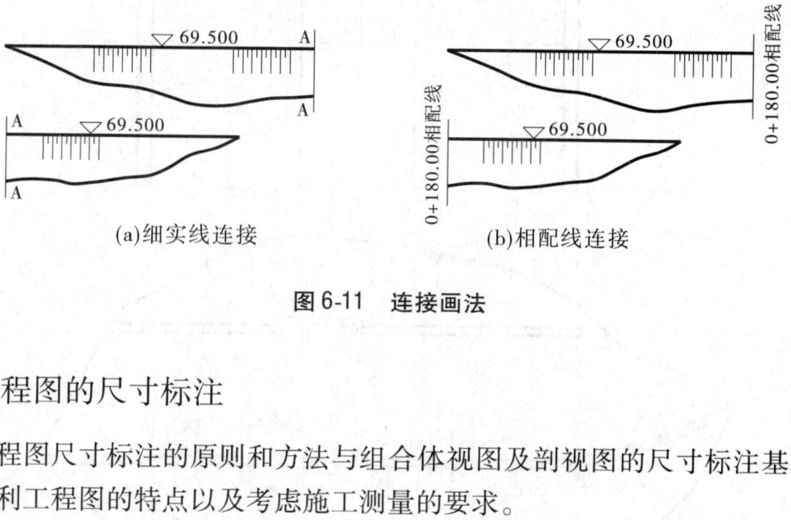

图6-11 连接画法

3 水利工程图的尺寸标注

水利工程图尺寸标注的原则和方法与组合体视图及剖视图的尺寸标注基本相同,但还应结合水利工程图的特点以及考虑施工测量的要求。

3.1 高度的注法

由于水工建筑物体积庞大,在施工时一般用水准测量来确定建筑物的高度,因此在水利工程图中,对较大或重要的主要表面要标注高程(也叫标高),其他次要表面的高度以此为基准标注相对高度。

3.1.1 标高的标注

标高由标高符号和高程数字组成。

标高符号在立面图和铅垂方向的剖视图、断面图中为等腰直角三角形,用细实线绘制,高度大约为数字高度的2/3。标注时,标高符号的尖端既可以向下指,也可以向上指,但符号的直角顶点必须与被标注高度的轮廓线或引出线接触,高程数字注写在标高符号的右边。若标注的是水面高程(也叫作水位),则还需在水面线下面再加画三条逐渐变短的细实线;若是特征水位,则另外在高程符号前面再用文字写明,如图6-12所示。

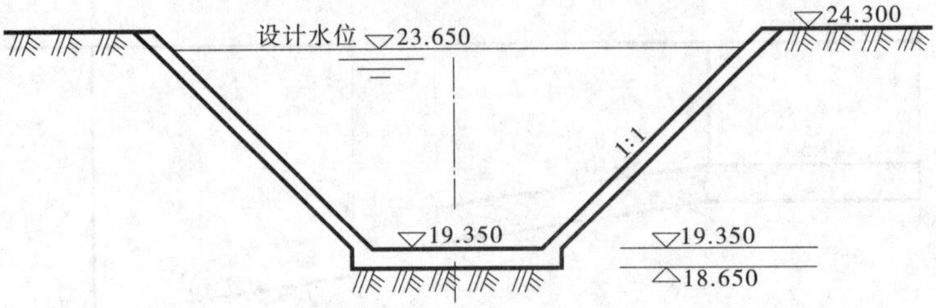

图6-12 立面图标高的注法

在平面图中,标高符号是用细实线绘制的矩形线框,高程数字注写在其中;当图形较小时,可将符号引出绘制或画在轮廓线的断开处,如图6-13所示。

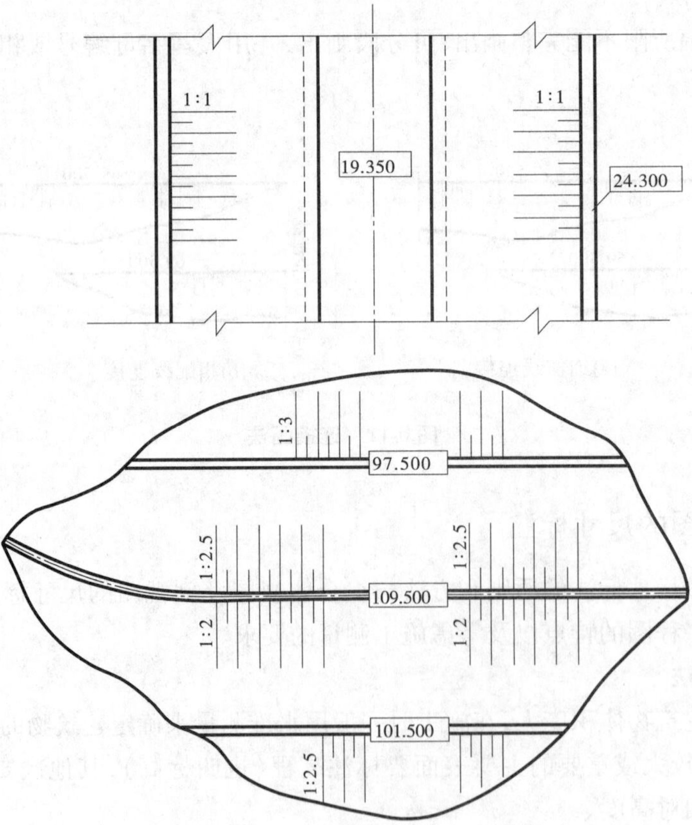

图6-13 平面图标高的注法

高程数字一律以 m 为单位，注写到小数点后三位有效数字，在总平面图中，可保留两位小数。零点高程注写成 ±0.000 或 ±0.00，正高程数字前不加“+”号，负高程数字前必须加“-”号，如“-95.000”。

3.1.2　高度尺寸的标注

水利工程图中铅垂方向的尺寸可以只注标高，也可以既注标高又注高度尺寸。如标注高度尺寸，则一般以建筑物的底面为基准。

3.2　桩号尺寸的注法

对河道、渠道、隧洞、堤坝等长度较大的建筑物，沿其轴线（中心线）方向的长度尺寸，一般采用“桩号”的形式进行标注，标注形式为 $K \pm m$，K 为公里数，m 为米数。起点桩号一般为河道、渠道、隧洞、堤坝等建筑物的进口（轴线的起始点），记作“0+000”，起点桩号之前注成 $K-m$，如“0-045”，表示该桩号点在起点之前 45 m；起点桩号之后注成 $K+m$，如“0+100”，表示该桩号点在起点之后 100 m，如图 6-14 所示。桩号数字一般垂直于轴线（中心线）方向注写，且注在轴线（中心线）的同一侧；当轴线（中心线）为折线时，转折处的桩号数字应重复标注；当平面轴线（中心线）为曲线时，桩号数字表示弧长；当同一图中几种建筑物均采用“桩号”标注时，可在桩号数字前加注文字以示区别，如图 6-14 中的“支 0+038.000”，即表示支线上该桩号距起点桩号为 38.00 m，且为弯曲轴线的弧长。

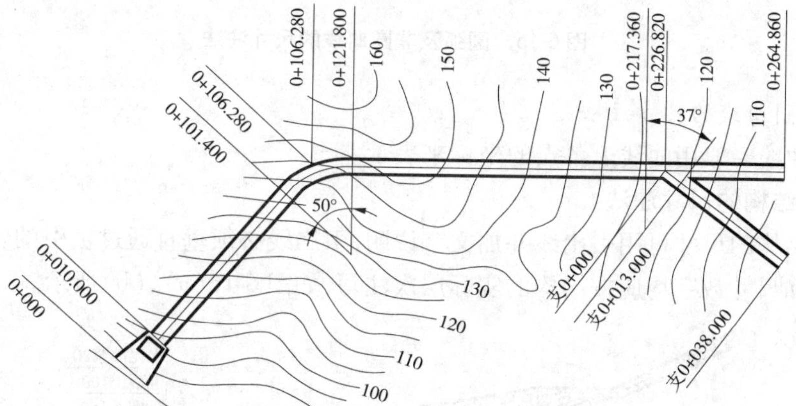

图 6-14　桩号的标注

3.3　曲线尺寸的注法

水利工程图中常见的曲线有圆弧曲线和非圆曲线，其尺寸注法如图 6-15 所示。

3.3.1　连接圆弧的尺寸注法

连接圆弧要注出圆弧所对的圆心角的角度。角的一边用箭头指到与圆弧连接的切点，角的另一边用箭头（也可以不带箭头）指到圆弧的另一端点。在指向切点的一边上注写圆弧的半径尺寸；连接圆弧的圆心、切点、端点的高程以及它们之间的长度方向尺寸，均应注出。

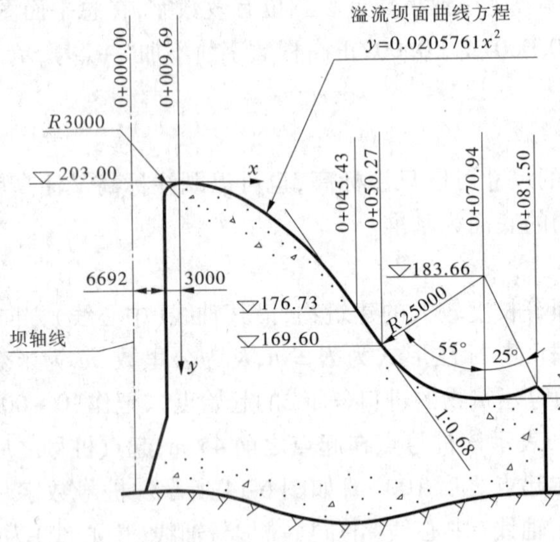

溢流坝面曲线方程　$y=0.0205761\,x^2$　(单位:m)

x	0.00	1.00	2.00	3.00	5.00	10.00	15.00	20.00	25.00	30.00	35.00	35.74
y	0.00	0.02	0.08	0.18	0.51	2.05	4.62	8.23	12.86	18.51	25.20	26.27

图 6-15　圆弧及非圆曲线的尺寸注法

3.3.2　非圆曲线的尺寸注法

非圆曲线一般用曲线上各点的坐标来表示。

3.4　多层结构的尺寸注法

多层结构的尺寸可用引出线并加文字说明，引出线必须垂直通过被引的各层轮廓线，文字说明和尺寸数字均应按结构的实际层次注写，如图 6-16(a)、(b)所示。

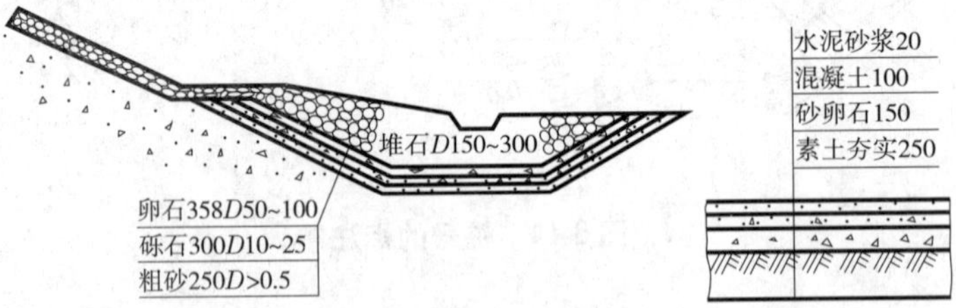

(a)　　(b)

图 6-16　多层结构的尺寸注法

3.5　关于封闭尺寸链和重复尺寸

水工建筑物的施工一般是分段进行的，因此水利工程图中要求注出各分段尺寸，并且要标注总体尺寸，这样形成的封闭尺寸链不仅允许而且需要；在视图上注了标高又注高度尺寸这是常见而允许的重复尺寸，当一个建筑物的几个视图分别画在不同的图纸上时，为了便于读图也必须标注适当的重复尺寸，因此水利工程图中根据需要允许标注封闭尺寸链和必要的重复尺寸。

4 水利工程图的识读

4.1 读图的目的和要求

读图的目的是了解工程设计的意图,以便根据设计的要求进行施工、验收和管理。因此,读图必须达到以下基本要求:

(1)了解水利枢纽所在地的地形、地理方位和河流的情况以及组成枢纽各建筑物的名称、作用和相对位置。

(2)了解各建筑物的形状、大小、详细结构、使用材料及施工的要求和方法。

4.2 读图的方法和步骤

识读水利工程图一般是由枢纽布置图看到建筑物结构图;先看主要结构,后看次要结构。对于建筑物结构图一般遵循"总体→局部→细部→总体"的循环过程,如此反复,直到看懂。

读图一般按下述四个步骤进行:

(1)概括了解。阅读标题栏及有关说明,了解建筑物的名称、作用、制图比例、尺寸单位以及施工要求等内容。

(2)分析视图。了解采用了哪些视图、剖视图、断面图和详图、剖视图以及断面图的剖切位置及投影方向,详图表达的部位,各视图的大概作用,是否采用了规定画法和习惯画法。

(3)分析形体。将建筑物分为几个主要组成部分,读懂各组成部分的形状、大小、结构以及使用材料。分解形体时可以沿水流方向分段,也可以沿高程方向将建筑物分层,还可以按地理方位或结构分建筑物为上下游、左右岸,以及外部和内部等,读图时灵活运用这几种方法。

读图时一般仍以形体分析法为主、线面分析法为辅,注意将几个视图或几张图纸联系起来一起阅读,切不可只盯住一个视图或一张图纸看。

(4)综合整理。了解各组成部分及细部结构后,根据其相对位置,综合整理整个建筑物的形状、大小、结构和使用的材料。

4.3 读图举例

【例6-1】 阅读水库枢纽布置图,见图6-17。

由图6-17可以看出,该水库枢纽布置图是将枢纽中的主要建筑物画在地形图上,以表示出其平面形状及其位置。该枢纽由挡水坝、输水涵洞、溢洪道、电站组成。枢纽所在地有南北三个山头,土坝建于南北两个山头之间,在坝的北侧建有库区管理所,在左岸山头的山坡上建有溢洪道,输水涵洞位于土坝的北侧,采用塔式取水,管理人员由工作桥进入启闭塔,输水涵洞下游建有水电站。

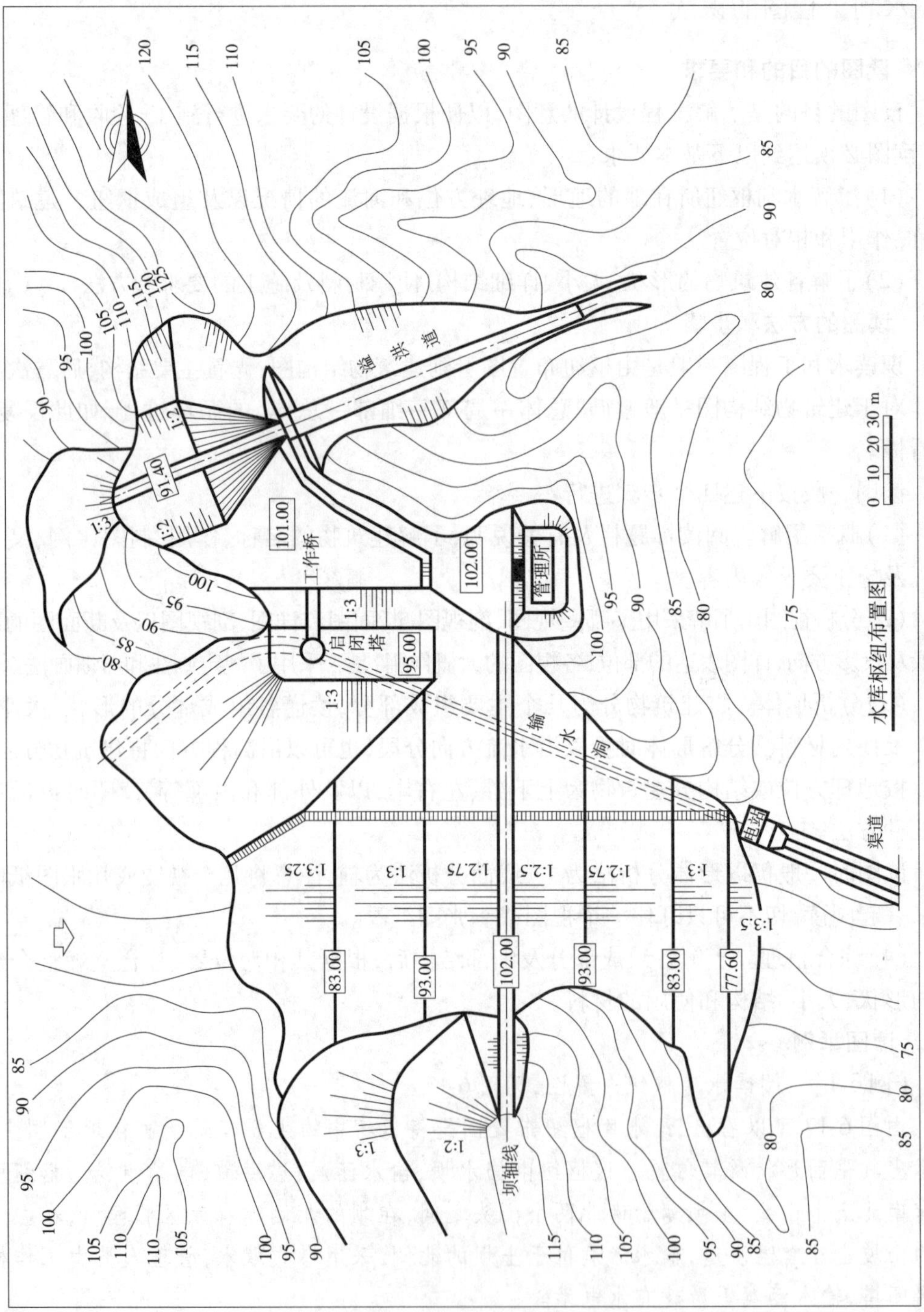

图 6-17　水库枢纽布置图

【例6-2】 阅读土坝设计图,见图6-18。

从图6-18(a)横断面图可以看出,土坝由坝身、黏土截水槽、排水体、护坡等组成。坝身为梯形断面,由砾质重壤土堆筑而成;坝顶高程为102.000 m,宽5 m;迎水坡的坡度自上而下依次是1∶2.75、1∶3、1∶3.25,用干砌块石护坡;背水坡设有两道截水沟,宽度均为1.5 m,高程分别是93.000 m和83.000 m,边坡自上而下依次是1∶2.5、1∶2.75、1∶3,用草皮护坡;坝轴线下部设黏土截水槽,以防止水流沿坝底渗透;下游坡脚处设排水体,排除渗透水;图中还标明了设计水位和设计浸润线。

坝顶详图(见图6-18(c))重点表达坝顶的结构、材料及尺寸;详图A(见图6-18(d))表达上游坝脚的结构及尺寸;排水体详图(见图6-18(b))则表达排水体的结构及尺寸。

【例6-3】 阅读溢流坝断面图,见图6-19。

从溢流坝断面图可以看出,坝体上游为C45混凝土防渗面板,下部厚度为800 mm,上部厚度为500 mm;坝体下游为C45钢筋混凝土护坡,厚度为500 mm;坝身为5号水泥砂浆浆砌块石,坝身下游处为7.5号水泥砂浆浆砌条石;坝身下部为C40混凝土防渗基础,厚度到坚硬基石层,为2 m左右;上游坝基下进行帷幕灌浆防渗。坝体基底高程为460.50 m,坝顶高程为481.60 m,坝高约为21 m。

【例6-4】 阅读水闸设计图,见图6-20。

由图6-20可知,本水闸设计图由平面图、纵剖视图、上游立面图、下游立面图、A—A断面图、B—B断面图、C—C断面图和D—D断面图组成。

本闸门设计图共有四段,从左至右分别是进水段、闸室段、出水段、渠道护坦段。

平面图采用了拆卸画法,将工作桥、交通桥、闸门拆去,重点表达上述四段的位置及尺寸。由平面图可看出,闸室段长度7000 mm,共有两孔闸门,闸孔总宽度为6000 mm,闸底板高程3.5 m;进水段为八字形渐变结构,长度为3800 mm,敞口宽度9800 mm;出水段为扭曲面渐变结构,底部高程3.1 m,与闸室连接处有1∶4斜坡过渡;渠道护坦段底部有反滤孔。

由图6-20(b)看出,进水段底部水平,高程为3.5 m,进水段挡水墙顺坡倾斜,最高处高程为5.8 m;闸室段闸墩上部高程为5.8 m,工作桥墩上部高程为6.5 m,闸门槽墩上部高程7.7 m,中墩左边迎水面上部为三棱锥形,下部为三棱柱形,中墩右边背水面上部为圆锥形,下部为圆柱形,闸室底板厚度为500 mm;出水段底部设有消力坎,深度为400 mm;护坦段底部反滤层有三层,分别为:中石子200 mm、小石子150 mm、砂子150 mm,冒水孔采用简化画法,直径为50 mm,间距为1180 mm。

上游立面图主要表达了水闸进水段的八字形结构。下游立面图表达了出水段护坦与扭曲面的结构。上、下游立面图中可以看出闸孔上、下游的全貌。

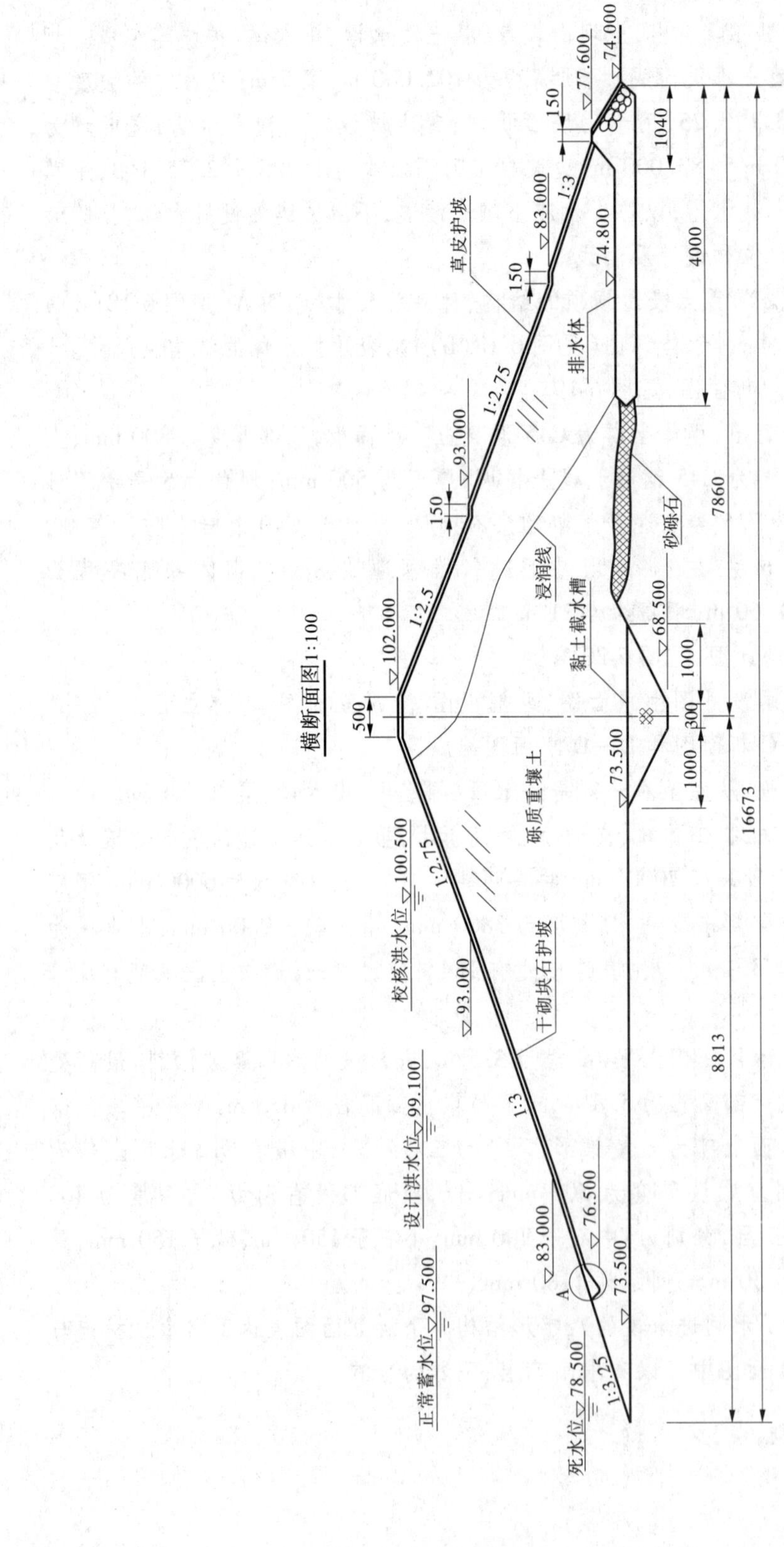

(a)土坝横断面图

图 6-18　土坝设计图（单位：尺寸，cm；高程，m）

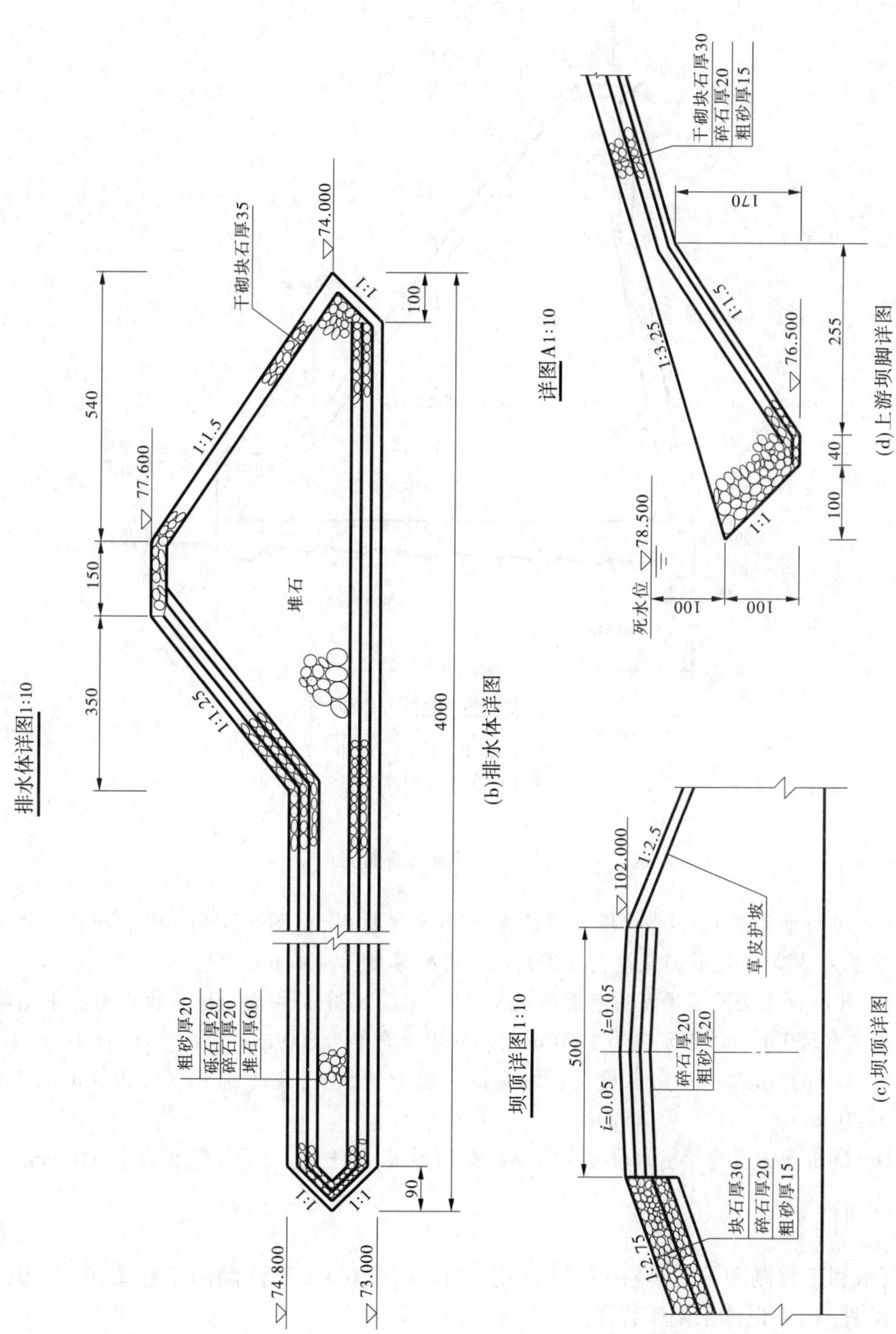
排水体详图1:10
540
150
350
干砌块石厚35
74.000
77.600
1:1.5
1:1.25
1:1
100
堆石
4000
粗砂厚20
砾石厚20
碎石厚20
堆石厚60
90
74.800
73.000
(b)排水体详图
详图A1:10
干砌块石厚30
碎石厚20
粗砂厚15
170
1:1.5
1:3.25
76.500
255
40
100
1:1
死水位
78.500
100
100
(d)上游坝脚详图
坝顶详图1:10
102.000
1:2.5
草皮护坡
500
i=0.05
i=0.05
碎石厚20
粗砂厚20
块石厚30
碎石厚20
粗砂厚15
1:2.75
(c)坝顶详图

续图 6-18

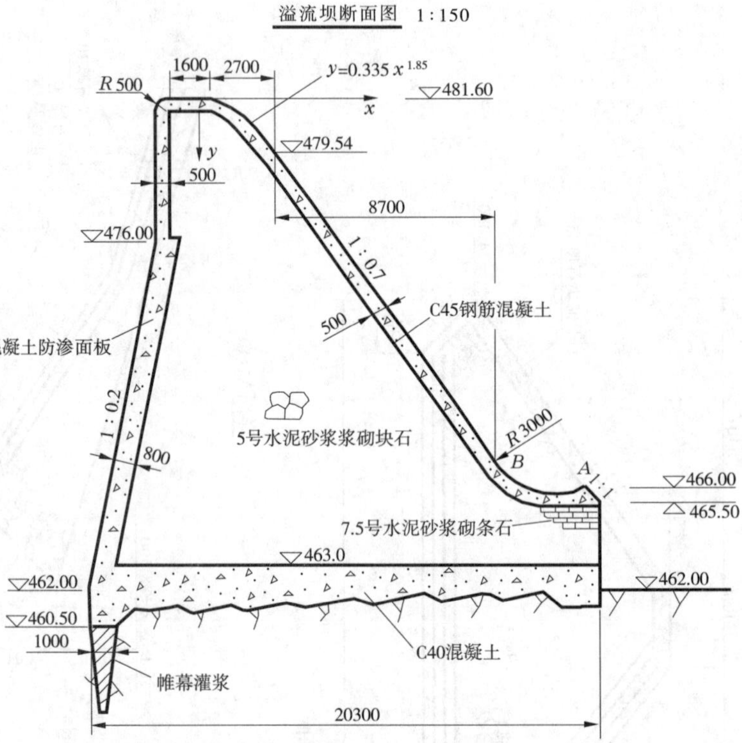

坝面曲线坐标值 (单位:m)

x	1.00	1.50	2.00	2.50	2.67
y	0.34	0.71	1.21	1.83	2.06

图6-19 溢流坝断面图

A—A 断面图表达了进水段尾部的断面形状和材料，由图6-20(e)中看出两侧挡土墙上部宽度为300 mm，下部宽度为1200 mm，底板厚度为400 mm。

B—B 断面图表达了闸室的断面形状和材料，由图6-20(f)中看出闸室边墩为挡土墙结构，上部宽度为500 mm，下部宽度为1400 mm，闸室中墩宽度为800 mm，基础宽度为1000 mm。

C—C 断面图表达了出水段扭面左端的断面形状，挡土墙上部宽度为300 mm，下部宽度为1200 mm。

D—D 断面图表达了出水段扭面右端的断面形状，挡土墙上、下部宽度均为300 mm。

5 实训任务

《水利工程制图习题集》:6－1 按要求完成绘图;6－2 识读涵洞工程图;6－3 识读渡槽工程图;6－4 识读水闸工程图。

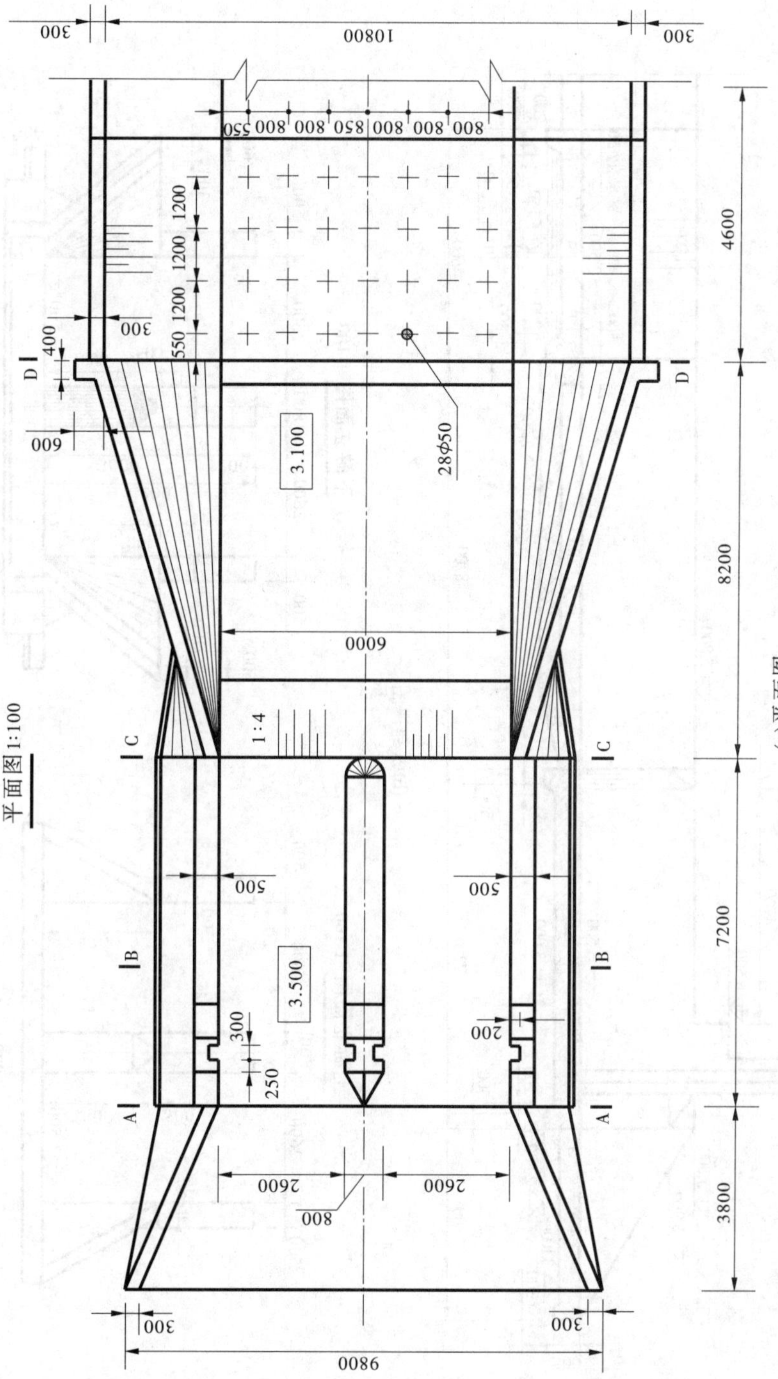

(a)平面图

图 6-20　水闸设计图

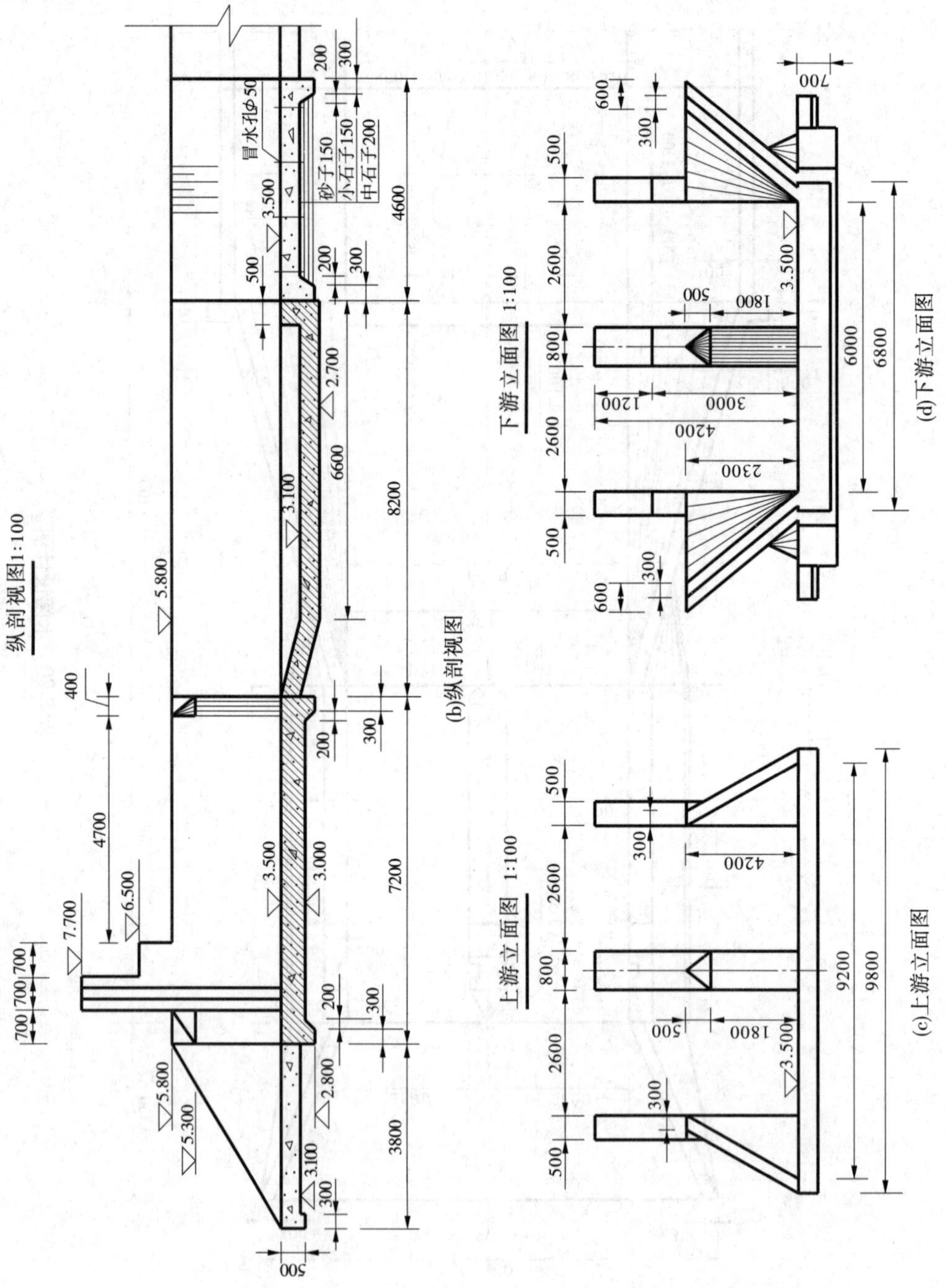
纵剖视图 1:100
冒水孔φ50
砂子150
小石子150
中石子200
(b)纵剖视图
上游立面图 1:100
(c)上游立面图
下游立面图 1:100
(d)下游立面图

续图 6-20

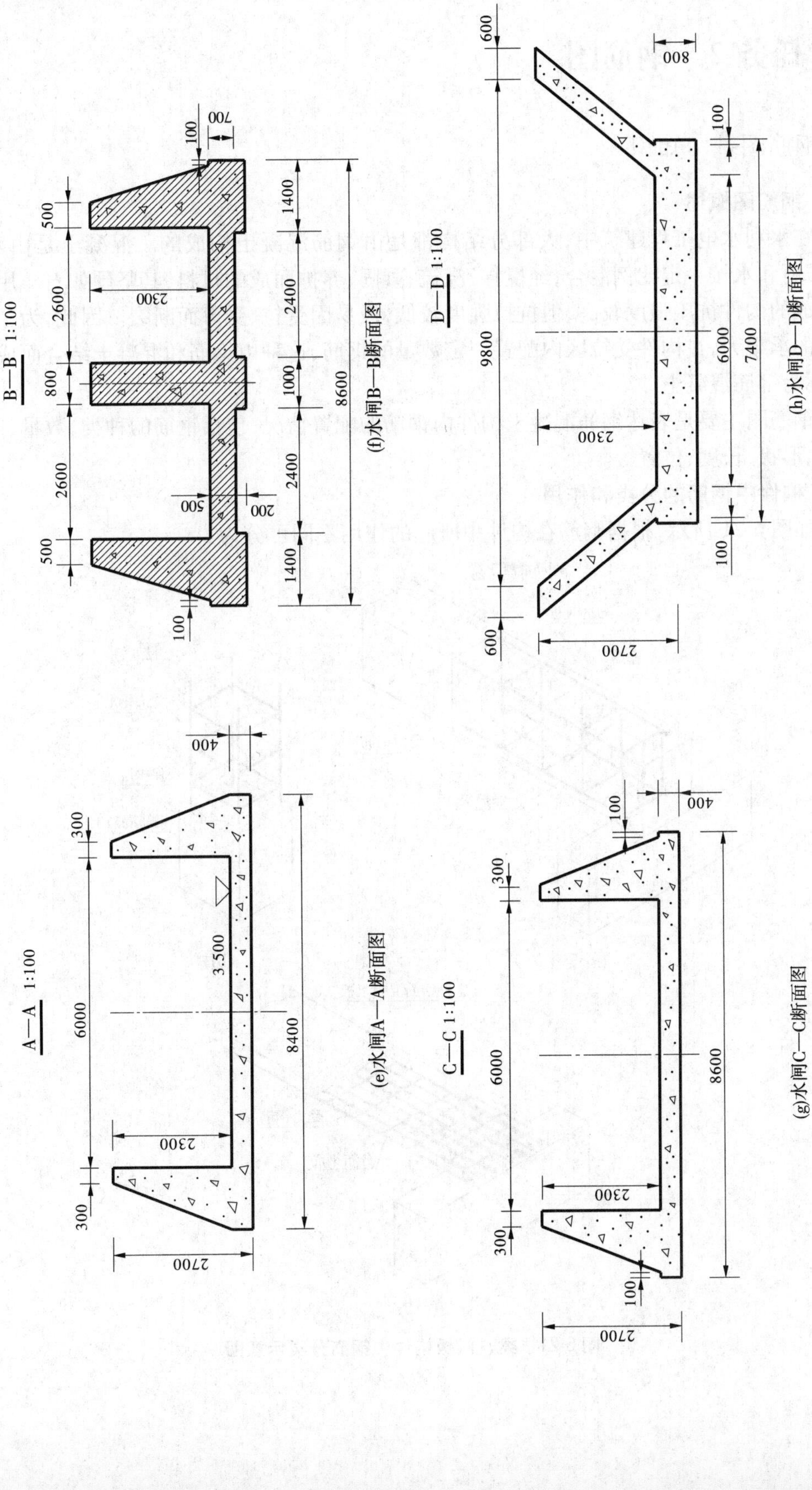
B—B 1:100
(f)水闸B—B断面图
D—D 1:100
(h)水闸D—D断面图
A—A 1:100
(e)水闸A—A断面图
C—C 1:100
(g)水闸C—C断面图

续图 6-20

任务2　钢筋图

1　钢筋图基本知识

1.1　钢筋图概述

在水利水电工程建筑中，大部分结构都是由钢筋混凝土构成的。混凝土是由水泥、砂、石料和水按一定比例混合，经搅拌、浇筑、凝固、养护而成的材料，其坚硬如石。用混凝土制成的构件抗压强度较高，但抗拉强度较低，极易因受拉、受弯而断裂。因此，为了提高构件的承载力，在构件受拉区内配置一定数量的钢筋，这种由钢筋和混凝土结合而成的材料，称为钢筋混凝土。

钢筋图主要是表达钢筋混凝土构件内钢筋的配置情况，包括钢筋的种类、数量、等级、直径、形状、长度、位置等。

1.2　构件中钢筋的分类和作用

如图6-21所示，根据钢筋在构件中所起的作用不同可分为：

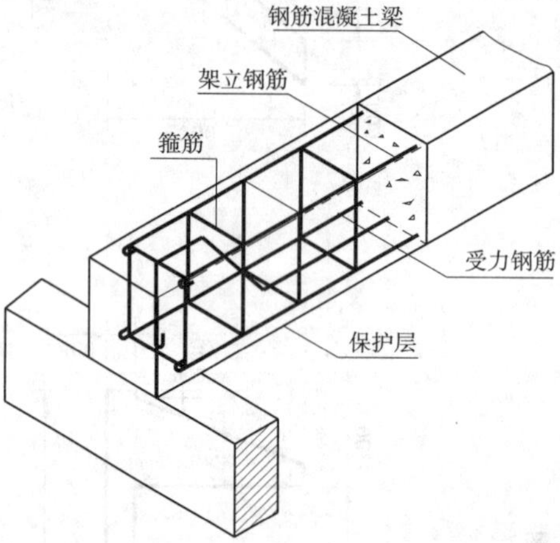

(a)梁

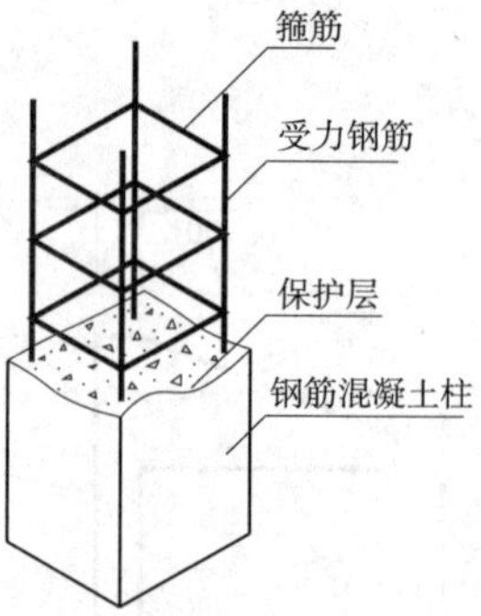

(b)柱

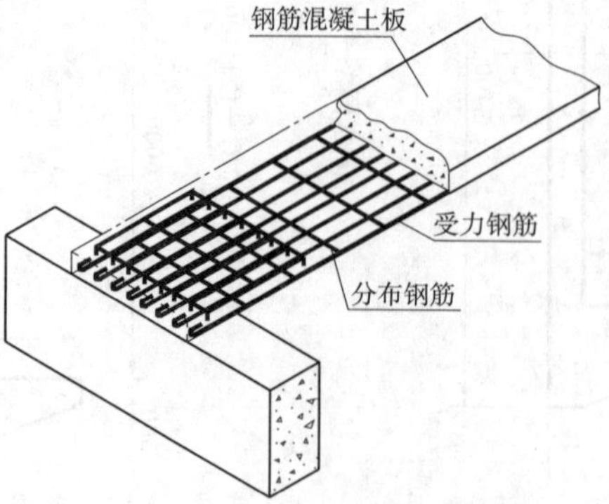

(c)板

图6-21　梁、柱、板构件中钢筋分类示意图

(1)受力钢筋。在构件中主要用来承受拉力,有时也承受压力和剪力的钢筋。

(2)架立钢筋。在构件中主要用来固定受力钢筋和箍筋的位置,一般用于钢筋混凝土梁中。

(3)箍筋(也称钢箍)。在构件中主要用来固定钢筋的位置,承受部分拉力和剪力,使钢筋形成坚固的骨架。这种钢筋多用在梁、柱中。

(4)分布钢筋。这种钢筋多用在板中,与受力钢筋垂直布置,将所受外力均匀地传给受力钢筋,并固定受力钢筋的位置,使受力钢筋和分布钢筋组成一个共同受力的钢筋网。

(5)构造筋。因构件的构造要求和施工安装需要配置的钢筋。架立钢筋和分布钢筋也属于构造筋。

(6)其他钢筋。如吊钩、锚筋以及施工中常用的支撑等。

1.3　钢筋的种类及代号

钢筋按生产工艺和抗拉强度的不同可以分为多种强度等级。根据《混凝土结构设计规范》(GB 50010—2010),常用的钢筋种类和代号如表6-1所示,供标注与识别之用。

表6-1　钢筋的种类及代号

种类	符号	直径 d(mm)
HPB235(Q235)	Φ	8~20
HRB335(20MnSi)	Φ	6~50
HRB400(20MnSiV、20MnSiNb、20MnTi)	Φ	6~50
RRB400(K20MnSi)	Φ_R	8~40

表中HPB235为光圆钢筋,HRB335、HRB400为人字纹钢筋,RRB400为光圆或螺纹钢筋,其中235、335、400为强度值。

1.4　钢筋的保护层

为防止钢筋受环境影响而产生锈蚀,保证钢筋与混凝土有效黏结,钢筋边缘到混凝土表面应留有一定厚度的混凝土,称为钢筋的保护层。混凝土保护层的最小厚度视结构的不同而异。在《混凝土结构设计规范》(GB 50010—2010)中对构件的保护层厚度作了规定,如表6-2所示。

表6-2　纵向受力钢筋的混凝土保护层最小厚度　(单位:mm)

环境类别		板、墙、壳			梁			柱		
		≤C20	C25~C45	≥C50	≤C20	C25~C45	≥C50	≤C20	C25~C45	≥C50
一		20	15	15	30	25	25	30	30	30
二	a	—	20	20	—	30	30	—	30	30
	b	—	25	20	—	35	30	—	35	30
三		—	30	25	—	40	35	—	40	35

注:基础中纵向受力钢筋的混凝土保护层厚度不应小于40 mm;当无垫层时不应小于70 mm。

2　钢筋图的画法

《水利水电工程制图标准　水工建筑图》(SL 73.2—2013)中有钢筋图绘制的规定。

2.1　钢筋图画法

钢筋图中钢筋用粗实线绘制，钢筋的截断面应用小黑圆点表示，钢筋采用编号进行分类；结构轮廓应用细实线表示，如图 6-22 所示的梁钢筋图。

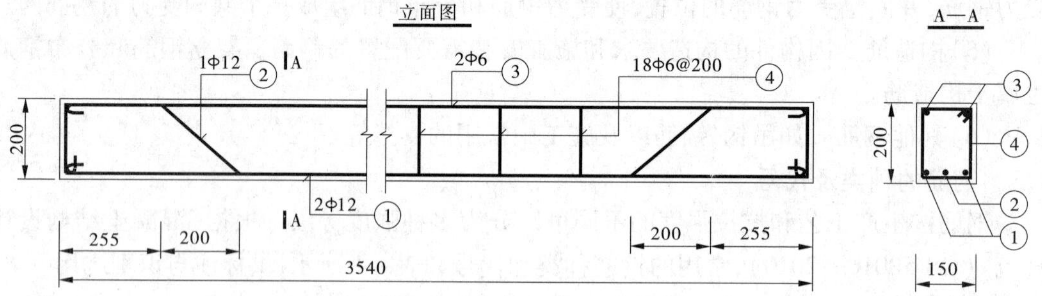

图 6-22　梁钢筋图

2.2　钢筋图例

常用钢筋的图例如表 6-3 所示。

表 6-3　一般钢筋常用图例

序号	名称	图例	说明
1	钢筋横断面	•	
2	无弯钩的钢筋端部		下图表示长、短钢筋投影重叠时，短钢筋的端部用 45°斜划线表示
3	带半圆形弯钩的钢筋端部		
4	带直钩的钢筋端部		
5	带丝扣的钢筋端部		
6	无弯钩的钢筋搭接		

续表 6-3

序号	名称	图例	说明
7	带半圆弯钩的钢筋搭接		
8	带直钩的钢筋搭接		
9	花篮螺丝钢筋接头	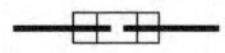	
10	机械连接的钢筋接头		用文字说明机械连接的方式(或冷挤压或锥螺纹等)

2.3 钢筋的弯钩

为了增强钢筋与混凝土之间的黏结力,不至于使钢筋与混凝土之间发生相对滑动,常将光圆钢筋的两端做成弯钩。弯钩的形式和尺寸有多种,可查有关规定和规范。如采用人字纹钢筋或螺纹钢筋,一般不做弯钩。如图 6-23 所示为几种弯钩的图示尺寸。

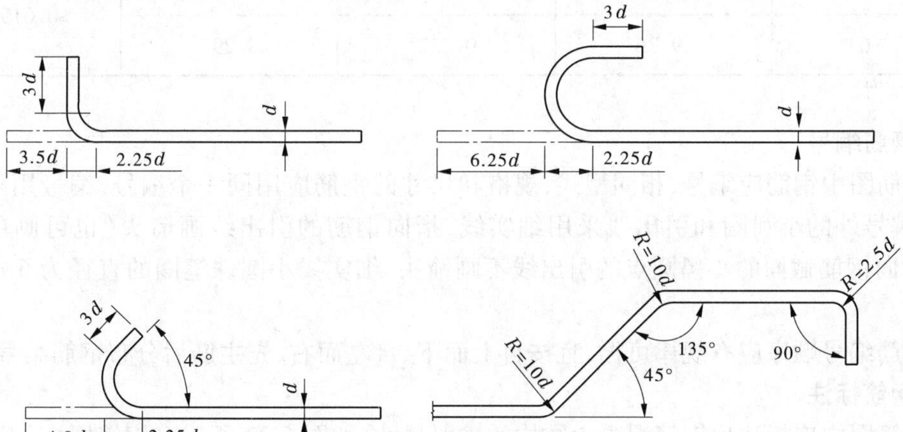

图 6-23 钢筋的弯钩形式示意图

2.4 钢筋表和材料表

钢筋图中应附有钢筋表和材料表,其格式以例子说明,见表 6-4 和表 6-5。

表 6-4　钢筋表

编号	直径(mm)	型式	单根长(cm)	根数	总长(m)	说明
①	Φ12		365	2	7.30	
②	Φ12		479	1	4.79	$\alpha = 135°$
③	Φ6	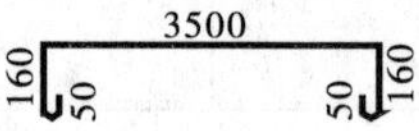	392	2	7.84	
④	Φ6	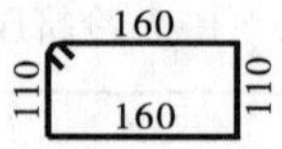	64	18	11.52	

表 6-5　材料表

规格	总长度(m)	单位质量(kg/m)	总质量(kg)	合计(t)
Φ12	12.09	0.888	10.736	0.0150
Φ6	19.36	0.222	4.293	

2.5　钢筋编号

钢筋图中钢筋应编号，相同型式、规格和尺寸的钢筋应用同一个编号，编号用阿拉伯数字，编号外的小圆圈和引出线采用细实线，指向钢筋的引出线画箭头（也可画单边箭头），指向钢筋截面的小黑圆点的引出线不画箭头，细实线小圆珠笔圈的直径为 6 mm，见图 6-22。

钢筋编号顺序应有规律可循，宜按自上而下、自左而右、先主筋后分布钢筋编号。

2.6　钢筋标注

钢筋图中应标注出钢筋混凝土结构的主要尺寸，如图 6-22 所示。钢筋图中钢筋的标注形式如图 6-24 所示。

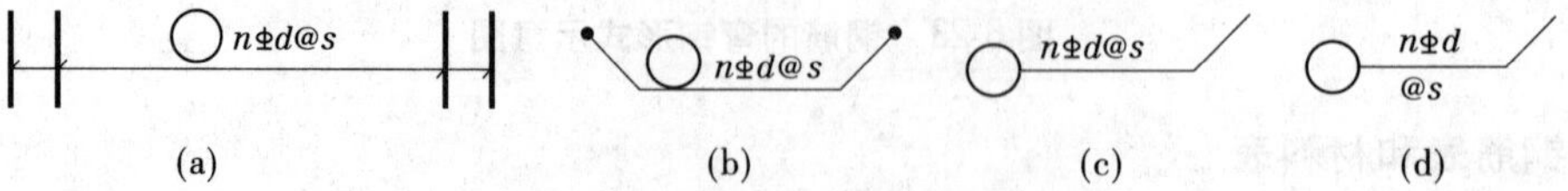

注：圆圈内填写钢筋编号；n 为钢筋的根数；⏀为钢筋直径及种类的代号；
d 为钢筋直径的数值国；@ 为钢筋间距的代号；s 为钢筋间距的数值。

图 6-24　钢筋的标注形式

箍筋尺寸应为内皮尺寸，弯起钢筋的弯起高度应为外皮尺寸，单根钢筋的长度应为钢筋中心线的长度，见图 6-25。

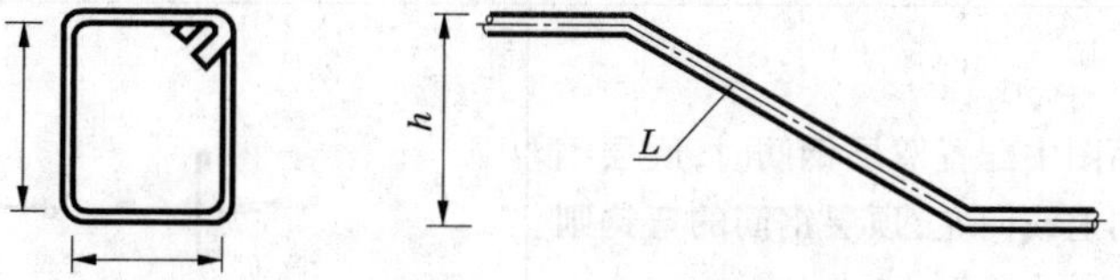

(a)箍筋尺寸　　(b)弯起钢筋尺寸

图 6-25　箍筋和弯起钢筋尺寸

单根钢筋的标注形式见图 6-26。

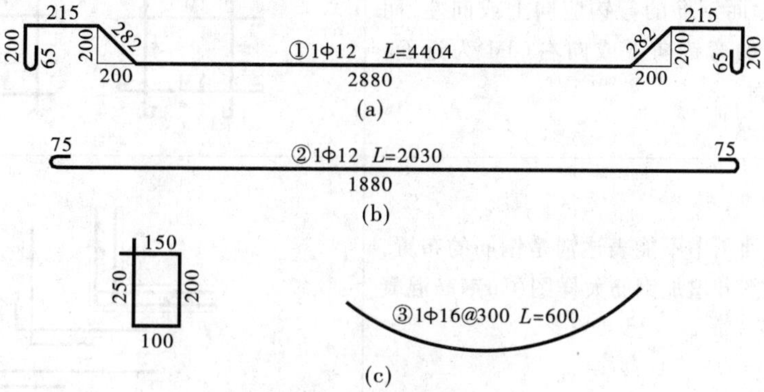

注：L为单根钢筋的总长。

图 6-26　单根钢筋的标注形式

2.7　钢筋图的视图表达

钢筋图可采用全剖、半剖、局部剖、阶梯剖等表达方法，如图 6-27 所示为局部剖表达的钢筋图。

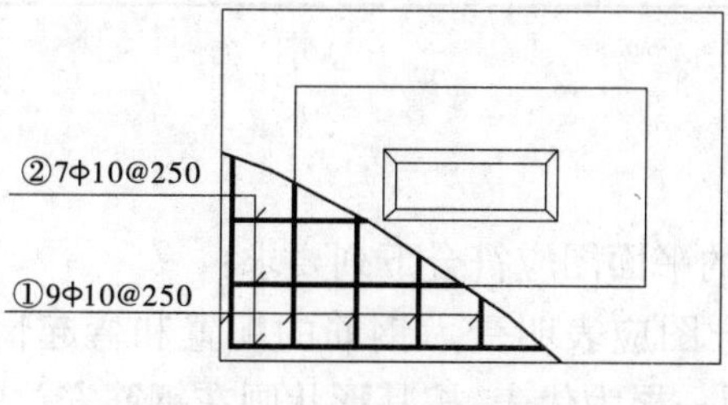

图 6-27　局部剖的钢筋图

2.8　钢筋层次表达

钢筋的层次表达如表 6-6 所示。

表 6-6　钢筋的层次表达

序号	说明	图例
1	在结构平面图中配置双层钢筋时，底层钢筋的弯钩应向上或向左，顶层钢筋的弯钩则向下或向右	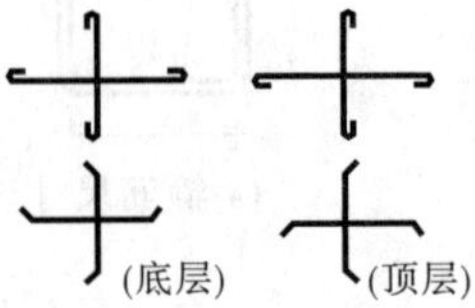
2	钢筋混凝土墙体配双层钢筋时，在配筋立面图中，远面钢筋的弯钩应向上或向左，而近面钢筋的弯钩向下或向右（JM 为近面，YM 为远面）	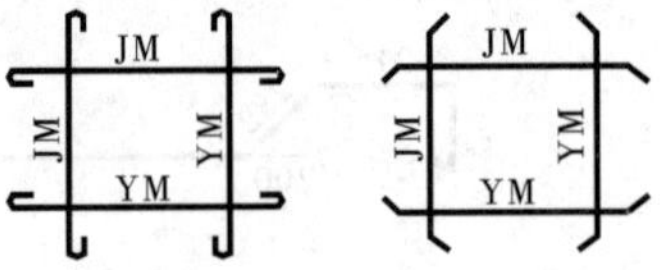
3	若在断面图中不能表达清楚钢筋的布置，应在断面图外增加钢筋大样图（如钢筋混凝土墙、楼等）	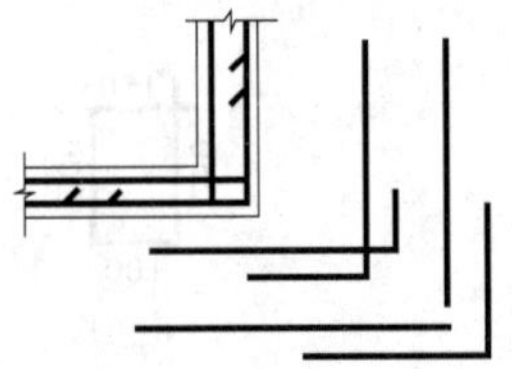
4	图中所表示的箍筋、环筋等若布置复杂，可加画钢筋大样及说明	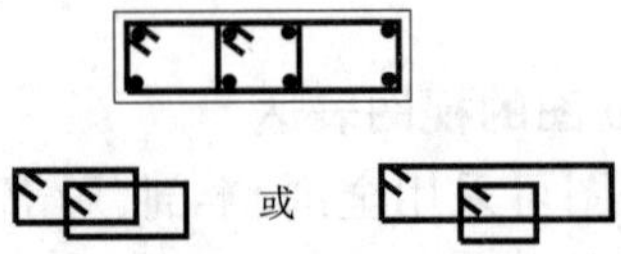

3　板类钢筋的平面图

楼板及板类构件钢筋的平面图应符合下列要求：

（1）平面图中的钢筋详图应表明受力钢筋的配置和弯起情况，并注明钢筋编号、直径、间距。每号钢筋可只画一根为代表，按其形状画在钢筋安放的相应位置上。

（2）平面图中的水平向钢筋应按正视方向投射，如图 6-28 中的①号、②号、③号、④号钢筋，垂直向钢筋应按右视方向投射，如图 6-28 中的⑤号钢筋。

（3）板中的弯起钢筋应注明梁边缘到弯起点的距离，如图 6-28 中的①号、②号钢筋中“580”尺寸；弯筋伸入邻板的长度，如图 6-28 中的①号、②号钢筋中的“850”尺寸。

（4）平面图中宜画出分布钢筋，图中不能画出的应在说明或钢筋表备注中注写该钢筋的位置、直径、单根长、间距、根数、总长及质量。

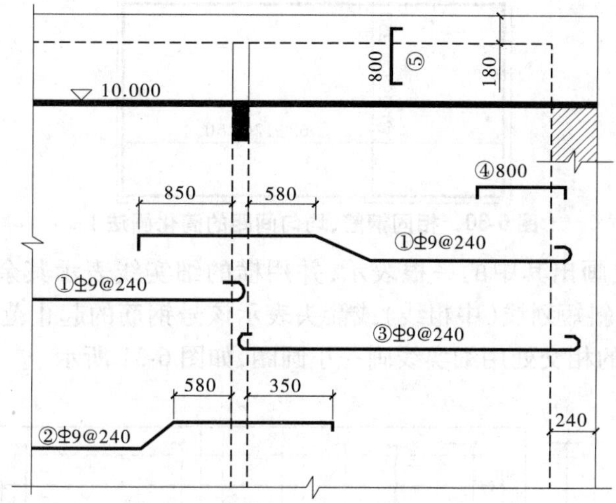

图 6-28 板类构件平面图中的钢筋表示法

4 曲面构件钢筋图

曲面构件的钢筋可按投影关系绘制,如图 6-29 所示。

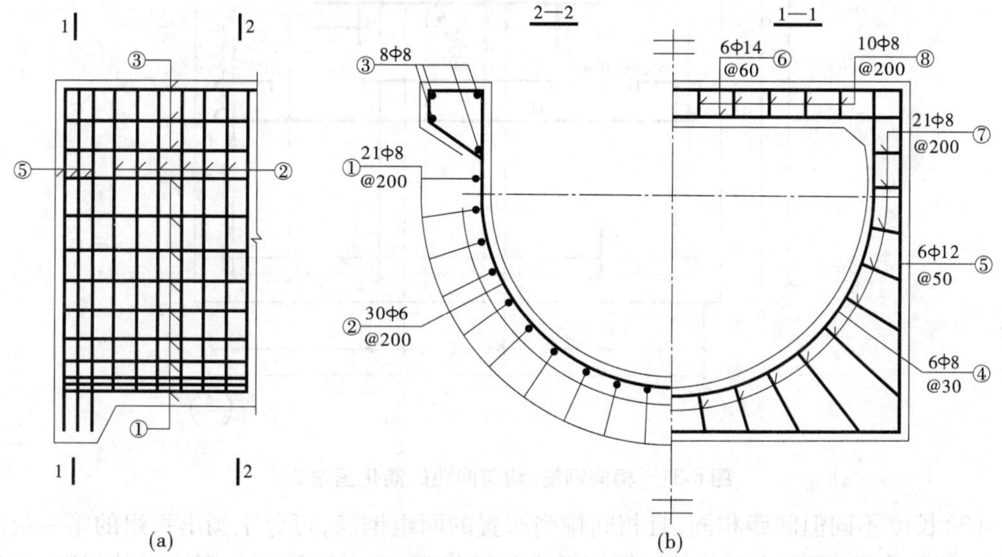

图 6-29 曲面构件钢筋图

5 钢筋图的简化画法

规格、型式、长度、间距均相同的钢筋、箍筋、环筋,其简化画法应符合下列规定:

(1)可只画第一根和最后一根,用标注的方法表明其根数、规格、间距,如图 6-30 所示,①号钢筋共有 62 根,间距为 250 mm;②号钢筋共有 32 根,间距为 250 mm。

图 6-30　相同钢筋、均匀间距的简化画法 1

(2)可用粗实线画出其中的一根表示,并用横的细实线表示其余的钢筋、箍筋或环筋,横穿线的两端用斜短划线(中粗线)或箭头表示该号钢筋的起止范围。横穿的细线与粗线(钢筋代表线)的相交处用细实线画一小圆圈,如图 6-31 所示。

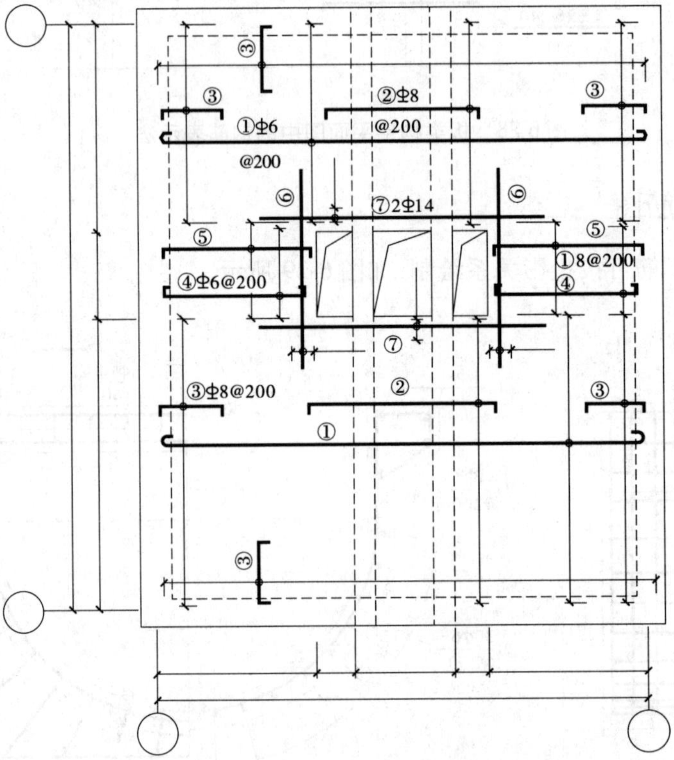

图 6-31　相同钢筋、均匀间距的简化画法 2

(3)长度不同但间距相同,且相间排列布置的两组钢筋,可分别画出每组的第一根和最末一根的全长,再画出相邻的一根短粗线表示间距,两组钢筋应分别注明其根数、规格和间距,见图 6-32。

(4)型式、规格相同,长度为按等差数 a 递增或递减的一组钢筋,如图 6-33 中的①号、③号钢筋,可编一个号,并在钢筋表"型式"栏内加注"$\Delta = a$",在"单根长"栏内注写长度范围。

(5)若干构件的断面形状、尺寸大小和钢筋布置均相同,仅钢筋编号不同可采用图 6-34的画法,并在钢筋表中注明各不同钢筋编号的钢筋型式、规格、长度和根数等。

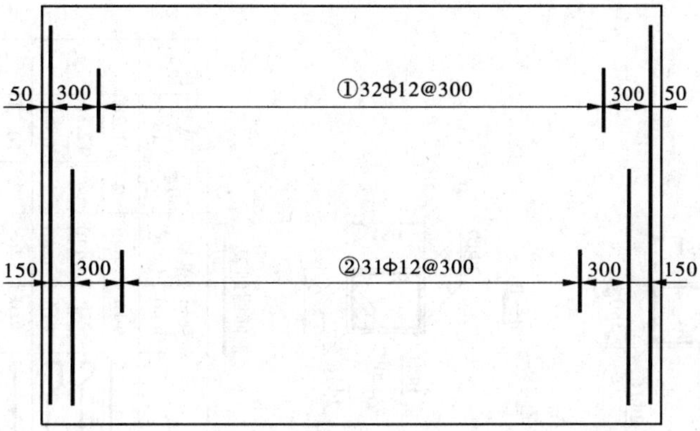

图 6-32 均匀间距、相间排列的两组钢筋简化画法

图 6-33 钢筋长度为等差时的简化画法

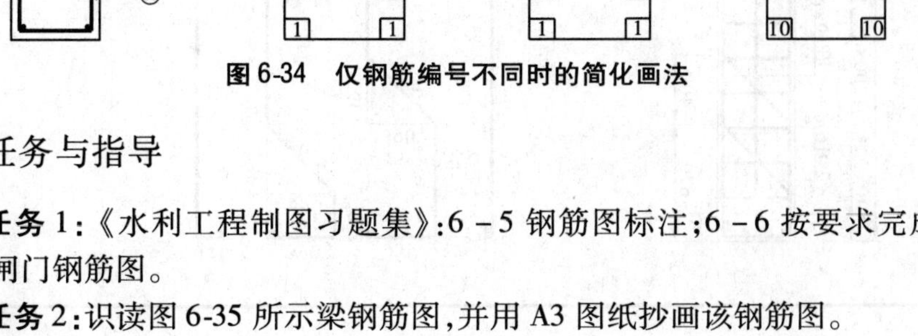

图 6-34 仅钢筋编号不同时的简化画法

6 实训任务与指导

实训任务 1:《水利工程制图习题集》:6－5 钢筋图标注;6－6 按要求完成钢筋图;6－7 识读闸门钢筋图。

实训任务 2:识读图 6-35 所示梁钢筋图,并用 A3 图纸抄画该钢筋图。

识图指导:

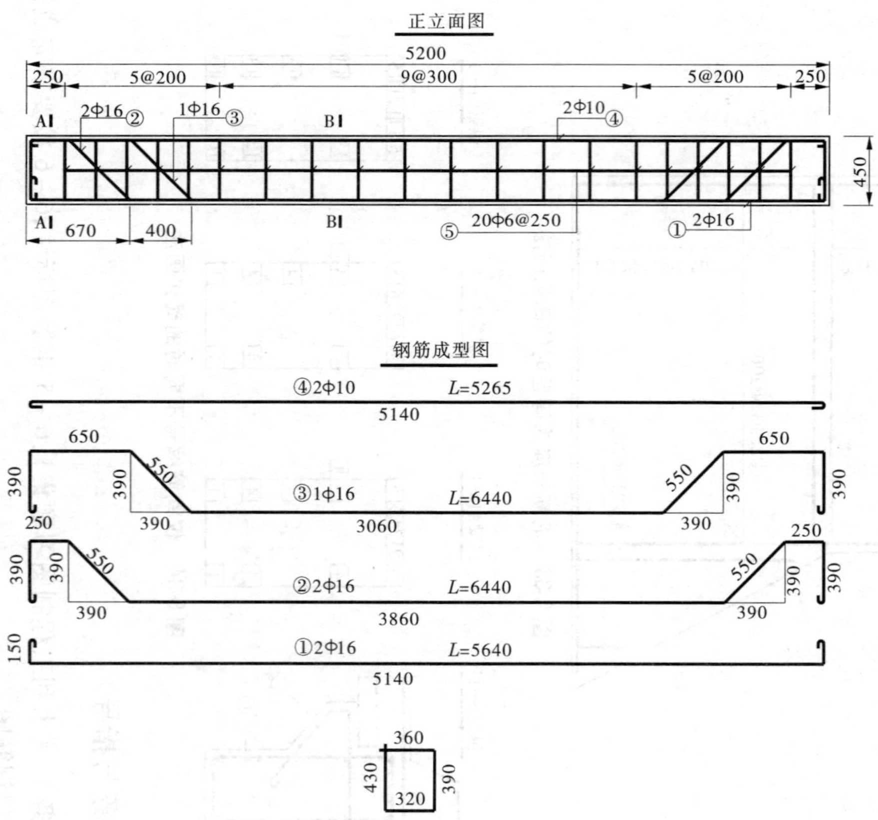

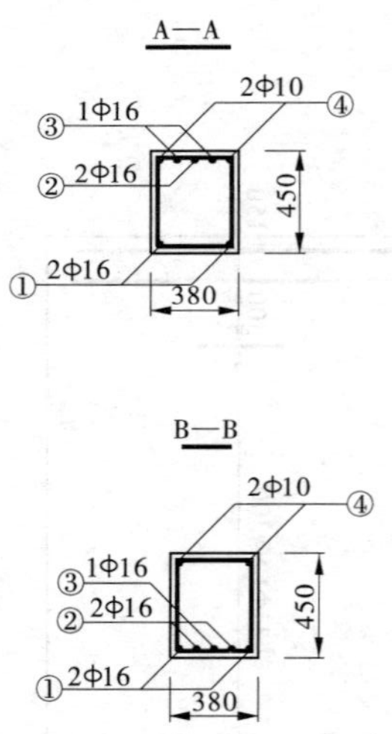

钢筋明细表

编号	型　式	规格 (mm)	单根长 (mm)	根数	总长 (m)	说明
①		Φ16	5640	2	11.28	
②		Φ16	6440	2	12.88	
③		Φ16	6440	1	6.44	
④		Φ10	5265	2	10.53	
⑤		Φ6	1500	20	30.00	

梁钢筋图

图 6-35　梁钢筋图

图6-35为一单跨简支梁的钢筋图,包括配筋立面图、配筋断面图、单根钢筋图和钢筋表。

在配筋立面图中,梁长5200 mm,梁的轮廓线用中实线,各种规格的钢筋用粗实线。其中,①号钢筋2根,为两端带有半圆弯钩的受力钢筋,配置在梁底;②号钢筋2根,为弯起受力钢筋,中间段在梁底,距梁两端670 mm时向上弯起,弯起角度为45°至梁顶,到梁两端时又垂直向下弯起至梁底部;③号钢筋1根,也为弯起受力钢筋,中间段在梁底,距梁两端1070 mm时向上弯起,弯起角度为45°至梁顶,到梁两端时又垂直向下弯起至梁底部;④号钢筋2根,为配置在梁顶的架立钢筋,沿梁通长布置,不带弯钩;⑤号钢筋20根,为沿梁纵向布置的箍筋,中部10根间距为300 mm,两端各5根间距200 mm。

图中A—A、B—B为该梁的配筋断面图,主要表达了梁的截面形状、尺寸大小、各钢筋的位置和箍筋的形状,不画混凝土的材料图例。梁断面轮廓线用细实线,各钢筋用粗实线表达。A—A断面图表达了梁端部的断面形状,B—B断面图表达了梁中间部分的断面形状。通过这两个断面图可知,梁的断面是380 mm×450 mm的矩形,①号钢筋配置在梁底两角处;②号钢筋,B—B断面配置在梁底部,A—A断面配置在梁顶部正中,为弯起钢筋;③号钢筋,B—B断面配置在梁底部正中,A—A断面配置在梁顶部正中,也为弯起钢筋;④为两根直筋,配置在梁顶两角处;⑤号钢筋为两端带有135°弯钩的矩形箍筋。

图中还画出了各种钢筋的成型图(钢筋详图、抽筋图),是加工钢筋的主要依据,应和钢筋立面图对应布置。同一种编号的钢筋在图中用粗实线只画一根成型图,并对钢筋进行标注,标注内容包括钢筋的编号、直径、种类、根数和下料长度。

为了加工钢筋和下料方便,在钢筋表中列出了所有钢筋的种类、长度、根数和钢筋的质量,项目可根据需要进行增减。

钢筋结构模型如图6-36所示。

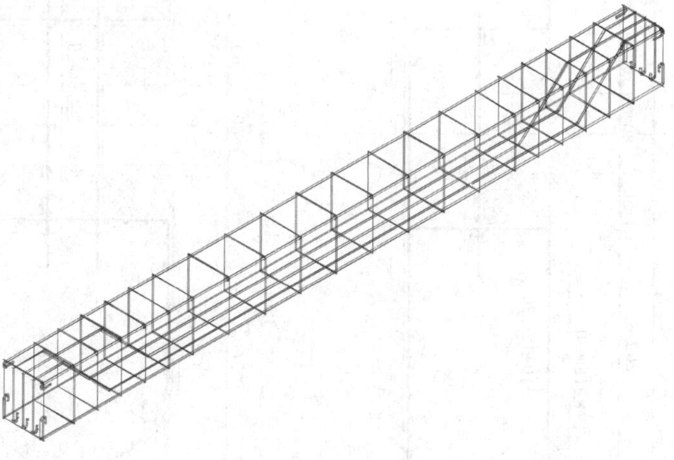

图6-36　钢筋模型图

实训任务3:识读图6-37所示闸门边墩和中墩钢筋图,并绘制闸门边墩和中墩中①、④、⑤、⑦、⑧号单根钢筋图。

实训任务4:识读图6-38所示涵洞钢筋图,在计算机上创建涵洞钢筋的模型或结合实训条件选取比例制作实物模型。

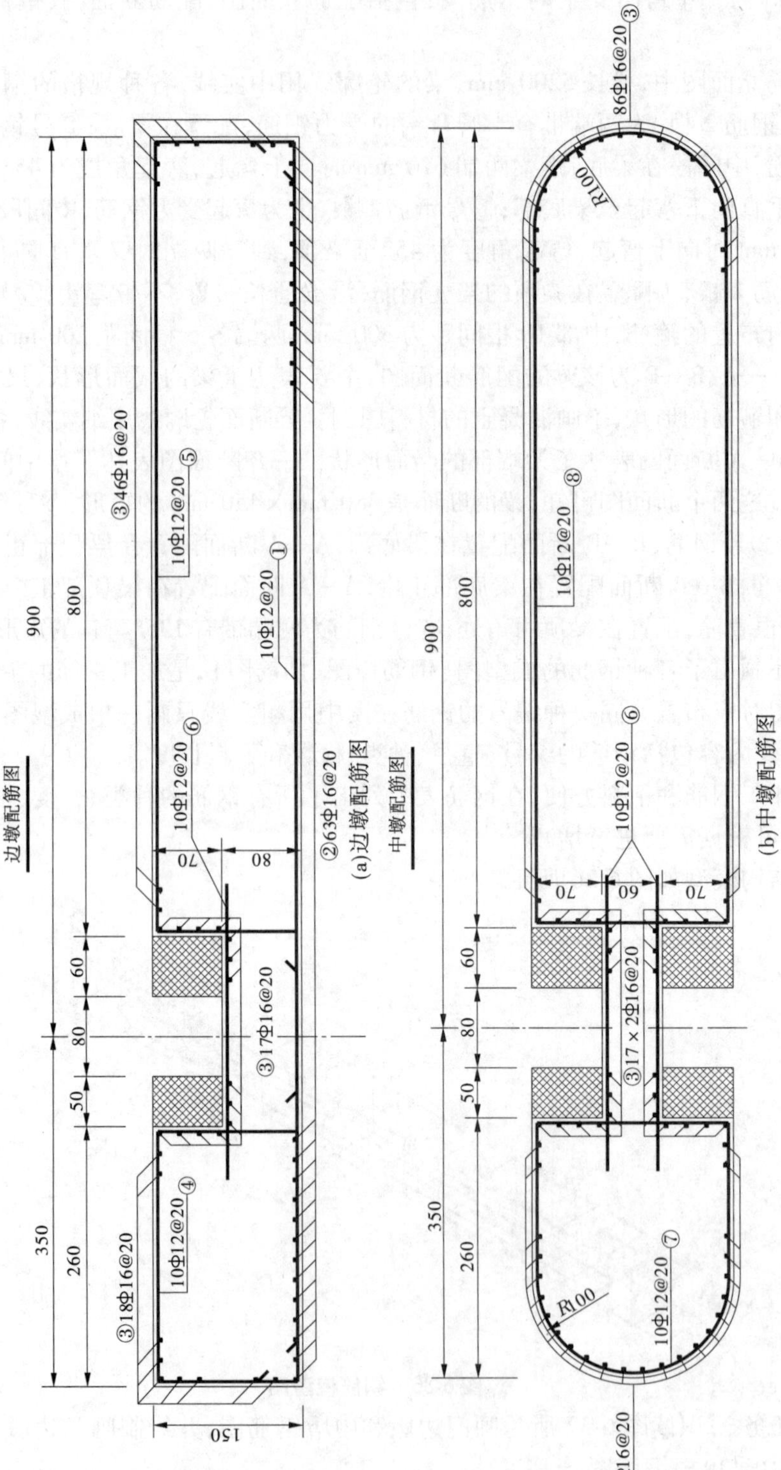

图 6-37 闸门边墩和中墩钢筋图

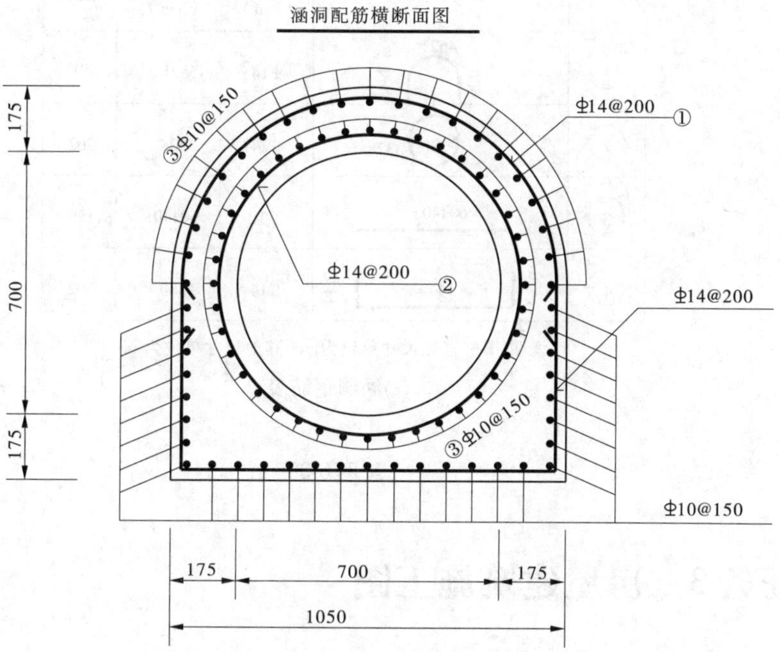

(a)涵洞配筋横断面图

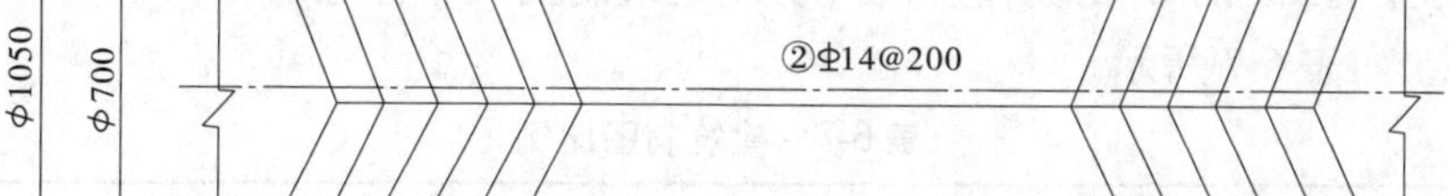

(b)涵洞配筋纵断面图

图 6-38　涵洞钢筋图

钢筋表

编号	型　　式	直径（mm）	单根长（mm）	根数
①		Φ14	5521	302
②		Φ14	3528	302
③		Φ10	60440	120
④		Φ14	4380	302

说明:图中直径尺寸单位为mm,其他尺寸单位为cm。

(c)涵洞钢筋表

续图 6-38

任务 3　房屋建筑施工图

1　房屋建筑施工图有关规定

房屋建筑施工图主要表明建筑物的总体布局、外部造型、内部布置、细部构造、内外装饰等情况,它包括总平面图、平面图、立面图、剖面图和详图;绘制和阅读房屋施工图主要遵守《房屋建筑制图统一标准》(GB/T 50001—2010),另外根据表达内容不同,还应遵守《总图制图标准》(GB/T 50103—2010)、《建筑制图标准》(GB/T 50104—2010)等。

下面说明房屋建筑施工图的有关标准规定。

1.1　常用比例

建筑专业制图选用的比例,应符合《房屋建筑制图统一标准》(GB/T 50001—2010)中的有关规定,如表 6-7 所示。

表 6-7　建筑制图比例

图名	比例
建筑物或构筑物的平面图、立面图、剖面图	1:50、1:100、1:200
建筑物或构筑物的局部放大图	1:10、1:20、1:50
配件及构造详图	1:1、1:2、1:5、1:20、1:50

1.2　常用图例

建筑物和构筑物是按比例缩小绘制在图纸上的,对于有些建筑构件及建筑材料,往往不可能按实际投影画出，同时用文字注释也难以表达清楚。为了得到简单而明了的效果，《建筑制图标准》(GB/T 50104—2010)规定了统一的图例和代号。常用构造及配件图例见表6-8。

表6-8 常用构造及配件图例

名称	图例	说明	名称	图例	说明
楼梯	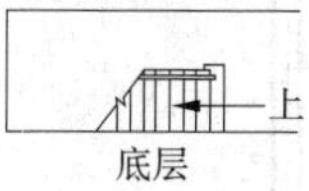 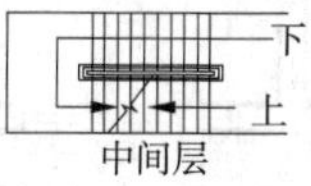 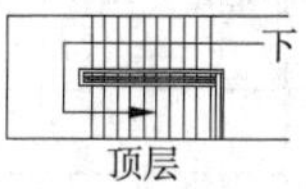	1. 平面图； 2. 楼梯的形式和步数应按实际情况绘制	单扇门(包括平开式单面弹簧)	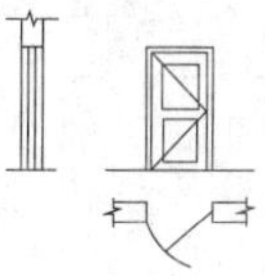	1. 门的名称代号用M表示； 2. 图例中剖面图左为外，右为内，平面图下为外，上为内； 3. 立面图上开启方向线交角的一侧安装合页，实线为外开，虚线为内开； 4. 平面图上门线45°或90°开启弧线宜绘出； 5. 立面图上的开启线在一般设计图中可不表示，在详图及室内设计图上应表示
单层固定窗	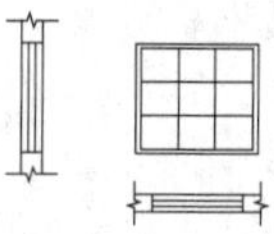	1. 窗的名称代号用C表示； 2. 立面图中的斜线表示窗的开启方向，实线为外开，虚线为内开，开启方向线交角的一侧安装合页； 3. 图例中，剖面图所示左为外、右为内，平面图所示下为外、上为内； 4. 平、剖面图上的虚线，仅说明开关方式，在设计图中不需要表示	双扇门	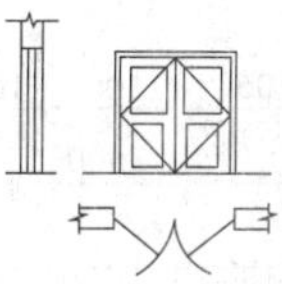	
单层外开上悬窗	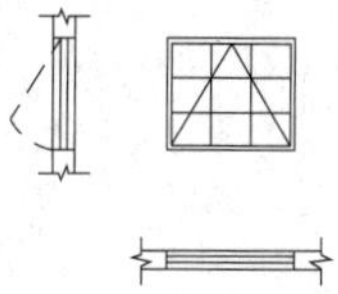		单扇双面弹簧门	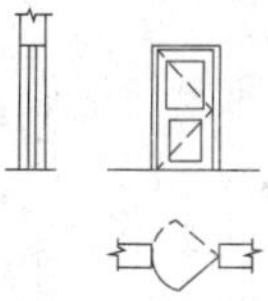	
单层外开平开窗	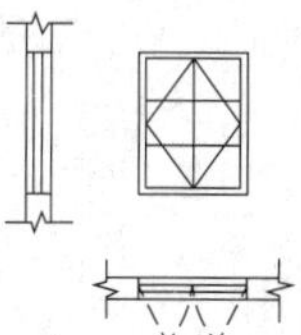		墙中单扇推拉门	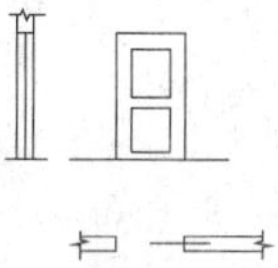	
			双扇双面弹簧门	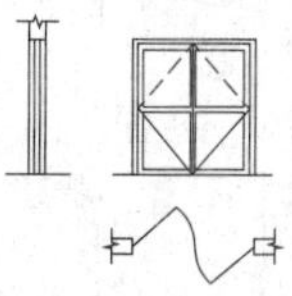	

1.3 定位轴线及其编号

定位轴线是房屋中基础、墙、柱、梁和屋架等承重构件的中心线，在绘制建筑施工图时应明确表达。定位轴线标注用细点画线绘制，其编号注在直径为16～10 mm的圆内，圆心在定位轴线的延长线或延长线的折线上。平面图上定位轴线的编号标注在图样的下方与左侧，横向编号用阿拉伯数字，从左至右顺序编写，竖向编号用大写拉丁字母(I、O、Z除外）从下至上顺序编写，如图 6-39 所示。在标注非承重的分隔墙或次要的承重构件时，可在两根轴线之间附加轴线，附加轴线的编号应按图 6-40 所规定的分数表示。

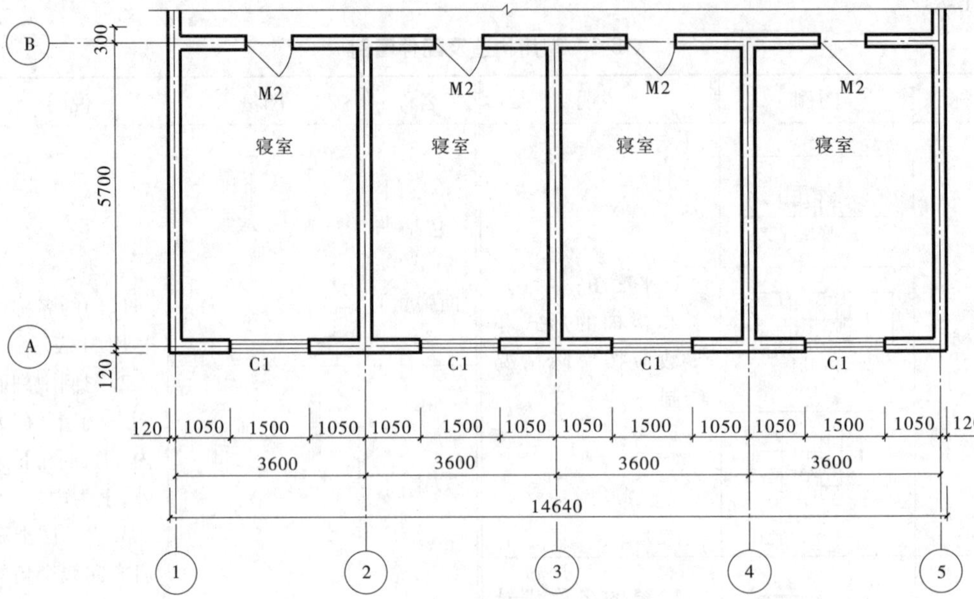

图 6-39 定位轴线标注

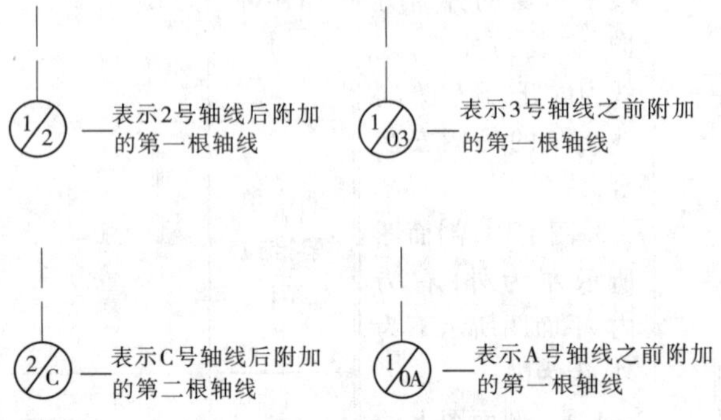

图 6-40 附加轴线及其编号

1.4 标高标注

标高分绝对标高和相对标高两种。绝对标高以黄海平均海平面为零点，相对标高以单个建筑物的室内底层地面为零点，写成 ±0.000。建筑施工图中的标高符号应按图 6-41（a）所示形式以细实线绘制，图 6-41（b）所示为具体画法。标注方法如 6-41（c）所示。如在同一位置表示几个不同标高，数字可按图 6-41（d）的形式注写。

1.5 索引符号和详图符号

对需要另画详图表达的局部结构，应在图中相应部位用索引符号指定详图的位置，而在详图上，则应画出详图符号，指定该图的原位置。

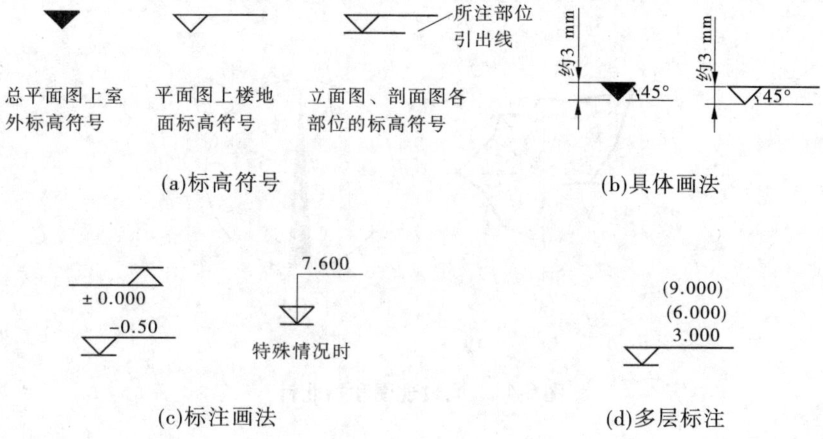

图6-41 标高符号

索引符号以细实线绘制,圆的直径为10 mm,引出线应指在要索引的位置上。当引出的是剖面详图时,用粗实线表示剖切位置,引出线所在的一侧为剖视方向,圆内编号的含义如图6-42所示。详图符号应以粗实线绘制,直径为14 mm。当详图与被索引的图样在同一张图纸内时,可用细实线在详图符号内画一水平直径,圆内编号的含义如图6-43所示。

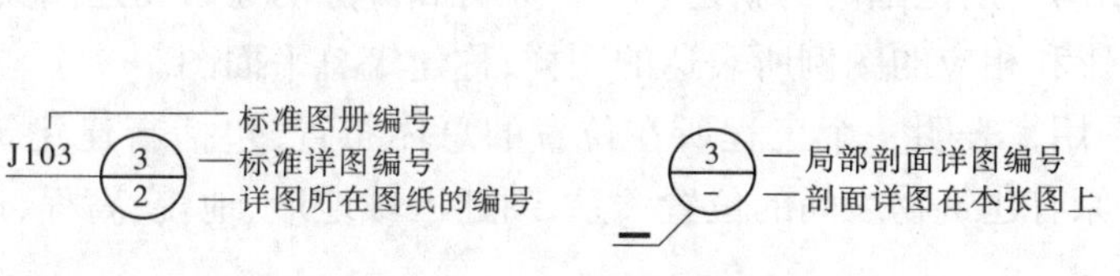

图6-42 索引符号

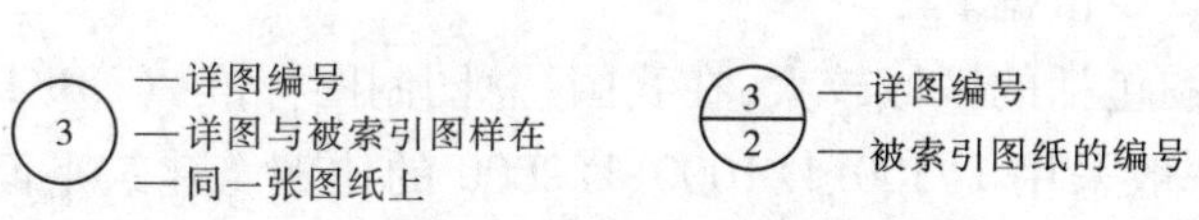

图6-43 详图符号

1.6 风玫瑰图和指北针

在总平面图中,除图例外,通常还要画出带有指北方向的风向频率玫瑰图(简称风玫瑰图),用来表示该地区常年的风向频率和房屋的朝向。风玫瑰图中风的吹向是从外吹向中心,实线表示全年风向频率,虚线表示夏季风向频率,如图6-44(a)所示。

平面图中指北针所指方向应与总平面图中风玫瑰的指北方向一致。指北针用细实线绘制，圆的直径为 24 mm，指北针尾部宽为 3 mm，指针尖端指向北，如图 6-44(b)所示。

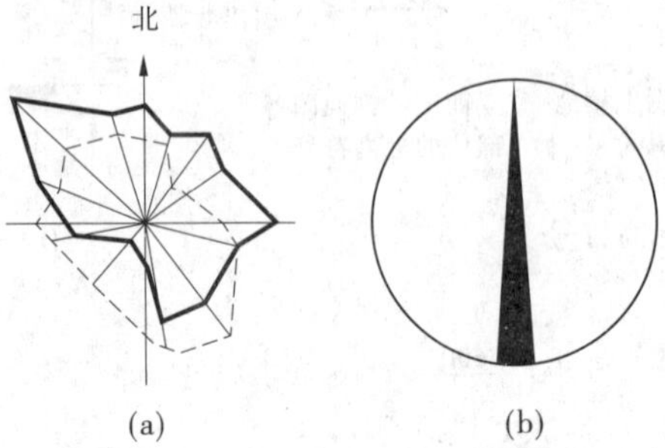

图 6-44　风玫瑰图和指北针

1.7　材料符号简化画法

比例为 1∶100、1∶200 时，建筑平面图中的墙、柱断面可不画建筑材料图例，也可将砖墙涂红，钢筋混凝土涂黑。

1.8　门窗代号

门窗按规定图例绘制，代号分别为 M、C，钢门、钢窗的代号分别为 GM、GC，代号后面的阿拉伯数字是它们的编号，编号相同的门窗表示构造和尺寸完全一样。

2　房屋建筑施工图的表达与识读

2.1　建筑总平面图

将拟建工程四周一定范围内的新建、拟建、原有和拆除的建筑物连同其周围的地形地物状况，用水平投影和相应的图例所表达的图样，称建筑总平面图。

建筑总平面图用来表明一个工程所在位置的总体布置，包括新建建筑物的位置、朝向，新建建筑物与原有建筑物之间的位置关系，新建区域地形、地貌、高程、道路、绿化等方面的内容。

建筑总平面图是新建房屋施工定位、土方施工以及其他专业（如水、暖、电、煤气等）管线总平面图设计的重要依据。

由于建筑总平面图包括的区域较大，在我国《总图制图标准》（GB/T 50103—2010）中规定：建筑总平面图一般采用 1∶500、1∶1000、1∶2000 的比例。建筑平面图中常标出新建房屋的总长，总宽和定位尺寸，新建房屋室内底层地面和室外地面的绝对标高。尺寸和标高都以 m 为单位，注写到小数点以后两位数字。

由于建筑总平面图采用的比例较小，各种有关物体均不便按照投影关系如实地反映出来，所以总平面图一般均用规定的图例表达。如表 6-9 所示为《总图制图标准》（GB/T 50103—2010）规定的图例。

表6-9 总平面图常用图例

名称	图例	名称	图例
新建建筑物	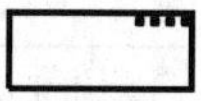 右上角用点数或数字表示层数	填挖边坡	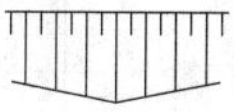
原有建筑物	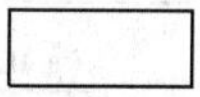	围墙及大门	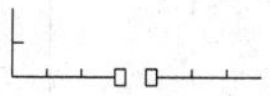
折除的建筑物	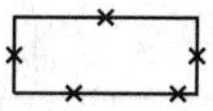	落叶针叶树	
新建道路	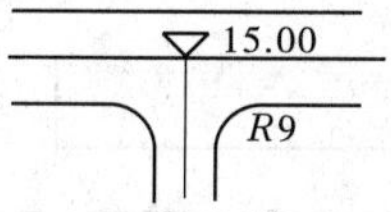	草坪	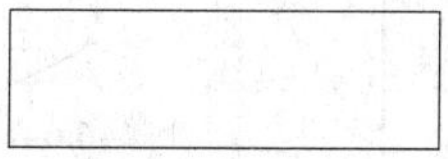
原有道路	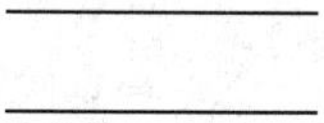	室内标高	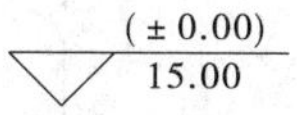
台阶	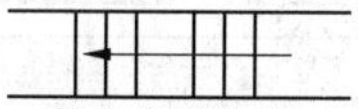 箭头表示向上	室外标高	
		坐标	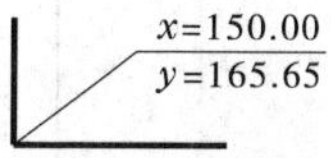

图6-45所示为一单位周转住宅楼的建筑总平面图,该图的比例为1:500,地势平坦,高程在46.6 m左右,单位大门朝向西面博文路,已建成12层综合办公楼和4层科技服务中心,计划后续建设4层商务中心。新建建筑物为3座2层住宅楼,位置在单位院落的最南端,以科技服务中心西南角为参照坐标系原点,3座建筑物的x坐标分别为0.91、45.96、91.01,y坐标均为-134.19。沿院墙四周和楼房间均布置绿化。

2.2 建筑平面图

假想用一个水平剖切平面沿门窗洞口将房屋剖切开,移去剖切平面以上部分,将余下的部分按正投影原理投射在水平投影面上所得到的图,称为建筑平面图。建筑平面图在施工过程中是放线、砌墙、安装门窗及编制概预算的依据,施工备料、施工组织都要用到建筑平面图。建筑平面图一般有基础平面图、底层平面图、二层平面图、标准层平面图、顶层平面图、屋顶平面图等。

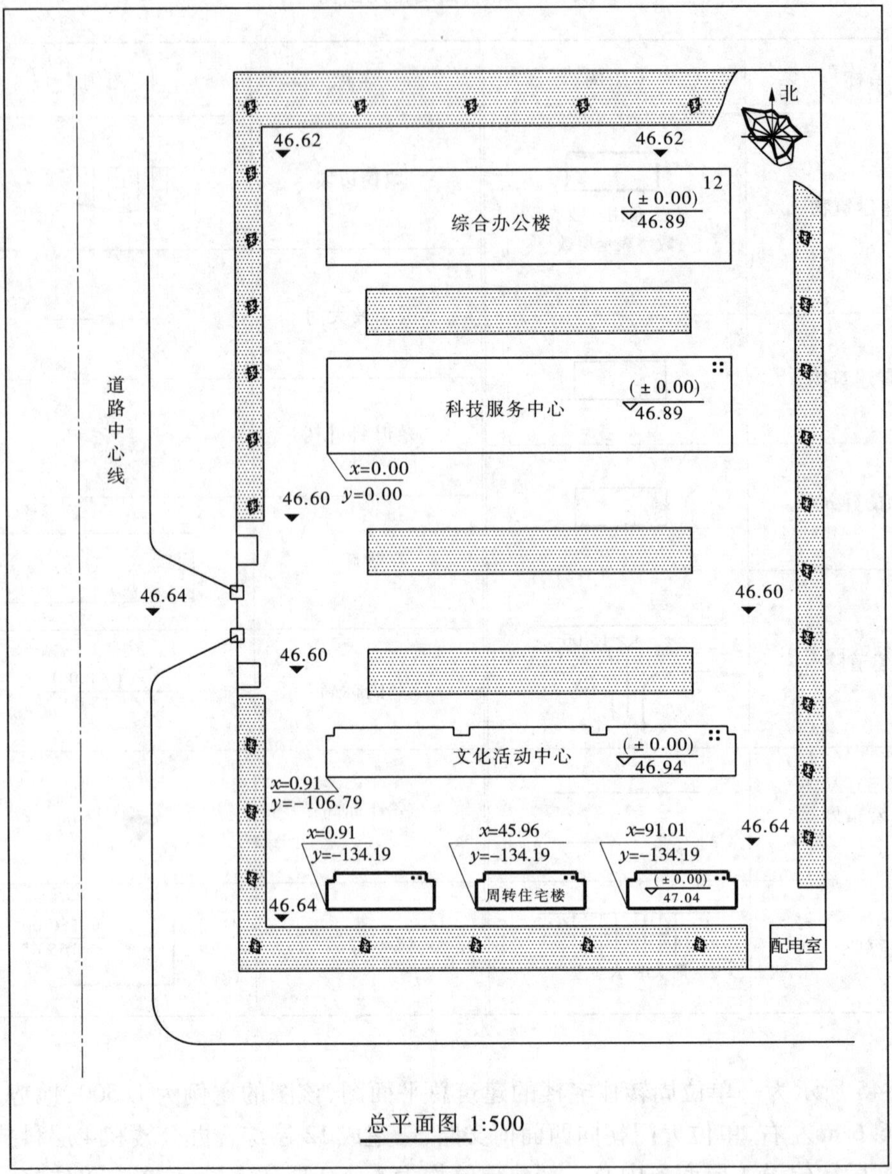

图 6-45　总平面图

在建筑平面图中，平面布置是平面图的主要内容，主要表达房间、卫生间、走道、楼梯等位置关系。图 6-46 表示图 6-45 总平面图中周转住宅楼的二层平面图，它在二层窗台之上水平剖切，可以看出该住宅楼二层由西侧楼梯进入由走廊连接大厅和内外套间的布置情况。

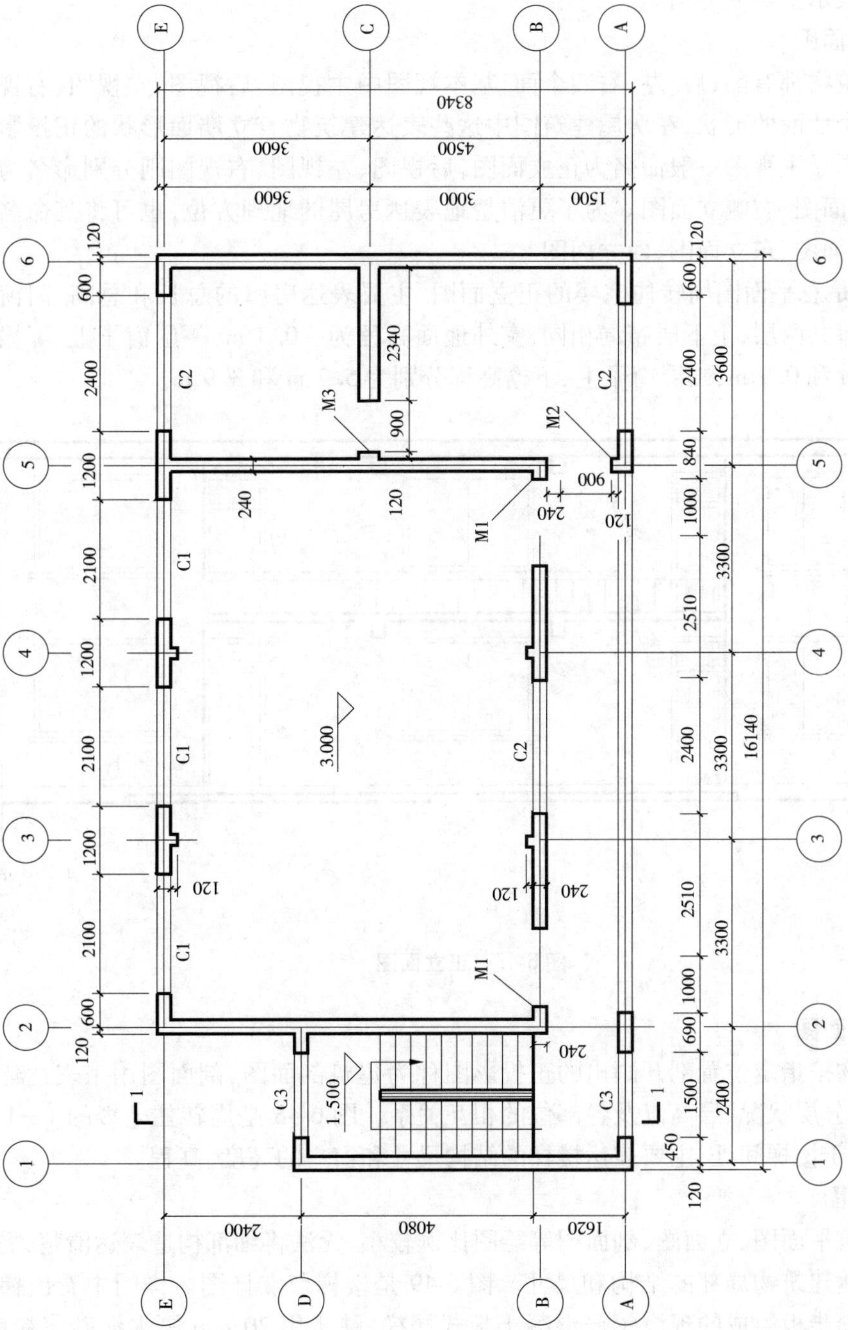
E
C
B
A
D
1
2
3
4
5
6
8340
4500
3600
3000
1500
16140
C1
C2
C3
M1
M2
M3
3.000
1.500
2340
2510
3300
2400
2100
1200
4080
1620

图 6-46 二层平面图

建筑平面图用定位轴线确定房间的大小、过道的宽窄以及墙、柱、梁的位置。门窗按常用建筑配件图例绘制，门用代号“M” + 数字编号标注，窗用代号“C” + 数字编号标注。楼梯用箭头表示上下的方向。

2.3 建筑立面图

一般建筑物都有前、后、左、右四个面，基本视图中主视图、后视图、左视图、右视图可以表达这四个墙面的形状，在房屋建筑图中这些表达建筑物直立墙面形状的正投影图称为建筑立面图。主视图一般命名为正立面图，后视图、左视图、右视图则分别命名为背立面图、左侧立面图、右侧立面图。为了更清楚地表达房屋的地理方位，也可将其命名为南立面图、北立面图、东立面图、西立面图。

图 6-47 是总平面图周转住宅楼的正立面图，主要表达房屋的总长和总高、门窗高程等。图示房屋共两层，上下层布局相同，室外地面高程为 -0.3 m，一层窗子上、下檐高程分别为 2.7 m 和 0.9 m，二层窗子上、下檐高程分别为 5.7 m 和 3.9 m。

图 6-47　正立面图

2.4 建筑剖面图

将建筑物按指定位置剖开画出的正投影图称为建筑剖面图，剖面图用来表达建筑物的结构型式、分层状况、层高以及各部位的相互关系。图 6-48 是周转住宅楼的 1—1 剖面图，剖切面位于楼梯间处，主要表达楼梯的结构尺寸和窗户的高度、高程。

2.5 建筑详图

由于建筑平面图、立面图、剖面图等绘图比例较小，无法将细部构造表达清楚，需要另绘详图来表达建筑物局部的结构和尺寸。图 6-49 是楼梯节点详图。详图中看出梯段是由楼梯梁和踏步板组成的现浇钢筋混凝土板式楼梯，踏步用 20 mm 厚水泥砂浆粉面，每梯高为 150 mm，宽为 300 mm；栏杆和扶手用 ϕ 50 和 ϕ 16 圆钢管焊成。

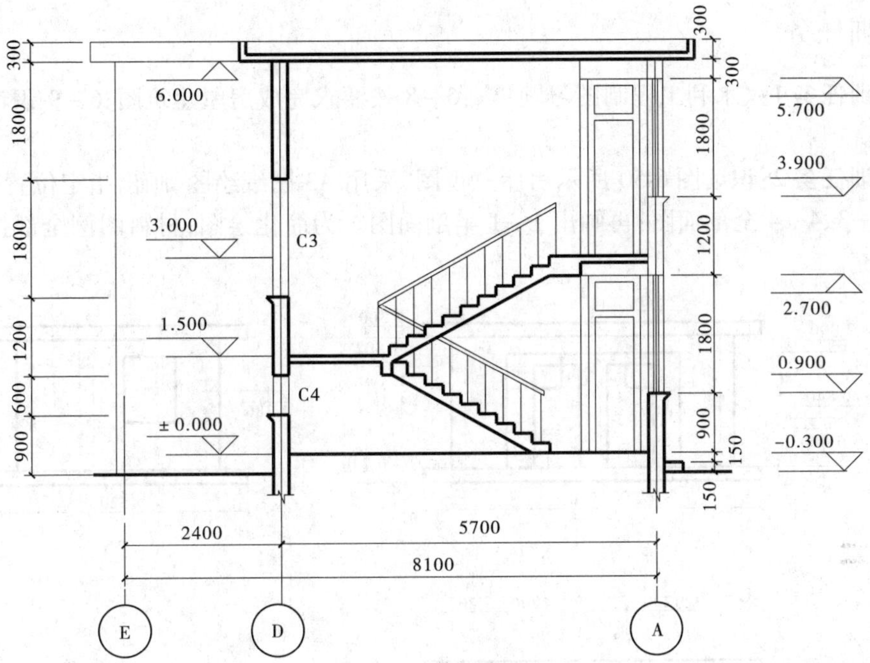

图6-48 1—1剖面图

图6-49 楼梯节点详图

3 实训任务

实训任务1：《水利工程制图习题集》：6－8 按要求完成房屋建筑图；6－9 识读水泵房建筑图。

实训任务2：识读图6-50所示房屋三视图，采用A3图纸绘图，画出指定位置的1—1、2—2、3—3、4—4全剖面图；再画出1—1半剖面图。为简化绘图，材料图例全部按钢筋混凝土填充。

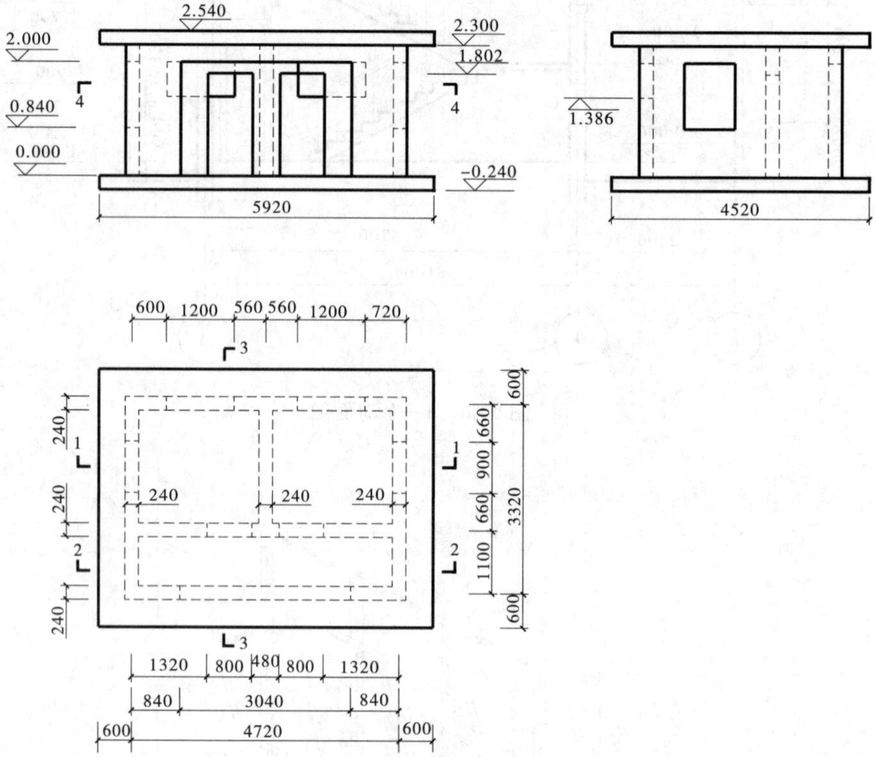

图6-50 房屋三视图

参 考 文 献

[1] 肇承琴. 水利工程制图[M]. 郑州:黄河水利出版社,2001.
[2] 倪化秋. 工程制图[M]. 北京:中国水利水电出版社,2010.
[3] 张多峰. AutoCAD 建筑工程制图[M]. 北京:中国水利水电出版社,2013.
[4] 邓建平. 建筑制图与识图[M]. 南京:南京大学出版社,2012.